21 世纪全国本科院校电气信息类创新型应用人才培养规划教材

电工学实验教程

主　编　王士军　张绪光
副主编　张　莉　宋明学
主　审　綦星光

北京大学出版社
PEKING UNIVERSITY PRESS

内 容 简 介

本书是21世纪全国本科院校创新型应用人才培养规划教材，主要内容包括电工学实验的基本知识、测量误差与数据处理、电工学实验常用基本仪器、直流电路实验、交流电路实验、谐振电路和瞬态过程实验、电机及继电接触控制实验、模拟电路实验、数字电路实验、综合性实用电路。

本书可作为本科院校非电类专业或高职高专非电类专业的实验教科书，也可供部分电类专业及相关技术人员参考使用。

图书在版编目(CIP)数据

电工学实验教程/王士军，张绪光主编. —北京：北京大学出版社，2012.9
(21世纪全国本科院校电气信息类创新型应用人才培养规划教材)
ISBN 978-7-301-20327-9

Ⅰ.①电… Ⅱ.①王… ②张… Ⅲ.①电工实验—高等学校—教材 Ⅳ.①TM-33

中国版本图书馆CIP数据核字（2012）第197078号

书　　名： 电工学实验教程
著作责任者： 王士军　张绪光　主编
策 划 编 辑： 郑　双
责 任 编 辑： 郑　双　程志强
标 准 书 号： ISBN 978-7-301-20327-9/TM・0048
出　版　者： 北京大学出版社
地　　址： 北京市海淀区成府路205号　100871
网　　址： http://www.pup.cn　http://www.pup6.cn
电　　话： 邮购部62752015　发行部62750672　编辑部62750667　出版部62754962
电 子 邮 箱： pup_6@163.com
印　刷　者： 北京世知印务有限公司
发　行　者： 北京大学出版社
经　销　者： 新华书店
787毫米×1092毫米　16开本　17.25印张　399千字
2012年9月第1版　2012年9月第1次印刷
定　　价： 34.00元

前　　言

本书是为非电专业的工科学生编写的。非电专业的学生学习电工课的困难在于课时少、内容多、涉及面广。“电工学”这门课集电类专业的5门课的部分知识为一体，给学习者增加了一定的困难。为帮助大家学好这门课，在实验内容方面，我们有意安排了一些入门的、引导性的实验内容，这些内容对于在物理课中曾做过大量实验的学生来说也许觉得过于简单，但我们觉得对于大部分人来说还是很有必要的，因为这些基础性内容对于读者进行一些复杂的实验是非常有帮助的。

我们认为，实验课的内容不应是理论课内容的重复，而应是理论课内容的应用与扩展。当然，用通过实验获取的数据和结果去验证电路的一些基本概念和基本定律，进一步巩固所学的知识是必要的。然而，我们生活在21世纪高科技迅速发展的今天，急需的是创新型和应用型人才，况且实验课时是有限的，只能做有限的事情，有限的事情也应该是有效的事情。那些在一百多年前的先人们创造的、曾被无数的后人验证了并已在实践中应用的电路定律就没有必要全部一一验证，承认它就是了。我们要做的是对模糊的、尚不清楚的事物或现象设法去认识；对在实验过程中观察到的波形或现象能够分析、理解或测定它；对实验中所获取的数据能够正确地处理它。

本书是在制造出了“DQS－Ⅰ型电气实验台”之后，根据“DQS－Ⅰ型电气实验台”独特的特点和风格，在多年电工技术基础实验教学改革的基础上，吸取其他高校的先进经验编写而成的。

本书在实验方法上，较以往有所突破。以往的做法是按照事先设计好的线路把元器件预先固定到一块线路板上，留出接线孔或接线端子，实验中学生不需要考虑怎样合理地摆放元器件及合理布线的问题，只需用导线把它们连接起来即可测试。现在不同了，学生看到的实验板上没有安装元器件，上面只有固定元器件的导轨或插孔；给学生提供的元器件是自由的，如继电器、接触器、按键开关等，都是装有与导轨配合的标准卡座的器件；阻容元件、晶体管等电子元件都是原始状态，需要自己动手把它们安装到实验板上，这样学生可以自由、充分地发挥聪明才智，合理布局，在实验板上搭出一个漂亮的电路，这种接近实际工作的实验方法，更有利于培养学生的工程实践能力。

本书在实验内容选材上，既考虑了与理论教学的相关性，又注重了实验教学自身的规律性；在内容编排上，力求从国内外已经成熟的新技术中提炼出基本实验技术理论、基本概念、基本方法和基本实验技能，并在单元性实验基础上，加强了功能性、设计性和综合性实验，有利于提高学生综合运用知识的能力。

本书由山东轻工业学院王士军、张绪光任主编。在本书的编写过程中，得到了樊育、牛爱芹等很多富有经验的专家教授的大力支持和帮助；山东轻工业学院张绪光、张莉对本书进行了认真的审查和修改；山东劳动职业技术学院宋明学从实践技能培养的角度，提出了很好的修改建议；山东轻工业学院电气学院綦星光教授担任主审，对全书进行了仔细的审阅，提出了许多宝贵意见；另外，在本书的编写过程中，还参考了许多同行编写的教材，在此一并表示衷心感谢！

由于编者水平有限，书中难免存在不妥之处，敬请读者批评指正。

编　者

2012年6月

目 录

第1章

电工学实验的基本知识

实验课是高等教育的一个重要环节，是理论联系实际的重要手段。培养实验能力和实践技能是高等工科院校教育教学的重要内容之一，实验是帮助学生学习和运用理论知识处理实际问题，验证、消化和巩固基本理论，获得实验技能和科学研究方法的重要环节。“电工学”是一门实践性很强的课程，没有实验的支撑，将会使学习变得非常困难。实验主要包括下列主要环节。

1.1 实验目的

通过实验教学验证和巩固所学的理论知识，训练实验技能，培养学生实际工作能力。对于电工实验课，应通过实验达到以下几方面的目的。

（1）进行基本实验技能的训练。

（2）巩固、加深并拓展所学到的理论知识，培养运用基本理论分析、处理实际问题的能力。

（3）培养学生实事求是、严肃认真、细致踏实的科学作风和良好的实验习惯，培养遵守纪律，团结协作，爱护公共财产的优良品德。

1.2 基本要求

根据大纲要求，通过电工学实验课，学生在实验技能方面应达到下列几方面的要求。

（1）正确使用电压表、电流表、万用表、功率表，以及示波器、信号发生器、稳压电源等常用的电子仪器设备。

（2）按电路图连接实验线路并合理布线，能初步分析并排除故障。

（3）认真观察实验现象，正确地读取测量数据并予以检查和判断，正确撰写实验报告和分析实验结果。

（4）正确地运用实验手段来验证一些理论和结论。

（5）具备根据实验任务确定实验方案、设计电路和选择仪器设备的初步能力，能够完成简单的设计性实验。

1.3 实验常识

实验是学生把所学的理论知识付诸于实践的开始。只有具备了一定的基本实验技能才能灵活地运用理论知识，解决实际问题。实验课进行方式一般分为课前准备、进行实验和课后实验总结(撰写实验报告)等阶段。

1. 实验准备

实验能否顺利进行、能否达到预期的效果，在很大程度上取决于预习是否充分。因此，实验前应把实验目的、内容、原理、步骤，以及实验所需设备的使用方法等做到详尽了解，以避免实验的盲目性。

每一个实验都体现着一个原理的运用，而这一原理所阐述的内容就是实验所要验证的。也就是说，验证某一原理是实验的主要目的，实现这一原理验证所进行的测定，构成了实验的主要内容，而正确的实验步骤既保证实验结果的得出，又可以使实验安全顺利地进行。

若对实验的原理、步骤等没有充分理解，实验时就不明确要研究什么，要测量什么，如何测量；也就不能预测将会出现什么现象，只是机械地照教材进行操作，离开了教材就无从下手。照这种呆板的方式做实验，即使得出实验数据也不会了解其物理意义，更不能根据所测数据去推测和分析实验的最终结果。为了在规定的时间内，高质量地完成实验任务，应做好实验前的预习及准备工作，并于实验前提交实验预习报告，不交预习报告或预习不合格者，不得进行实验。

2. 实验工作

电工实验要求实验者在具备一定理论知识的基础上，进行实验方法和实验技能的基本训练，要注重安全和准确两个方面。实验者要有条不紊地进行实验，细致地观察现象，测量、分析数据，认真地研究实验结果，加深对理论知识的理解。实验过程中应自觉地培养实事求是、严肃认真、细致踏实的科学作风和良好的实验习惯，任何草率与急躁，不按规程操作均可导致错误或失败。

1）检查仪器设备

实验开始时，应先检查所用的仪器仪表的容量参数、工作电压、工作电流、仪表量程、准确度等级是否合适，尽可能要求测量仪表对被测电路工作状态影响最小。然后，粗略检查仪表的好坏，并检查各仪表测量线是否导通。例如，万用表置电阻档，使测量棒短接，示数为零，则测量线完好；示波器测量线短路，若测量线完好，屏幕应显示直线；稳压电源的输出用万用表直流电压档测量；等等。

2）接线

接线就是根据电路图将实际的元器件用导线连接起来。实验的成功与否，在很大程度上取决于电路连接的正确与否。

接线时必须明确电路中各元件之间的连接关系，根据电路的结构特点，选择一个合理的接线步骤，一般是“先串后并”，“先分后合”或“先主后辅”。另外，要养成良好的接线习惯，如走线要合理，布线要整齐，尽量平直美观，采取不同颜色的导线来区别不同的信号(如电源用红线，公共端和地线用黑线)，以便于检查。元器件排列可沿 X、Y 方向，防止交叉相错，特别要防止引脚短路。导线的粗细、长短要合适，大电流的线路要用粗导线，小电流的线路则用细导线。接线片不宜过于集中于一点，一般每个接线柱上的线头不要多于 3 个，以免接触不良。电路各部分的地要接于一点，即所谓的共地，这样可以避免干扰信号的引入。接线过程一定要在断电条件下进行，尽量避免事故的发生。

3）故障检查

实验电路连接完毕后接上电源，电路的功能不一定能马上实现，这是因为多种客观因素的影响是难以预料的，元器件性能上存在的问题，各种干扰信号的影响，以及在连接线路时由于工作疏忽所带来的错误等都会造成预想不到的后果。因此，必须经过测量—判断—调整—再测量的反复过程。

由于电路的种类很多，电路连接的形式不同，所以出现的问题五花八门。这里只从一些共性的问题着手，介绍几点故障检查的原则，更多的问题需要在实际工作中有针对性地分析。

（1）直接观察。例如：观察供电情况，电源的连接、数值及极性是否正确，保险丝是否熔断；观察仪器的功能、量程等是否合适；观察元器件引脚连接有无发生错误，引脚间有无相碰等情况；通电后，元器件有无发烫、冒烟等情况。

（2）参数测试。借助仪器测试电路中各点参数并与理论分析结果进行比较，如用电压表测量各点电压值是否正常。

（3）信号跟踪。在被测电路两端接入适当的信号，用示波器沿着电路中信号走向，测试各点电压波形是否正常，以确定故障点。

（4）替代法。用好的元器件去取代嫌疑部分，判断故障点，并具体到元件、连接线或连接点，为排除故障创造条件。

4）实验操作

操作之前认真检查电源极性、大小是否正确。操作时要做到手合电源，眼观全局，若发生意外情况应立刻切断电源。观察实验现象与理论分析是否一致，初步判断实验结果正确与否。读数之前要使仪表量程和刻度合适，读数时仪表应按规定形式(垂直或水平)放置，操作者姿势要正确，要求“眼、针、影成一线”，认准标尺及每一分格的数值，要读取一位估计数。

记录要完整、清楚，力求表格化，数据必须记录在规定的原始记录纸上，要尊重原始记录，实验后不得随意涂改。

5）结尾工作

完成全部规定的实验项目，认真核查实验数据，并经教师复查在原始记录纸上签字后，即可进行下列几项结尾工作。

（1）拆线。

（2）做好仪器设备、桌面和环境的清洁整理工作。

（3）经教师同意后方可离开实验室。

6）实验报告

实验报告是实验工作的全面总结，要用简明的形式将实验结果完整、真实地表达出来。实验报告要求文理通顺，简明扼要，字迹端正，图表清楚、规范，分析合理，讨论深入，结论正确。

采用学校规定的报告纸，实验报告除填好报告纸上各栏外，一般应包括以下几项。

（1）实验目的。

（2）实验任务。

（3）实验原理。

（4）实验电路。

（5）数据图表。

（6）实验结果的分析处理(包括分析讨论、收获体会、结论和意见建议)。

（7）问题回答。

学生做完实验之后，应及时写好实验报告，不交报告者不得进行下一次实验。

1.4　安全用电基础知识

1.4.1　实验室供电系统

实验室用电由学校变电所提供，经由实验室的配电箱输送到各实验台上。三相电源U、V、W称为相线(或火线)，N为中线(或零线)。任意两条相线间的电压称为线电压，为380V；任一相线与中线间的电压称为相电压，为220V。

为保证实验安全，防止因仪器设备外壳带电造成人身触电事故，还另加一条安全地线，即图1-1中的E线。因此，接入实验室的输电线共有5条：3条相线，1条中线，1条安全地线。

通常，单相电源插座用三孔的。圆孔插座的大孔总是接地线，两个小孔右孔接相线，左孔接中线，即所谓“左零右火”；扁孔插座的直孔接地线，两个斜孔“左零右火”。

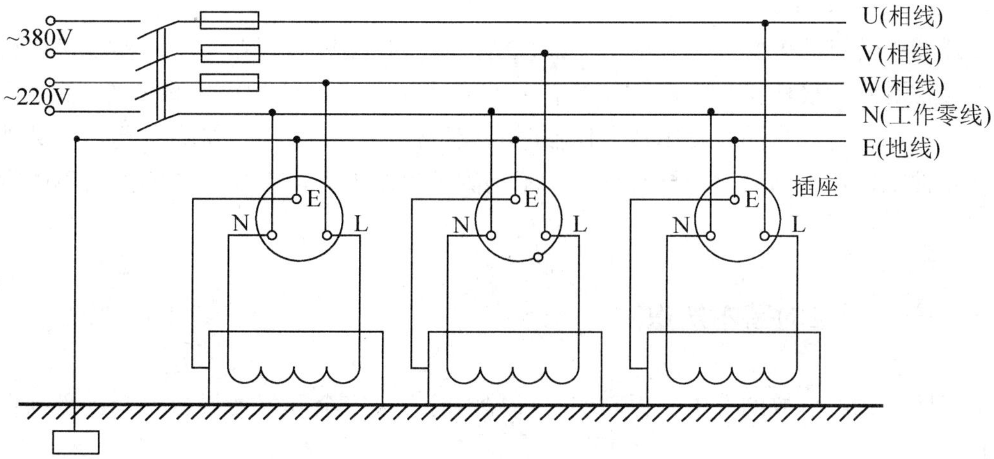

图 1-1 实验室供电系统的连线

1.4.2 接地和接零

按接地性质，可分为保护接地、保护接零和工作接地。

保护接地是指将电气设备的金属外壳直接与大地连接，如图 1-1 所示。保护接零是指将电气设备的金属外壳与电源零线相连。但必须注意，保护零线应区别于工作零线，不能在保护零线上装接开关和保险丝，如图 1-2 所示。

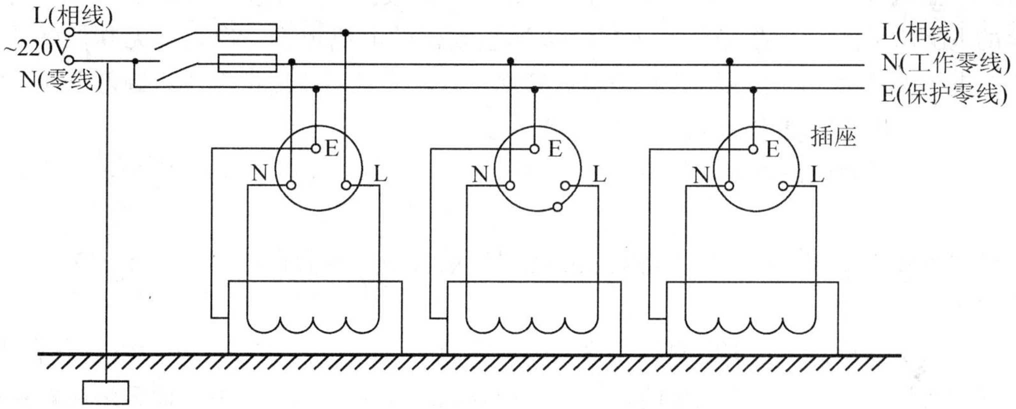

图 1-2 保护零线和工作零线

保护接地和保护接零是防止触电，避免因电气设备绝缘损坏时而遭受触电的危险，起到安全保护的作用。

工作接地有如下两种情况。

(1) 利用大地做导线的接地，在正常情况下有电流通过。

(2) 维持系统正常运行的接地，在正常情况下没有电流或只有很小的不平衡电流，如三相四线制供电系统。

变压器中性点的工作接地、电子仪器设备的抗干扰接地等。在电子仪器设备面板或电路图上经常看到的接地符号，即“⊥”符号，它表示各点电位的公共参考点(零电位点)，并非真正与地相连。当同时使用数台仪器时，应把仪器的接地点连接在一起，即共地，仪器才能正常工作，否则将出现异常现象，不是测试误差很大，就是不能测试或不能观察正常波形。

1.4.3 安全用电的基本知识

为了防止触电事故的发生，保障实验过程中的人身安全和仪器设备安全，必须做到以下几点。

(1) 线路接好，应仔细检查无误后，才能接通电源进行实验，切忌盲目通电，以避免因线路接错而造成设备损坏及其他事故。

(2) 电源接通后，千万不能用手或身体其他部位触及带电体，以防触电。连接、改接电路时，一定要先切断电源，养成“先接线后合电源”和“先断电源后拆线”的好习惯。

(3) 交流电源的火线和零线可由试电笔判断。测试时用单手操作，绝对不能用手触及火线，注意人体与地绝缘良好。

在实际应用中，试电笔是一种常用的电工工具，可以用它测试导线、电气设备是否带电。如果把试电笔的金属笔尖与带电物体(如相线)接触，笔尖金属体与人手接触，氖管就会发光，证明被测的物体带电；如果氖管不发光，则被测物体不带电或电压很低。由于试电笔的电阻值很高，一般大于 2MΩ，所以通过人体的电流很小，使人并无其他感觉。不能用试电笔测量很高的电压，否则是很危险的；试电笔也不能测低电压，因低电压不能使氖管发光。一般试电笔用于检测 100～380V 电压。

(4) 实验过程中出现异常现象，如发热、发光、异常声响、冒烟、焦味等，应立即切断电源。

(5) 当被测量难以估计时，将电表量程置于最大档，然后视情况逐渐减小量程，以免损坏仪表。

(6) 为了保证安全，供电系统中必须安装保险丝和漏电保护器。保险丝有各种规格，当电气设备过载或发生短路故障时，电流剧增，超过保险丝的额定值，使其熔断，从而切断电源。

漏电保护器又称漏电保安器、漏电保护开关等，是一种在负载端相线与地线之间发生漏电或由于人体接触相线而发生单相触电事故时，能自动在瞬间断开电路，从而对电气设备及人身安全起到保护作用的电器，如图 1-3 所示。

漏电保护开关有多种结构形式，按其极数分二极、三极、四极等几种。二极保护开关用于单相供电电路，三极保护开关用于三相三线制供电电路(三相对称负载无中线)，四极保护开关用于三相四线制供电电路(三相不对称负载)。按其脱扣方式分电子脱扣和电磁脱

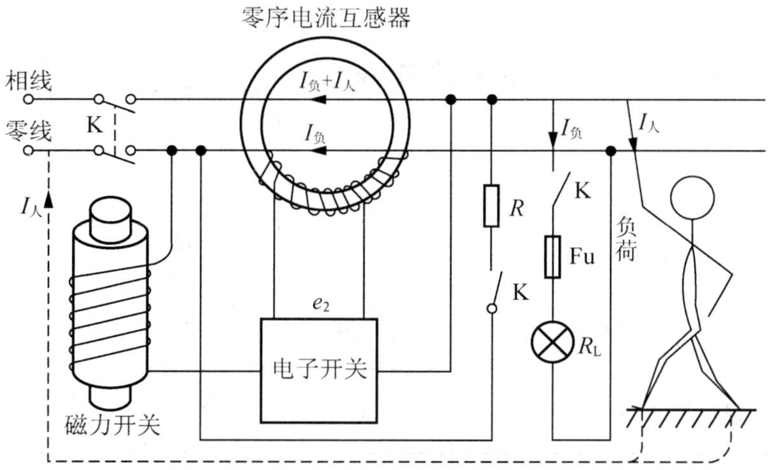

图 1-3 漏电保护器的原理示意图

扣两种。前者适用于漏电动作电流小的场合，后者适用于漏电动作电流大的场合。按其保护功能分也有两种：一种是带过流保护的，它除具有漏电保护功能外，还兼有过载和短路保护功能，使用这种保护开关时，电路上一般不需再配用熔断器；另一种是不带过流保护的，它在使用时还需再配用相应的过流保护装置(如熔断器)。

漏电保护继电器也是一种漏电保护装置，它由零序互感器、放大器和控制触点组成。它只具有检测与判断的能力，本身不具备直接开闭主电路的功能。通常与带分励脱口的自动空气开关配合使用，当继电器动作时输出信号至自动空气开关，由自动空气开关分断主电路。

表 1-1 是我国生产的电流动作型漏电保护装置的技术数据。其中 DZL18—20 漏电保护开关采用了国际电工委员会(IEC)标准，它是用于额定电压为 220V、电源中性点接地的单相回路。由于采用了微电子技术，这种漏电开关具有结构简单、体积小、动作灵敏、性能稳定可靠等优点，很适合一般民用住宅使用。

表 1-1 我国生产的电流动作型漏电保护装置的技术数据

型号	名称	极数	额定电压/V	额定电流/A	额定漏电动作电流/mA	漏电动作时间/s	保护功能
DZ15—20L	漏电开关	3	380	3、4、5、10、15、20	30、50、75、100	<0.1	过载、短路、漏电保护
DZ15—20	漏电开关	2	380	6、10、15、20、30、40	30、50、75、100	<0.1	过载、短路、漏电保护
		4					
DZL—16	漏电开关	2	220	6、10、15、25、40	15	<0.1	漏电保护
		3	380		36		
		4					

续表

型号	名称	极数	额定电压/V	额定电流/A	额定漏电动作电流/mA	漏电动作时间/s	保护功能
DZL18－20	漏电开关	2	220	20	10、30	<0.1	过载、短路、漏电保护
DZL－20	漏电开关	2	220	20	6、15	<0.1	过载、短路、漏电保护
JD－100	漏电继电器	贯穿孔	380	100	100、200、300、500	<0.1	过载、短路、漏电保护
JD－200	漏电继电器	贯穿孔	380	200	200、300、400、500	<0.1	过载、短路、漏电保护

1.5 安全用电的措施

为了更好地使用电能，防止触电事故的发生，一定要了解和掌握必要的电气安全知识，建立和健全必要的电气安全工作制度，并切实采取如下一些安全措施。

（1）各种电气设备，尤其是移动式电气设备，应建立经常的、定期的检查制度，如发现故障或与有关的规定不符合时，应及时加以处理。

（2）使用各种电器设备时，应严格遵守操作制度，不得将三极插头擅自改为二极插头，也不得将导线直接插入插座内使用。

（3）带金属外壳电器的外接电源插头，一般都要用三极插头，其中有一根为接地线，一定要可靠接地。如果借用自来水管做接地体，则必须保证自来水管与地下管道有良好的电气连接，中间不能有塑料等不导电的接头。绝对不能利用煤气管道作为接地体使用。另外还须注意电器插头的相线、中线应与插座中的相线、中线一致。

（4）尽量不要带电工作，特别是危险场所(如工作地狭窄，工作地周围有对地电压在220V以上的导体等)，禁止带电工作。如果必须带电工作时，应采取必要的安全措施(如站在橡胶垫上或穿绝缘鞋，附近的其他导电体或接地体都应用橡胶布遮盖，并须有专人监护等)。

（5）在低压线路或用电设备上做检修和安装工作时，应随身携带试电笔，分清火线、零线；断开导线时，应先断火线，后断零线；搭接导线时的顺序与上述相反。人体不得同时接触两根导线。

（6）开关、熔断器、电线、插座、灯头等，坏了要及时维修好，平时不要随便触摸。在移动电风扇、电烙铁等电器时，应先切断电源，拔出插头。开关必须装在火线上。

1.6　电路元器件的基本知识

电路元器件是电气设备与电子产品的基础，特别是一些基本的、通用的元器件更是必不可少的组成部分。熟悉和掌握各类元器件的性能、特点、适用范围及其检测方法等，对设计、制作与调试电气设备、部件或电子产品有十分重要的意义。

1.6.1　电阻器与电位器

电阻器是电子产品中最通用的电子元件。它是耗能元件，在电路中分配电压、电流，用作负载电阻和阻抗匹配等。

电阻在电路中的常用图形符号如图 1－4 所示。

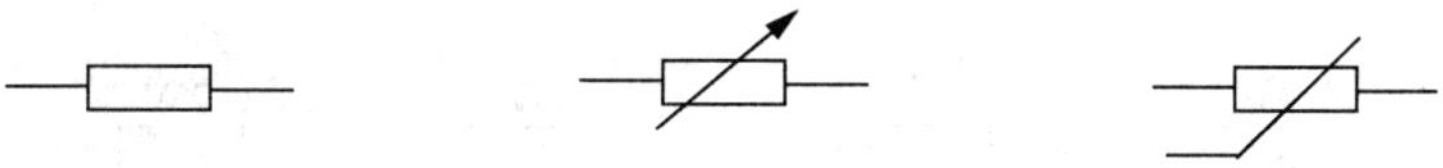

(a)　(b)　(c)

图 1－4　电阻在电路中的常用图形符号

(a)固定电阻器；(b)可变电阻器；(c)非线性电阻器

1. 种类

电阻器种类很多，按制造工艺和材料，电阻器可分为合金型、薄膜型和合成型。按照使用范围和用途，电阻器又可分为普通型电阻器、精密型电阻器、高频型电阻器、高压型电阻器、熔断型电阻器、敏感型电阻器、电阻网络、无引线电阻器等。

2. 参数

电阻器的主要参数包括标称阻值、允许误差和额定功率。

1） 标称阻值

电阻器表面所标注的阻值称为标称阻值。不同精度等级的电阻器，其阻值系列不同。标称值是按国家规定的电阻器标称阻值系列选定的，标称阻值系列见表 1－2，阻值单位为欧姆(Ω)。

2） 允许误差

电阻器的允许误差是指电阻器的实际阻值对于标称值的允许最大误差范围，它标志着电阻器的阻值精度，普通电阻器的误差有±5%、±10%、±20%这 3 个等级，允许误差越小，电阻器的精度越高。精密电阻器的误差可分为±2%、±1%、±0.5%、…、±0.001%等十几个等级。

表 1-2　标称电阻系列　　　　　　单位：Ω

标称阻值系列	允许误差	精度等级	电阻器标称值
E6	±20%		1.0　1.5　2.2　3.3　4.7　5.1　6.8
E12	±10%		1.0　1.2　1.5　1.8　2.2　2.7　3.3　3.9　4.7　5.6　6.8　8.2
E24	±5%		1.0　1.1　1.2　1.3　1.5　1.6　1.8　2.0　2.2　2.4　2.7　2.8　3.0 3.3　3.6　3.9　4.3　4.7　5.1　5.6　6.2　6.8　7.5　8.2　9.1

3）额定功率

电阻器通电工作时，本身要发热，如果温度过高就会将电阻器烧毁。额定功率是指在规定的环境温度下允许电阻器承受的最大功率，即在此功率限度以下，电阻器可以长期稳定地工作，不会显著改变其性能，不会损坏。不同类型的电阻器有不同系列的额定功率。功率系列可以从 0.05～500W 之间分为多种规格。最常用的一般在 1/8～2W 之间。不同功率的电阻在电路图上常用如图 1-5 所示的符号表示。

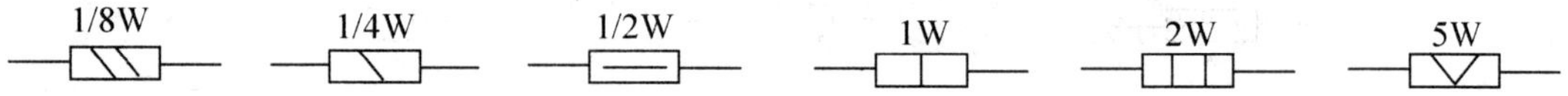

图 1-5　不同功率的电阻在电路图上常用的表示符号

4）电阻器标记方法

电阻器的标记方法有直标法和色标法。

（1）直标法。直标法是将元件值和允许的相对误差等级直接用文字印在元件上。

（2）色标法。色标法是使用不同颜色的色环在电阻器的表面标示出其最主要参数的标记法，色标所代表的意义见表 1-3。

表 1-3　色标所代表的意义

颜色	有效数字	乘数	允许偏差	工作电压/V
银色	—	10^{-2}	±10	—
金色	—	10^{-1}	±5	—
黑色	0	10^{0}	—	4
棕色	1	10^{1}	±1	6.3
红色	2	10^{2}	±2	10
橙色	3	10^{3}	—	16
黄色	4	10^{4}	—	25
绿色	5	10^{5}	±0.5	32
蓝色	6	10^{6}	±0.2	40
紫色	7	10^{7}	±0.1	50

续表

颜色	有效数字	乘数	允许偏差	工作电压/V
灰色	8	10^8	—	63
白色	9	10^9	+5～−20	—
无色	—	—	±20	—

色环电阻有三环、四环、五环 3 种标法。

① 三环色标电阻器，只表示标称电阻值(精度均为±20%)。

② 四环色标电阻器，表示标称电阻值(两位有效数字)和精度。

③ 五环色标电阻器，表示标称电阻值(三位有效数字)和精度。

图 1－6 所示，靠近电阻端面的一端的色环为第一环。如一电阻器的色环为棕、黑、红，则此电阻器的阻值 1000Ω，误差为±20%；一电阻器的色环为棕、紫、绿、金、红，则此电阻器的阻值 17.5Ω，误差为±2%。为区分五环电阻的色环顺序，第五色环的环带比另外四环要宽。

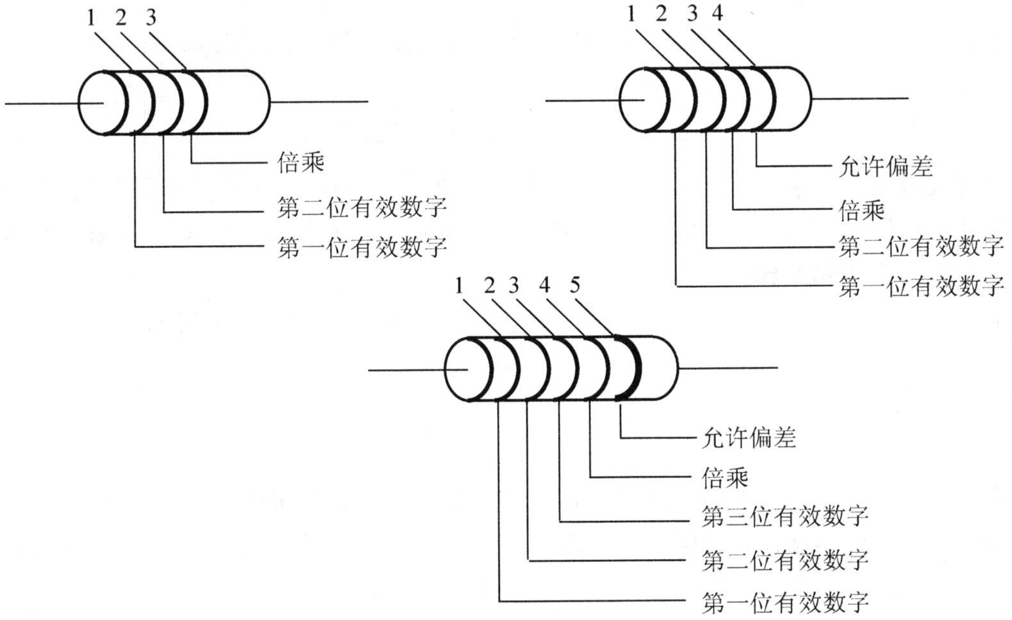

图 1－6　色环电阻

固定电阻器的型号及命名见表 1－4。

根据结构不同，电位器可分为单圈电位器、多圈电位器，单联、双联和多联电位器，带开关电位器，锁紧和非锁紧式电位器。

根据调节方式不同，电位器还可分为旋转式电位器和直滑式电位器两种类型。前者电阻体呈圆弧形，调节时滑动片在电阻体上作旋转运动；后者电阻体呈长条形，调节时，滑动片在电阻体上作直线运动。

表 1-4　电阻器型号和命名

第一部分：主称		第二部分：电阻体材料		第三部分：类型		第四部分：序号
字母	含义	字母	含义	符号	产品类型	
		T	碳膜	0		
				1	普通型	
		H	合成膜	2	普通型	
		S	有机实心	3	超高频	
				4	高阻	
		N	无机实心	5	高阻	
R	电阻器	J	金属膜	6		常用个位数或无数字表示
				7	精密性	
		Y	金属氧化膜	8	高压型	
				9	特殊型	
		C	化学沉积膜	G	高功率	
		I	玻璃釉膜	W	微调	
				T	可变	
		X	线绕	D	多圈	

随着表面安装技术(SMT)和微组装技术(MAT)的发展，在小型化电子仪器中采用了矩形片式电位器，其体积小、重量轻、阻值范围较宽、可靠性高、高频特性好、易焊接，是自动化表面安装的理想元件。

对于一些敏感电阻如光敏、热敏、气敏电阻，也可作为可变电阻使用。

1.6.2　电容器

电容器是电子电路中常用的元件，它由两个金属电极、中间夹一层电介质构成。电容器是储能元件。电容器在电路中具有隔断直流、通过交流(即隔直通交)的特性。通常用于滤波、旁路、级间耦合，可与电感组成振荡电路。电容器图形符号如图 1-7 所示。

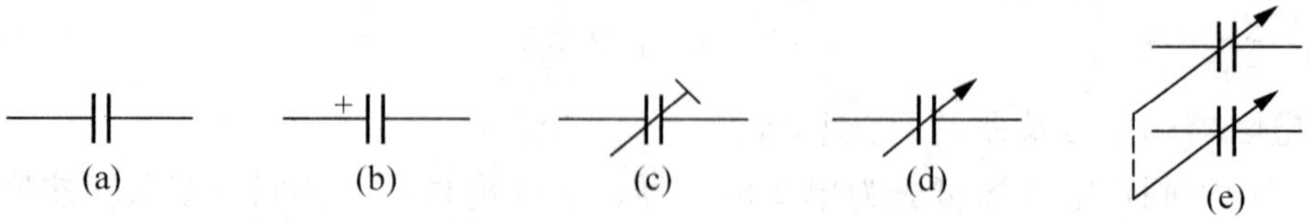

图 1-7　电容器图形符号

(a)固定电容器；(b)电解电容器；(c)微调电容器；(d)可调电容器；(e)双联可调电容器

1. 电容器的种类和特点

(1) 纸介质电容器：体积小，容量可做得较大，固有电感的损耗也较大，适用于低频电路。

(2) 金属化纸介质电容器：与纸介质电容器相比，体积更小。

(3) 薄膜电容器：电容器的介质是聚苯乙烯和涤纶等。前者漏电小、损耗小、性能稳定，有较高的精度，可用于高频电路中。后者介电常数高、体积小、容量大，稳定性也较好，该电容器宜作旁路电容。

(4) 云母电容器：介质损耗小，绝缘电阻大，温度系数小，容量小，适用于高频电路。

(5) 瓷介电容器：体积小，容量小，损耗小，耐热性能好，绝缘电阻高，可用于高频电路。

(6) 铝电解电容器：有正负极性，容量大，损耗也大，适用于低频电路，隔直及电源滤波。

(7) 钽、铌电解电容器：有正负极性，以氧化钽(铌)作为绝缘介质，介电常数很高，因此体积小、容量大，且具有寿命长、漏电小、工作温度范围大等特点。其但耐压值不高(小于 100V)。

(8) 微调电容器：让电容器两极板的间距、相对位置或面积在一定范围内可调，便构成微调电容器。它的介质有空气、陶瓷、云母、有机薄膜等。

(9) 可变电容器：由一组定片和一组动片组成，其容量随动片的转动而连续改变。其介质常用空气和聚苯乙烯两种，前者体积较大，损耗较小，可用于较高的频率。

2. 电容器的主要性能指标

(1) 电容器的耐压。电容器的额定工作电压是指电容器长期连续可靠工作时，极间电压不允许超过的规定电压值，否则电容器就会被击穿而损坏。额定工作电压数值一般以直流电压在电容器上标出。常用固定式电容器的直流工作电压系列为 6.3V、10V、16V、25V、32V、40V、50V、63V、100V、125V、160V、250V、300V、400V、450V、500V、630V、1000V。

(2) 标称容量与允许误差。标在电容器外壳上的电容量称为标称电容量。不同的电容器，其标称容量系列也不一样。当标称容量范围在 0.1～1μF 时，标称系列采用 E6 系列。当标称容量范围在 1～100μF 时，采用 1、2、4、6、8、10、15、20、30、50、60、80、100 系列。有机薄膜、瓷介、玻璃釉、云母电容的标称容量系列采用 E6、E12、E24 系列。电解电容器采用 E6 系列。

标称容量与实际容量有一定的允许误差，允许误差用百分数或误差等级表示。常用允许误差等级见表 1-5。

表 1-5 常用电容允许误差等级

允许误差	±1%	±2%	±5%	±10%	±20%	+20%～-30%	+5%～-20%	+100%～-10%
级别	00	0	Ⅰ	Ⅱ	Ⅲ	Ⅳ	Ⅴ	Ⅵ

(3) 绝缘电阻。电容器的绝缘电阻是指电容器两极间的电阻，或称漏电电阻。电容器中的介质并不是绝对的绝缘体，多少总有些漏电。除电解电容外，一般电容漏电是很小的。显然，电容器的漏电电流越大，绝缘电阻越小。当漏电电流较大时，电容器发热，发热严重时会导致电容器损坏。使用中，应尽量选择绝缘电阻大的电容器。

3. 电容器的标识方法

电容器的标识方法有直标法、数码表示法和色标法。

(1) 直标法，是将主要参数和技术指标直接标注在电容器表面上。电容量的单位用 F (法拉)、mF(毫法 10^{-3}F)、μF(微法 10^{-6}F)、nF(纳法 10^{-9}F)、pF(皮法 10^{-12}F)表示。允许误差直接用百分率表示。

例如，20m 表示 20000μF，47n 表示 0.047μF，3μ3 表示 3.3μF，5n1 表示 5100pF。

(2) 数码表示法，用三位数码表示容量大小，单位为 pF，前两位数字是电容量的有效数字，第三位表示零的个数。如 103 表示 10000pF，332 表示 3300pF，如第三位是 9，则乘 10^{-1}，如 339 表示 3.3pF。

(3) 色标法，与电阻器的色标法相似。色标法通常有 3 种颜色，沿着引线方向，前两道色标表示有效数字，第三道色标表示有效数字后面零的个数，单位为 pF。有时一、二色标为同色，就涂成一道宽的色标。

(4) 电容器的性能测量与使用。在使用前要对电容器的性能进行检查。主要检查电容器是否短路、断路、漏电、失效等，可以用万用表的欧姆档测量；若要准确测量其电容量及损耗的大小，可用电桥或专用电容测量仪测得。

在使用电容器时，要合理选用标称容量及允许误差等级。在很多情况下对电容的容量要求不严格，容量偏差可以很大。但在振荡回路、延时电路、音调控制电路中，电容量应尽量与设计值一致，此时电容器的允许误差等级要求就高些。

在选择电容器额定电压时，若其额定工作电压低于电路中的实际电压，电容器就会被击穿而损坏。一般额定工作电压应高于实际电压 1～2 倍。对于电解电容器，实际工作电压应是电解电容器额定工作电压的 50%～70%。在高温、高压条件下要选择绝缘电阻高的电容器。在装配中，应使电容器的标识易于观察到，以便核对。同时，应注意不可将电解电容器极性接错，否则，会损坏电容器，甚至会有爆炸的危险。

常用电容器的几项主要特性见表 1-6。

表 1-6　常用电容器的几项主要特性

名称	型号	容量范围	直流工作电压/V	使用频率/MHz	准确度×100	漏阻/MΩ
纸介电容器（中、小型）	CZ	470pF～0.22μF	63～630	8以下	±(5～20)	>5000
金属壳封装纸介电容器	CZ3	0.01μF～10μF	250～1600	直流 脉动直流	±(5～20)	>1000～5000
金属化纸介电容器(中、小型)	CJ	0.01μF～0..2μF	160，250，400	8以下	±(5～20)	>2000
金属壳封装金属化纸介电容器	CJ3	0.22μF～30μF	160～1600	直流 脉动直流	±(5～20)	>30～5000
薄膜电容器		3pF～0.1μF	63～500	高频、低频	±(5～20)	>10000
云母电容器	CY	10pF～0.051μF	100～7000	75～250以下	±(2～20)	>10000
瓷介电容器	CC	1pF～0.1μF	63～630	低频、高频 50～3000以下	±(2～20)	
铝电解电容器	CD	1μF～10000μF	4～500	直流 脉动直流	+20/−30～+50/−20	
钽、铌电解电容器	CA CN	0.47μF～1000μF	6.3～160	直流 脉动直流	±20～+20/−30	
瓷介微调电容器	CCW	2/7pF～7/25pF	250～500	高频		>1000～10000
可变电容器	CB	最小>7pF 最大>1000pF	100以下	低频、高频		>500

1.6.3　电感器

电感器是依据电磁感应原理制成的，一般由导线绕制而成。在电路中具有通直流电、阻止交流电的能力。它广泛应用于调谐、振荡、滤波、耦合、匹配、补偿等电路。电感器的常用图形符号如图 1-8 所示。

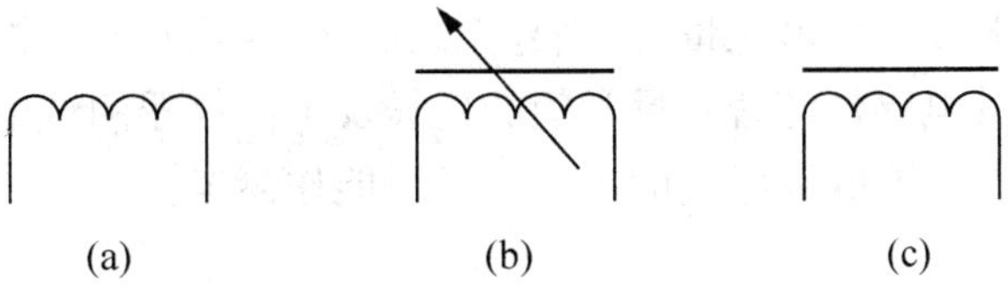

表 1-8　电感线圈的常用符号

(a)空心电感线圈；(b)带磁芯的连续可调电感线圈；(c)带磁芯的电感线圈

1. 电感器的种类

按电感器的工作特征分为固定电感器、可变电感器和微调电感器；按其结构特点分为单层线圈、多层线圈等。常见的有以下几种类型。

(1) 高频电感线圈，是一种电感量较小的电感器，又分为空心线圈、磁芯线圈等。

(2) 空心式及磁棒式天线线圈，是把绝缘镀银导线绕在塑料胶木管或磁棒上构成的电感线圈。

(3) 低频扼(阻)流圈，是用漆包线在铁芯外多圈绕制而成的大电感量的电感器，一般电感量为数亨，其工作电流在60～300mA之间。

各种电感器都具有不同的特点和用途，但它们都是用漆包线、纱包线、裸铜线绕在绝缘骨架或铁芯上构成的，而且圈与圈、层与层之间要彼此绝缘。

2. 电感器的主要参数

(1) 电感量。电感量的单位是亨，用H表示，常用的有毫亨(mH)、微亨(μH)、纳亨(nH)，换算关系为 $1H=10^3mH=10^6\mu H=10^9nH$。

电感量的大小与线圈匝数、直径、内部有无磁芯、绕制方式等都有直接关系。圈数越多，电感量越大；线圈内有铁芯、磁芯的比无铁芯、磁芯的电感量大。

(2) 品质因数(Q值)。品质因数是表示线圈质量高低的一个参数，用字母Q表示。Q值高，线圈损耗就小。

(3) 分布电容。线圈匝与匝之间具有电容，称为分布电容。此外，屏蔽层之间，多层绕组的层与层之间，绕组与底板之间都存在着分布电容，分布电容的存在使线圈的Q值下降。为减小分布电容，可减小线圈骨架的直径，用细导线绕制线圈，绕制时采用间绕法、蜂房式绕法等。

3. 电感器的测量

可以用万用表的电阻档测出电感器的通断及其直流电阻值，从而大致判断其好坏。一般电感线圈的直流电阻值应很小(零点几欧至几欧)，低频扼流圈的直流电阻值最多也只有几百至几千欧。当测得线圈电阻为无穷大时，表示线圈内部或引出端已断线。

若要准确测量电感量的大小，就必须用交流电桥或数字电桥来测出其电感量L和品质因数Q。

另外，测量带铁芯线圈的电感量(特别是无磁屏蔽的线圈)时，被测线圈放置的位置和方向都有影响，而且其电感量随着测量时间的延长及不同仪器测试电压的区别，测量结果也不一致。故对带铁芯线圈的电感量的测量结果只能作参考。

1.6.4 晶体管与集成电路

常用的电子元器件除了电阻、电容、电感等元件以外，还有一些是由半导体材料构成的，如半导体二极管、半导体三极管以及集成电路等。它们取代了早期的电子管器件，成为现代电子器件的主要产品。

1. 晶体管

通常晶体管分为晶体二极管，双极型晶体管、场效应晶体管、晶闸管等。

1）晶体二极管

（1）晶体二极管及其结构。用一定的工艺方法把 P 型和 N 型半导体紧密地结合在一起，就会在其交界面处形成空间电荷区，即 PN 结。

当 PN 结两端加上正向电压(即外加电压的正极接 P 区，负极接 N 区)时，PN 结呈导通状态，形成较大的电流，其呈现的电阻(称正向电阻)很小。

当 PN 结两端加上反向电压(即外加电压的正极接 N 区，负极接 P 区)时，PN 结呈截止状态，几乎没有电流通过，其呈现的电阻(称反向电阻)很大，远远大于正向电阻。

当 PN 结两端加上不同极性的直流电压时，其导电性能将产生很大差异。这就是 PN 结的单向导电性，它是 PN 结最重要的电特性。

在一个 PN 结上，由 P 区和 N 区各引出一个电极，用金属、塑料或玻璃管壳封装后，即构成一个晶体二极管。由 P 型半导体上引出的电极为正极；由 N 型半导体上引出的电极为负极，如图 1－9 所示。

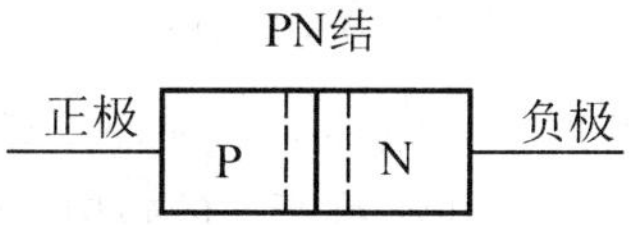

图 1－9　二极管的结构

晶体二极管(以下简称二极管)有多种类型，按材料分有锗二极管、硅二极管、砷化镓二极管；按制作工艺不同可分为面接触二极管和点接触二极管；按用途不同，又可分为整流二极管、稳压二极管、变容二极管、光电二极管、发光二极管、开关二极管等。常用二极管的电路符号如图 1－10 所示。

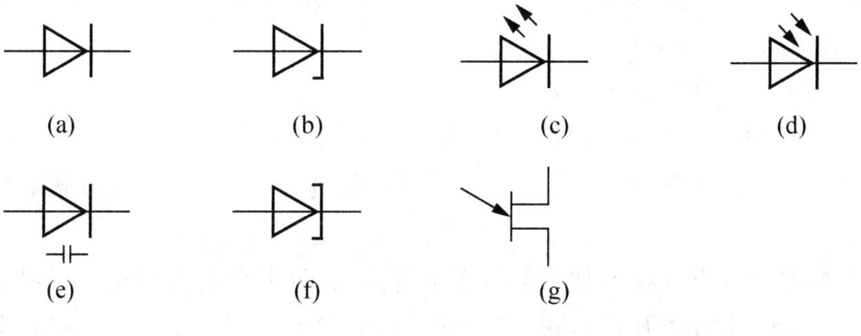

图 1－10　常用二极管的电路符号

(a)普通二极管；(b)稳压二极管；(c)发光二极管；(d)光电二极管；
(e)变容二极管；(f)隧道二极管；(g)单结晶体管

（2）二极管的伏安特性和主要参数。①正向特性。图 1－11 所示在二极管两端加正向电压时，二极管导通。当正向电压很低时，电流很小，二极管呈现较大电阻，这一区域称为死区。锗二极管的死区电压约为 0.1V，导通电压约为 0.3V；硅管的死区电压约为 0.5V，导通电压约为 0.7V。当外加电压超过死区电压后，二极管内阻很小，电流随着电压增加而迅速上升，这就是二极管的正向导电区。在正向导电区内，当电流增加时，管压降稍有增大。

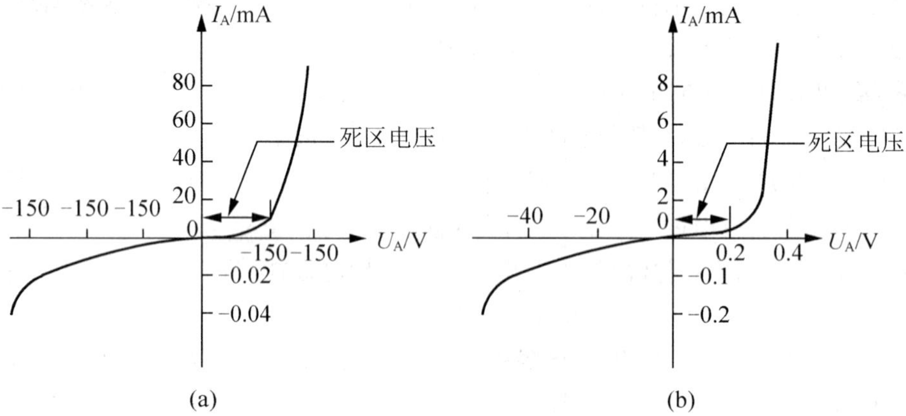

图 1－11　二极管的伏安特性

(a)硅管；(b)锗管

② 反向特性。当二极管两端加反向电压时，通过二极管的电流很小，且该电流在一定的反向电压范围内基本不变，这个电流称反向饱和电流。反向饱和电流受温度影响较大，温度每升高 10℃，电流约增加 1 倍。在反向电压作用下，二极管呈现较大电阻(反向电阻)。当反向电压增加到一定数值时，反向电流将急剧增大，这种现象称为反向击穿，这时的电压称为反向击穿电压。

③ 主要参数。最大整流电流，是指二极管长期工作时，允许通过的最大正向电流的平均值，使用时不能超过此值，否则二极管会因过热而烧毁。

最高反向工作电压，指保证二极管不被击穿时的最大反向电压值(峰值)。通常取击穿电压的一半为最高反向工作电压。

2）晶体三极管(双极型三极管)

晶体三极管(简称三极管)是内部含有两个 PN 结，外部具有 3 个电极的半导体器件。由于其特殊构造，在一定条件下具有“放大”作用，被广泛应用于收录机、电视机及各种电子设备中。

（1）基本结构和分类。在一块半导体晶片上制造两个符合要求的 PN 结，就构成了一个三极管。按 PN 结的组合方式不同，三极管分为 PNP 型和 NPN 型两种，如图 1－12 所示。不论是 PNP 型三极管还是 NPN 型三极管，都有 3 个不同的导电区域：中间部分称为基区，两端部分一个称为发射区，另一个称为集电区。每个导电区上有一个电极，分别称为基极、发射极和集点极，常用字母 b、e、c 表示。发射区与基区交界面处形成的 PN 结称为发射结；集点区与基区交界面处形成的PN结称为集电结。

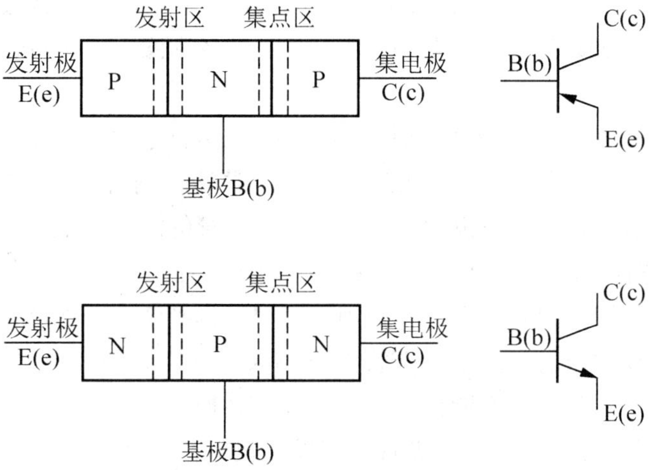

表1-12 三极管的基本结构

三极管的种类较多，按使用的半导体材料不同，可分为锗三极管和硅三极管两类，国产锗晶体管多为PNP型，硅三极管多为NPN型；按制作工艺不同，可分为扩散管、合金管等；按功率不同，可分为小功率管、中功率管和大功率管；按工作频率不同，可分为低频管、高频管和超高频管；按用途不同，又可分放大管和开关管等。

(2) 三极管引脚的识别。

① 用指针式万用表电阻档测定晶体管的引脚时，应选用R×1kΩ或R×100Ω档进行。

先判断基极b和三极管的类型：用红表笔接三极管的某一个引脚，黑表笔分别接其他两个引脚。如果测得两个阻值都很小，那么红表笔所接的引脚是PNP型管的基极b；如果测得两个阻值都很大，那么红表笔所接的引脚是NPN型管的基极b。如果测得两个阻值差异很大，那么就要另换一个引脚来试测，直到满足上述条件为止。

判断理由：从基极b到集电极c、发射极e分别是两个PN结，它们的反向电阻很大，而正向电阻很小。

确定了基极b和三极管类型后，再来判定发射极e和集电极c。用红黑两表笔分别接至c、e之间，对于NPN型管，用手指捏住黑表笔对应的极和基极b(注意不要让两极相碰)，测得其阻值，再交换c、e两引脚测一次，两次测量中阻值较小的一次，黑表笔对应的引脚是集电极c，红表笔对应的引脚是发射极e。而对于PNP型管，则用手指捏住红表笔对应的极和基极b，两次测量中阻值较小的一次，红表笔对应的引脚是集电极c，黑表笔对应的引脚是发射极e。

判断理由：当三极管处于发射结加正向电压，集电结加反向电压时，三极管具有电流放大作用。

② 用数字万用表的二极管—▷|—挡测量。

先判断基极b和三极管的类型：用黑表笔接晶体管的某一个引脚，用红表笔分别接其他两个引脚。如果测得两个都在 300～400(锗管)或 600～700(硅管)之间，那么黑表笔所接的引脚是 PNP 型管的基极 b；如果测得两个值都显示“1”，那么红表笔所接的引脚是 NPN 型管的基极 b。如果测得两个阻值差异很大，那么就要另换一个引脚来试测，直到满足上述条件为止。

判断 c、e 引脚。将红表笔接 b，黑表笔分别接另外两引脚，两次测量值略有差距，较大的一次，黑表笔所接的引脚为 e。对于 PNP 型晶体管，则将黑表笔接 b。

为进一步验证引脚判断的正确性，同时检测三极管的放大倍数，将万用表的功能转换开关拨至“hFE”档，将晶体管的 b、c、e 正确插入插座中，如显示值稳定在几十至几百之间，则该值即为晶体管的放大系数。否则，表明引脚判断有误或晶体管丧失放大功能。

(3) 三极管的放大作用。要使三极管具有放大作用，必须在各电极间加上极性正确、数值合适的电压，否则管子就不能正常工作，甚至会损坏。

如图 1-13 所示，在 NPN 型三极管的基极和发射极之间加一个较小的正向电压 U_{BE}，称基极电压，U_{BE}一般为零点几伏。在集电极与发射极之间加上一个较大的正向电压 U_{CE}，称为集电极电压，一般为几伏到几十伏。$U_B>U_E$，$U_C>U_B$，所以发射结上加的是正向偏压，集电结上加的是反向电压。调节电阻 R_B可以改变基极电流 I_B。例如，调节 R_B，使 $I_B=10\mu A$，此时从毫安表中读得集电极电流 $I_C=1mA$。再调节 R_B，使 $I_B=20\mu A$，此时从毫安表中读得集电极电流 $I_C=2mA$。由此可见，基极电流微小的变化可以控制集电极电流很大的变化，这就是三极管的电流放大特性。通常用 $\beta=\frac{\Delta I_C}{\Delta I_B}$ 表示共发射极放大器的电流放大系数。

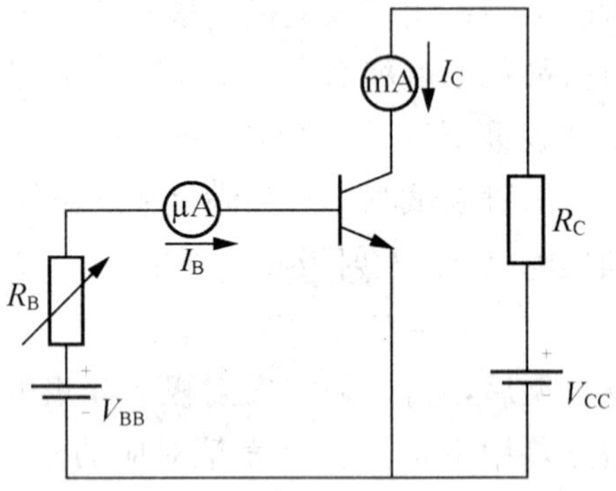

图 1-13 三极管电流放大电路

2. 集成电路

集成电路是用半导体工艺或薄、厚膜工艺(或这些工艺的结合)，将晶体二极管、晶体三极管、场效应管、电阻、电容等元器件按照设计电路要求连接起来，共同制作在一块硅或绝缘体基片上，然后封装而成的具有特定功能的完整电路。由于将元件集成于半导体芯片上，代替了分立元件，故集成电路具有体积小、重量轻、功耗低、性能好、可靠性高、电路性能稳定、成本低等优点。几十年来，集成电路的生产技术取得了迅速发展，改变了传统电子工业和电子产品的面貌，得到了极其广泛的应用。

集成电路的分类有以下几种。

1）按制作工艺

（1）薄膜集成电路。在绝缘基片上，采用薄膜工艺形成有源元件、无源元件和互联线而构成的集成电路称为薄膜集成电路。

（2）厚膜集成电路。在陶瓷等绝缘基片上，用厚膜工艺制作厚膜无源网络，而后装接二极管、三极管或半导体集成电路芯片，构成具有特定功能的集成电路称为厚膜集成电路。主要用于收音机、电视机电路中。

（3）半导体集成电路。用平面工艺在半导体晶片上制成的集成电路称为半导体集成电路。根据采用的晶体管不同，分为双极型集成电路和 MOS 集成电路。双极型集成电路又称 TTL 电路，其中的晶体管和常用的二极管、晶体管性能一样。MOS 集成电路采用了 MOS 场效应管。可分为 N 沟道 MOS 电路，简称 NMOS 电路；P 沟道 MOS 电路，简称 PMOS 电路。由 N 沟道、P 沟道 MOS 晶体管互补构成的互补 MOS 电路，简称 CMOS 集成电路。半导体集成电路工艺简单，集成度高，是目前应用最广泛、品种最多、发展迅速的一种集成电路。

（4）混合集成电路。采用半导体技术和薄膜、厚膜工艺混合制作而成的集成电路称混合集成电路。

2）按集成规模

（1）小规模集成电路。芯片上的集成度(即集成规模)：10 个门电路或 10～100 个元器件。

（2）中规模集成电路。芯片上的集成度：10～100 个门电路或 100～1000 个元器件。

（3）大规模集成电路。芯片上的集成度：100 个以上门电路或 1000 个以上元器件。

（4）超大规模集成电路。芯片上的集成度：10000 个以上门电路或 10 万个以上元器件。

3）按功能

按功能分又可分为数字集成电路、模拟集成电路和微波集成电路等。

第2章

测量误差与数据处理

不论用什么测量方法，用任何量具或仪器来进行测量，总存在误差，即测量结果总不可能准确地等于被测量的真值，而只能是它的近似值。也就是说，误差自始至终存在于一切测量过程中。因此，应根据误差的性质及其产生的原因，采取措施使误差降低到最小。为此，必须具备误差的基本知识和数据处理的能力。

2.1 测量误差及其产生的原因

根据误差的性质及其特点，一般将其分为系统误差、随机误差和粗大误差3大类。

1. 系统误差

在相同测量条件下多次测量同一个被测量时，误差的绝对值和符号保持恒定，或在条件改变时按某种确定规律变化的误差，称为系统误差。

产生系统误差的原因可能有以下几个方面。

（1）由仪器设计和制造上的固有缺陷而引起的测量误差，如刻度的偏差、仪器的零件偏移、仪表准确度等级所决定的误差。常用的电测量指示仪表、电子测量仪器的示值都有一定的系统误差。

（2）为测量创造必要的条件，或为使测量方便而使用的装置、附件引起的误差。例如，电源波形失真程度；三相电源的不对称程度；连接导线、插座、转换开关、活动触点等的使用；测量仪表零点未调准等所引起的误差。

（3）由于测量时的环境因素影响而产生的误差，称为环境误差。如温度、湿度、气压、震动、电磁场、风效应、阳光照射、空气中含尘量等环境条件引起测量仪表指针指示不准而引起误差。

仪器、仪表按规定的正常工作条件使用所产生的示值误差是基本误差(即由仪表准确度等级决定的误差)，当使用条件超出规定的正常工作条件而增加的误差是附加误差(即环境误差)。

(4) 由于观测者生理、心理上的特点和固有习惯的不同所引起的误差，称为人身误差。例如，生理上的最小分辨角、记录某一信号时滞后或超前的趋向、读数时习惯地偏向一个方向等人为因素都会引起测量误差。

(5) 由于测量方法不完善或理论不严密所引起的误差。例如，当用电压表和电流表，根据伏安法测电阻时，若没有计及接入仪表对测量结果的影响，则计算出的电阻值中必定含有此测量方法所引起的误差。

系统误差的最大特点是有一定的规律性，一旦掌握了其规律，就可通过改变测量方法或仪器的结构等技术途径加以消除或削弱。另一个特点是有重现性，即在相同条件下，进行多次测量，重现出保持恒定的绝对值和符号的系统误差。

系统误差的大小可反映出测量结果偏离真值的程度，系统误差愈小，测量结果就愈正确，因此，系统误差可决定测量结果的正确度。

2. 随机误差

在相同的测量条件下多次测量同一个被测量时，误差的绝对值与符号以不可预定的方式变化的误差，称为随机误差。

产生随机误差的原因主要是由那些对测量值影响微小，又互不相关的多种偶然因素所引起的。诸如电网电压的变化，环境(如热扰动、噪声干扰、电磁场的微变、空气扰动、大地的微震等)的偶然变化，测量人员感觉器官的各种无规律的微小变化等，都会使测量结果存在随机误差。

由于这些因素的影响，尽管从宏观上看测量条件没有什么变化，如仪器准确度相同、周围环境相同、测量人员同样的细心工作等，但只要测量仪表灵敏度足够高，就会发现各次测量结果都有微小的不同，这种不同说明测量结果中含有随机误差。

在任何一次测量中都不可避免地会有随机误差，并且在相同的条件下进行多次重复测量，随机误差时大时小，时正时负，完全是随机的。由于这种误差没有规律，不可预测也不能控制，人们对它还没有足够的认识，所以无法用实验的方法(靠技术)来消除它。但从足够多次测量的总体上看，测量误差一般服从正态分布的统计规律。

设在相同条件下对某一被测量 x(其真值为 A_0)进行 n 次测量(即对 x 进行 n 次等精度测量)，得到一列测量结果 x_1，x_2，…，x_n。若已采取技术措施将系统误差减小到可忽略不计，测量结果中只含随机误差 ε。任一次测量的随机误差为

$$\varepsilon_i = x_i - A_0 \qquad (i=1,2,\cdots,n) \tag{2-1}$$

式中：x_i——第 i 次测量示值；

ε_i——第 i 次测量的随机误差。

根据概率理论，随机误差出现的概率密度正态分布，当测量次数 n 趋于无穷时的极限可用式(2-2)来表示：

$$P(\varepsilon) = \frac{1}{\sigma(\varepsilon)\sqrt{2\pi}} e^{-\frac{\varepsilon^2}{2\sigma^2}} \tag{2-2}$$

式(2-2)称为正态分布随机误差方程。它的图解曲线称为正态分布曲线，如图2-1所示。式(2-2)中，σ称为标准偏差，它与随机误差ε的关系为

$$\sigma=\lim_{n\to\infty}\sqrt{\frac{1}{n}\sum_{i=1}^{n}\varepsilon_i^2} \qquad (2-3)$$

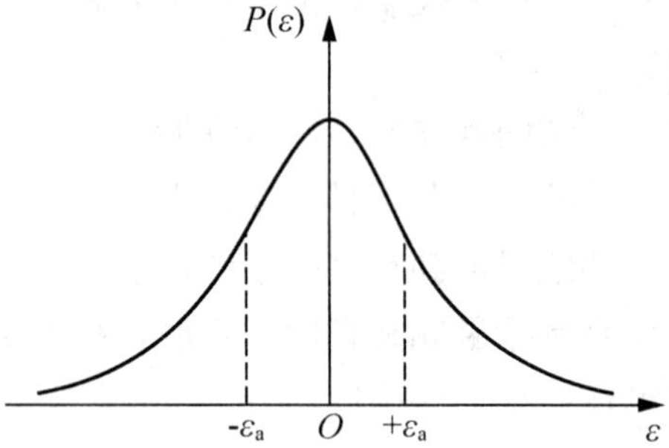

图2-1 随机误差正态分布曲线

上式说明，一组随机误差的几何平均值的极限对应着一个确定的标准偏差。一个确定的标准偏差，就有相应的一条随机误差出现概率密度的正态分布曲线，由此可见，标准偏差在数值上并不等于每次测量的具体随机误差值，而是表示一组随机误差概率密度的情况，标准偏差σ越小，正态分布曲线的峰值越高而且曲线形状越凸，如图2-2所示。可见，σ值较小的一组被测量出现小的随机误差的机会更多，即小的随机误差更集中，从而相对应的测量精度更高，因此它是评定测量结果精度最为常用的标准，故称为标准偏差。

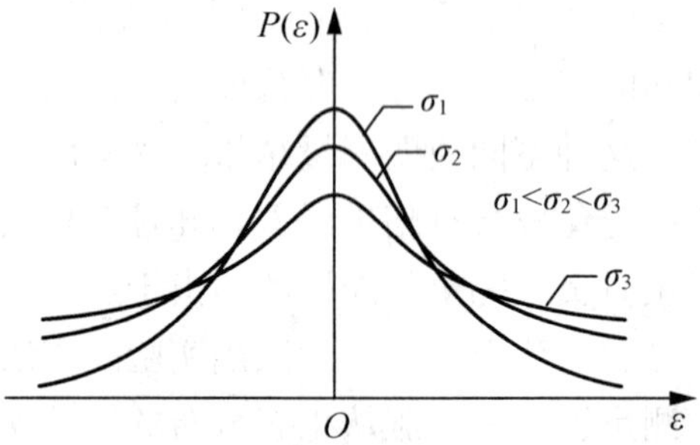

图2-2 不同σ值所具有的随机误差正态分布曲线

显然，等精度测量，也就是标准偏差相等的测量。在等精度测量中，随机误差ε出现在区间内的概率P应为

$$P\{-\varepsilon_a\leqslant\varepsilon\leqslant+\varepsilon_a\}=\int_{-\varepsilon_a}^{+\varepsilon_a}P(\varepsilon)\mathrm{d}\varepsilon=\frac{2}{\sigma\sqrt{2\pi}}\int_0^{\varepsilon_a}\mathrm{e}^{-\frac{\varepsilon^2}{2\sigma^2}}\mathrm{d}\varepsilon \qquad (2-4)$$

式(2-4)称为概率积分公式或误差函数，其积分值即为曲线$P(\varepsilon)$与$[-\varepsilon_a,+\varepsilon_a]$区间内的横轴所围成的面积，对于大小不同的随机误差$\varepsilon$，用式(2-4)计算出$\varepsilon$出现的概率，已制成专用的误差函数表，以供工程备用。

由以上分析和正态分布曲线归纳出随机误差服从统计规律的主要特点如下。

1）有界性

在多次测量中，绝对值小的随机误差出现的概率大，而绝对值大的随机误差出现的概率小，这种误差又称为单峰性。

从误差函数表查得

$$P[|\varepsilon|<3\sigma]=0.9973$$

或

$$P[|\varepsilon|>3\sigma]\approx\frac{3}{1000}$$

即认为约每 1000 次测量中，可能仅有 3 次出现$|\varepsilon|>3\sigma$。绝对值很大的误差出现的概率近于零，即随机误差具有有界性。

2）对称性

绝对值相等的正负随机误差出现的概率相同。

3）抵偿性

在消除系统误差之后，对真值为A_0的某一被测量值x进行等精度的n次测量，测量结果为x_1，x_2，…，x_n，对应的随机误差分别为ε_1，ε_2，…，ε_n，则应有

$$x_i=A_0+\varepsilon_i \qquad (i=1,2,\cdots,n)$$

取该列测量数据的算术平均值$\overline{X}$，即

$$\overline{X}=\frac{(A_0+\varepsilon_1)+(A_0+\varepsilon_2)+\cdots+(A_0+\varepsilon_n)}{n}=A_0+\frac{1}{n}\sum_{i=1}^{n}\varepsilon_i$$

由随机误差正态分布曲线可知，当$n\to\infty$时，有

$$\sum_{i=1}^{\infty}\varepsilon_i=0 \tag{2-5}$$

故

$$\overline{X}=A_0 \tag{2-6}$$

上述说明，在等精度的无限多次测量中，随机误差的代数和为零(即抵偿)；测量结果的算术平均值$\overline{X}$等于被测量的真值A_0。

抵偿性是随机误差最本质的统计特点。对于具有抵偿性的误差，原则上都可按随机误差处理，利用随机误差的这一特点，可以通过多次测量取平均值的办法(即数据处理的办法)来削弱随机误差对测量结果的影响。

3. 粗大误差

在一定的测量条件下明显地歪曲测量结果的误差称为粗大误差(也称疏忽误差)，产生的主要原因是测量中操作错误，包括读错、记错、算错、测量方法错误、测量仪器存在缺陷等。

含有粗大误差的测量值为坏值或异常值，正常的测量结果不应该含有粗大误差，所有的坏值均应剔除，在作误差分析时要考虑的误差只有系统误差与随机误差两类。

2.2 测量误差的表示方法

测量误差通常用绝对误差与相对误差两种方法表示。

1. 绝对误差

当被测量真值为 A_0，而用仪器测量得的示值是 x 时，测量的绝对误差 Δx 为

$$\Delta x=x-A_0 \tag{2-7}$$

由于真值无法获得，故式(2-7)只有理论上的意义。实际工作中，常用标准表(即用来检定工作仪表的高准确度仪表)的示值作为实际值 A 代替真值 A_0。由于标准表也存在误差(通常标准表的误差与工作仪表的误差相比，小于 1/5 时，则可认为准确表的示值是工作仪表所测之量的实际值)，所以 A 并不等于 A_0，但是 A 总比 x 更接近于 A_0。

把 x 与 A 之差称为仪器的示值误差，记为

$$\Delta x=x-A \tag{2-8}$$

由于式(2-8)是以代数差的形式给出误差的绝对值大小及其符号，通常又将它称为绝对误差。

与绝对误差大小相等、符号相反的量称为修正值，用 C 表示，即

$$C=-\Delta x=A-x \tag{2-9}$$

通过检定，可以由标准仪器给出受检仪器的修正值。利用修正值便可求出用该仪器所测之量的实际值 A，即

$$A=x+C \tag{2-10}$$

例如，某电流表的量程为 1mA，通过检定而得出其修正值为－0.002mA。若用它来测量某一未知电流，得示值为 0.78mA，由此便可得被测电流的实际值为

$$A=0.78+(-0.002)=0.778\text{mA}$$

修正值给出的方式有的是具体的数值，而在某些较为准确的仪器中，常以表格、曲线、公式的形式给出。有些自动测量仪器还将修正值存储在仪器中，测量时对测量结果自动进行修正。

值得注意的是，仪器的示值与仪器的读数往往容易混淆，实际两者是不同的。读数是指从仪器的刻度盘、显示器等读数装置上直接读到的数字，而示值则是该读数所代表的被测量的数值；有时，读数与示值在数字上相同，但一般情况下它们是不同的。通常需要把所读的数经过简单计算，查曲线或数表才得到示值。例如，一只线性刻度为 0～100、量程为 500μA 的电流表，当指针在 85 分刻度位置时，读数是 85，而示值却是

$$x=\frac{85}{100}\times 500=425\mu\text{A}$$

因此，在记录测量结果时，为避免差错和便于查对，应同时记下读数及其相应的示

值。有时还用理论计算值代替真值 A_0，例如，正弦交流电路中理想电容和电感上电压与电流的相位差为 90°。

2. 相对误差

绝对误差只能表示测量值与真值差多少，而无法比较两个测量结果的准确程度。例如，测量两个电压的结果：一个是 200V，绝对误差为 2V。另一个是 10V，绝对误差为 0.5V。

因此可以看出，仅从绝对误差的大小无法比较这两个测量结果的准确度。第一个绝对误差虽大，但它只占示值的 1%；而第二个绝对误差虽小，但却占示值的 5%。因此，又定义了相对误差。工程上一般都用相对误差表示。

相对误差的形式较多，这里仅介绍电测量中常用的 3 种形式。

1）示值相对误差与实际相对误差

示值相对误差是绝对误差 Δx 与仪器示值 x 的比值，即

$$\gamma_x = \frac{\Delta x}{x} \times 100\% \tag{2-11}$$

由于示值中也存在着误差，所以这种表示方式并不是很严格，只是在误差较小时的一种近似计算。不适用于误差较大时的情况。故有时也用实际相对误差，即用实际值 A 代替真值 A_0，绝对误差 Δx 与实际值 A 之比，即

$$\gamma_A = \frac{\Delta x}{A} \times 100\% \tag{2-12}$$

2）引用误差

示值相对误差虽然可以用来衡量测量结果的准确程度，但是还不能用它来评价指示仪表的准确度。这是因为，一般仪器是用来测量某一规定范围(量程范围)的被测量，而不是只能测量某一固定大小的被测量。在某量程内，被测量可以是不同的数值。用式(2-11)计算相对误差时，随着被测量的不同，式中的分母也不同，而分子所示的绝对误差却在整个量程内变化并不大，近似于一个常数，因此求得的相对误差就会随着被测量大小的不同有变化。例如，一只量程为 0～250V 的电压表，当在标度线为“200V”处的绝对误差为 +2V，则该处的测量误差为

$$\gamma_1 = \frac{2}{200} \times 100\% = +1.0\%$$

当在标度线为“10V”处的绝对误差为 +1.8V，则该处的相对误差为

$$\gamma_2 = \frac{1.8}{10} \times 100\% = +18\%$$

由此可见，一块仪表在某量程内不同标度线处的绝对误差相差并不大，但相对误差却相差较大，所以用示值相对误差不能衡量仪表基本误差的大小，即不能用示值相对误差来衡量仪表的准确度。

γ_1 与 γ_2 相差甚大的原因在于，计算相对误差时分子接近于一个常数，而分母却是一

个变化较大的数的缘故。为此，现将仪表的量程 X_m（即满度值）作分母，则示值相对误差公式变为

$$\gamma_n=\frac{\Delta x}{X_m}\times 100\% \tag{2-13}$$

式(2-13)称为引用误差，引用误差为绝对误差与仪表量程比值的百分数。

实际上，由于仪表各示值的绝对误差并不相等，其值有大有小，符号有正有负，为了能唯一地评价仪表的准确度，将式(2-13)中分子用仪表标度尺工作部分所出现的最大绝对误差 ΔX_m 来代替 Δx，则式(2-13)变为

$$\gamma_{nm}=\frac{\Delta X_m}{X_m}\times 100\% \tag{2-14}$$

式(2-14)中 γ_{nm} 称为最大引用误差，也称为满度相对误差。用它来衡量仪表的基本误差。根据国家标准(GB 776—76《电测量指示仪表通用技术条件》)规定，用最大引用误差表示电工仪表的基本误差，也即表示电工仪表的准确度等级。

所谓仪表的准确度等级是指仪表在规定的工作条件下测量时，在它的标度尺工作部分的所有分度线上可能出现的最大基本误差的百分数值。各准确度等级的指示仪表在规定条件下使用时的基本误差不允许超过仪表准确度等级的数值关系，见表 2-1。

表 2-1　仪表的准确度等级与其基本误差

仪表的准确度等级 a	0.1	0.2	0.5	1.0	1.5	2.5	5.0
基本误差/%	±0.1	±0.2	±0.5	±1.0	±1.5	±2.5	±5.0

从表中可见，准确度等级的数值越小，允许的基本误差就越小，表示仪表的准确度就越高。从式(2-14)可知，在只有基本误差影响的情况下，仪表的准确度等级的数值 a 与最大引用误差的关系为

$$a\%=\frac{|\Delta X_m|}{X_m}\times 100\% \tag{2-15}$$

若用准确度等级为 a 的仪表，在规定的工作条件下进行测量的最大绝对误差一定要满足下式

$$\Delta X_m=\pm X_m\cdot a\% \tag{2-16}$$

测量的最大相对误差为

$$\gamma_m=\frac{\Delta X_m}{x}\times 100\%=\frac{\pm a\%\cdot X_m}{-x}\times 100\% \tag{2-17}$$

从式(2-15)到式(2-17)可看出，仪表的准确度对测量结果的正确度影响很大。在一般的情况下，仪表的准确度并不等于测量结果的正确度，后者与被测量的大小有关，当被测量较大使仪表指示偏转为满刻度偏转时，测量结果的正确度才等于仪表的准确度，因此，不能把仪表的准确度与测量结果的正确度混淆。

当选定了准确度等级 a 的仪表后，被测量的值 x 愈接近 X_m（即满量程），则相对误差就愈小，故实际测量中，应合理选择仪表的量程，使指针尽可能工作在满刻度的 2/3 以上

的区域。也就是说，尽量不要用大量程去测量小的电量。

例如，要测量约10V的电压，现有两块电压表，一块量程为150V，1.5级，另一块量程为15V，2.5级。选用哪块电压表合适呢？

若选第一块电压表，测量结果的绝对误差为

$$\Delta U \leqslant U_m \times (\pm a\%) = 150 \times (\pm 1.5\%) = \pm 2.25\text{V}$$

若选第二块电压表，测量结果的绝对误差为

$$\Delta U \leqslant U_m \times (\pm a\%) = 15 \times (\pm 2.5\%) = \pm 0.375\text{V}$$

由此计算结果说明，应选量程为15V，2.5级的电压表去测量，绝对误差更小，其被测电压值若为10V，则被测电压的测量结果应为

$$(10 \pm 0.375)\text{V}$$

此例说明，在实际测量工作中，不能片面地追求高准确度等级的仪表，而应根据被测量的大小，兼顾仪表的量程、准确度等级两个因素，合理选用仪表。

2.3　系统误差的处理

在测量过程中，不可避免地存在系统误差，如何采取技术措施尽可能地减小系统误差，如何估算误差，这些都是进行误差分析时必须考虑的问题。

1. 消除或减小系统误差的技术措施

根据系统误差具有明显规律性的特点和实验经验，可以通过实验技术措施消除或减小系统误差。常用的方法有以下几种。

1）引入修正值对测试结果进行修正

在测量之前，对系统中所要使用的仪器、仪表用更高准确度的仪器、仪表进行检定。即将使用仪器、仪表在不同测量值时的系统误差(修正值)测出，作出它们的修正曲线或修正表格，在测量时，根据这些曲线、表格，对测得数值按式(2-11)进行修正，从而得出的结果就相当于用高准确度仪器、仪表测得的。这样，就能减小由仪器所引起的系统误差。

2）选择适当的测试方案来减小系统误差

实验前，必须进行充分的分析，根据被测量的性质及对测量结果的要求，选择适当的测试方案，设计合理的测试路线，例如，用伏安法测量电阻R_x，有两种测试线路，如图2-3(a)、(b)所示。图中R_V和R_A分别为电压表和电流表的内阻。

对图2-3(a)测试电路，被测电阻R_x为

$$R_X = \frac{U}{1 - \frac{U}{R_V}} = \frac{R_V U}{R_V I - U}$$

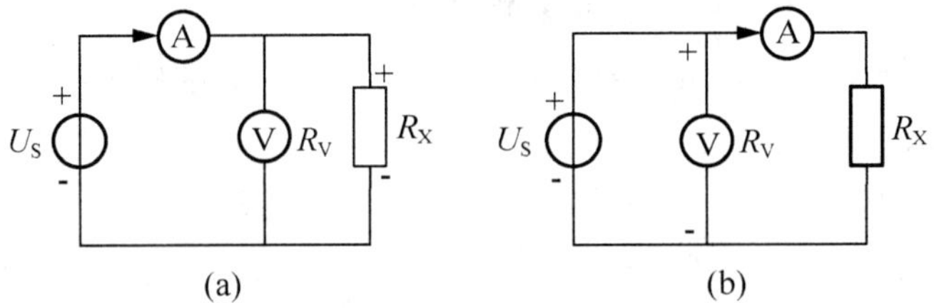

表 2－3　伏安法测量电阻原理图

(a)电流表外测法；(b)电流表内测法

则系统误差为

$$\frac{-R_X}{1+\frac{R_V}{R_A}}$$

对图 2－3(b)，被测电阻 R_X 为

$$R_X=\frac{U}{I}-R_A$$

则系统误差为 R_A。

当 $R_X \ll R_V$ 时，用(a)图电路测量；当 $R_X \gg R_A$ 时，用(b)图电路测量，这样可以减小由仪表内阻产生的系统误差。

3）采用一些特殊的测量方法

利用系统误差有规律的特点，针对某些特殊原因所引起的系统误差，采取相应的特殊测量方法。如零值法、较差法、正负误差补偿法、替代法等。

(1) 零值法是将被测量与已知量进行比较时，使这两种量对仪器的作用相消为零。如用电桥测电阻。

(2) 较差法是通过测量已知量与被测量的差值，从而求得被测量。如用电位差计测量电压。

(3) 正负误差补偿法。当系统误差为恒值误差时，可以对被测量在不同的测试条件下进行两次测量，并使其一次测量误差为正，另一次为负，取这两次测量数据的平均值作为测量结果，就可以消除恒值系统误差。例如，用安培表测量电流时，考虑到恒定外磁场对仪表指针偏转的影响，可在一次测量读数之后，将仪表转过 180°再次测量读数，取这两次测量数据的平均值作为测量结果。

(4) 替代法是将被测量与已知量先后接入同一测量仪器，如不改变仪器的工作状态，则认为被测量等于已知量的一种方法。替代法不仅可以消除指示仪器引入的误差，而且比较仪器产生的误差也可以得到消除。

4）消除产生附加误差的来源

尽量使测试仪器在规定的正常条件下工作，这样可以消除各种外界环境因素所引起的附加误差。例如，正确放置和调整好仪器；仪器工作的环境温度；电源电压的波形、频率及幅值；外来电磁场；等等，都要符合规定要求。

减小和消除系统误差没有统一的方法，必须根据测试中的实际情况具体分析，采用有效的方法。

2. 系统误差的可略准则

虽然根据系统误差的来源预先采取了一系列技术措施予以减小或消除，但也有许多系统误差不可能完全消除，而只能使其减小到一定程度。所以，不可避免地仍有残留的系统误差(称残留系统误差或残余系统误差)$\Delta\theta$。实际测量中，残留系统误差对测量结果的影响是否可以忽略不计，简便的方法是由残留系统误差可略准则来判断。

所谓残留系统误差可略准则是按照数字修约规则：当残留系统误差的绝对值$|\Delta\theta|$不超过在修正系统误差后的总误差绝对值$|\Delta x|$(注意：Δx中含有残留系统误差和随机误差)最后一位有效数字的一半时，则可认为残留系统误差$\Delta\theta$对测量结果的影响很小，以致可忽略不计。例如，若Δx由两位有效数字表示，则

$$|\Delta\theta|<\frac{1}{2}\frac{|\Delta x|}{10^2}=0.005|\Delta x| \tag{2-18}$$

若Δx由一位有效数字表示，则

$$|\Delta\theta|<\frac{1}{2}\frac{|\Delta x|}{10}=0.05|\Delta x| \tag{2-19}$$

式(2-18)或式(2-19)成立，则可认为残留系统误差对测量结果的影响可忽略不计。这就是残留系统误差可略准则。

显然，当系统误差θ满足式(2-18)或式(2-19)时，则可认为系统误差对测量结果的影响很小，可以舍去。此时，测量误差主要是随机误差。

3. 系统误差的估算

对于用电工仪表进行的测量，通常在工程测量实际中，由于仪器本身精准度较低，这时随机误差相对于系统误差要小得多，可忽略不计，主要考虑系统误差。

系统误差包含仪器的基本误差、附加误差和方法误差。测量中的最大误差等于上述误差之和。下面分直接测量和间接测量两种情况讨论。

1) 直接测量误差的估算方法

(1) 仪器基本误差的估算方法。用电测量指示仪表进行直接测量时，仪表本身的基本误差可根据仪表的准确度等级和选用的量程来估算。通常仪表的准确度等级标注在仪表的面板上。设在测量中所使用的仪表准确度为a级，所用量程为X_m，在规定的正常使用条件下进行测量，测量的示值为x，则测得结果可能出现的最大相对误差为

$$\gamma_m=\pm\frac{a\%\cdot X_m}{x}\times100\% \tag{2-20}$$

可能出现的最大绝对误差为

$$\Delta X=\pm a\%\cdot X_m \tag{2-21}$$

(2) 仪器附加误差的算法。若仪器在不符合规定的工作条件下进行测量，则要考虑外

界环境因素所引起的附加误差。

例 用一块量程为30A、准确度为1.5级的电流表，在30℃的环境温度下测量某一电流，示值为10A，估算测量误差并评定测量结果的正确性。

解：用式(2-20)可估算仪表的基本误差为

$$\gamma_m=\pm\frac{a\%\cdot X_m}{x}\times100\%=\pm\frac{0.015\times30}{10}\times100\%=\pm4.5\%$$

由于仪表使用的温度超出规定温度(20±2)℃的范围(超出8℃)，但小于10℃，这时相应于温度变化而出现的附加误差不会超过仪表的准确度等级，即±1.5%。其测量结果的正确性以最大相对误差表示为

$$\gamma_{总}=\pm(4.5+1.5)\%=\pm6\%$$

可能出现的最大绝对误差为

$$\Delta I=\pm6\%\times10=\pm0.6\text{A}$$

测量结果应修正为$I=10\text{A}\pm0.6\text{A}$，即$I=(9.4\sim10.6)\text{A}$。

(3) 方法误差的估算方法。方法误差是由于测量方法不完善或因计算公式近似而引起的。若需要考虑时，应根据具体情况进行分析计算。

2) 间接系统测量误差的估算

当被测量y与某几个量$(x_1, x_2, \cdots, x_n)$之间有确切函数关系时，设

$$y=f(x_1, x_2, \cdots, x_n) \tag{2-22}$$

通过测量x_1，x_2，…，x_n的值，再按式(2-22)求被测量y，即间接测量y_0。

若x_1，x_2，…，x_n之间彼此独立无关且含有确定性误差，分别为Δx_1，Δx_2，…，Δx_n，它们的实际值分别为x_{10}，x_{20}，…，x_{n0}，y的实际值为y_0。按绝对误差的定义计算测量结果的绝对误差为

$$\Delta y=y-y_0=f(x_1, x_2, \cdots, x_n)-f(x_{10}, x_{20}, \cdots, x_{n0})$$

将上式按泰勒级数展开，并略去高阶导数，则得间接测量结果y的绝对误差为

$$\Delta y=\frac{\partial f}{\partial x_1}\Delta x_1+\frac{\partial f}{\partial x_2}\Delta x_2+\cdots+\frac{\partial f}{\partial x_n}\Delta x_n=\sum_{i=1}^{n}\frac{\partial f}{\partial x_i}\Delta x_i \tag{2—23}$$

式(2-23)称为绝对误差传递公式，而y的相对误差为

$$\begin{aligned}\frac{\Delta y}{y}&=\frac{\partial f}{\partial x_1}\frac{\Delta x_1}{y}+\frac{\partial f}{\partial x_2}\frac{\Delta x_2}{y}+\cdots+\frac{\partial f}{\partial x_n}\frac{\Delta x_n}{y}=\sum_{i=1}^{n}\frac{\partial f}{\partial x_i}\frac{\Delta x_i}{y}\\&=\sum_{i=1}^{n}\frac{\partial f}{\partial x_i}\frac{\Delta x_i}{f}=\sum_{i=1}^{n}\frac{\partial \ln(f)}{\partial x_i}\cdot\Delta x_i\end{aligned} \tag{2-24}$$

式(2-24)称为相对误差传递公式。式中$\Delta x_i(i=1, 2, \cdots, n)$的值可正可负，按照最不利的情况考虑时，应取绝对值，即

$$\Delta y=\pm\sum_{i=1}^{n}\left|\frac{\partial f}{\partial x_i}\Delta x_i\right| \tag{2-25}$$

$$\frac{\Delta y}{y}=\pm\sum_{i=1}^{n}\frac{\partial \ln(f)}{\partial x_i}\Delta x_i \tag{2-26}$$

若被测量 y 只为两个直接测量量(x_1，x_2)的函数，且其函数关系为 $y=x_1\pm x_2$，则按相对误差传递公式得

$$\frac{\Delta y}{y}=\pm\frac{|\Delta x_1|+|\Delta x_2|}{x_1\pm x_2} \tag{2-27}$$

由式(2-27)可见，当 $y=x_1-x_2$ 而 x_1 与 x_2 的值很接近时，将可能出现很大的间接测量误差。因此，在间接测量中，应当尽量避免求两个读数差的测量。

例 如图 2-4 所示电路，测得一支路电流 I_1 和总电流 I 分别为

$$I=30\text{A}\quad \gamma=\pm2\%\quad \Delta I=\pm0.6\text{A}$$

$$I_1=20\text{A}\quad \gamma_1=\pm2\%\quad \Delta I_1=\pm0.4\text{A}$$

求 I_2 可能的最大相对误差。

解：

$$I_2=I-I_1=30\text{A}-20\text{A}=10\text{A}$$

$$\gamma_2=\pm\frac{0.4+0.6}{30-20}=\pm0.1=\pm10\%$$

若 $I=30\text{A}\quad \gamma=\pm2\%\quad \Delta I=\pm0.6\text{A}$

$I_1=5\text{A}\quad \gamma_1=\pm2\%\quad \Delta I_1=\pm0.1\text{A}$

则 $I_2=30\text{A}-5\text{A}=25\text{A}$

$\gamma_2=\pm\frac{0.6+0.1}{30-5}=\pm0.028=\pm2.8\%$

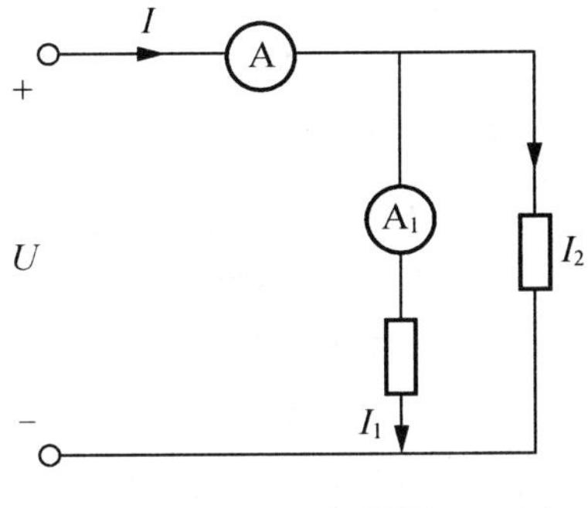

图 2-4 例题图

由此可见，两量相差越小，可能出现的相对误差越大。

对于确定性系统误差，间接测量的总误差可直接用绝对误差传递公式或相对误差传递公式计算，从而对测量结果进行修正。

例 测量直流电路的电能时，计算公式为 $W=I^2Rt$，测量时选用的电流表为 0.5 级，量限为 100A，电流表示值为 60A；所用的电阻为 0.1 级，阻值为 0.5Ω；时间 50s，误差为±0.1%。估算电能和它的绝对误差及相对误差。

解： 对公式 $W=I^2Rt$，按式(2-25)计算，即

$$\Delta W=\frac{\partial}{\partial I}(I^2Rt)\Delta I+\frac{\partial}{\partial I}(I^2Rt)\Delta R+\frac{\partial}{\partial I}(I_2Rt)\Delta t$$

$$=2IRt\Delta I+I^2Rt\Delta R+I^2R\Delta t$$

而 $\Delta I=\pm(100\times0.5\%)\text{A}=\pm0.5\text{A}$

$$\Delta R=\pm(0.5\times0.1\%)\Omega=\pm5\times10^{-4}\Omega$$

$$\Delta t=\pm(50\times0.1\%)\text{s}=\pm5\times10^{-2}\text{s}$$

$$\begin{aligned}\Delta W&=\pm(2\times60\times0.5\times50\times0.5+60^2\times50\times5\times10^{-4}+60^2\times0.5\times5\times10^{-2})\text{J}\\&=\pm(1500+90+90)\text{J}=\pm1680\text{J}\end{aligned}$$

可见，误差主要是由于电流的测量误差太大而引起的。电能为

$$W=I^2Rt=60^2\times0.5\times50\text{J}=9\times10^4\text{J}$$

可能出现的最大相对误差为

$$\gamma_{\text{w}}=\pm\frac{1.68\times10^3}{9\times10^4}=\pm1.9\%$$

4. 系统误差的修正方法

系统误差主要是影响测量结果的正确性。当估算出系统误差或范围时，应对测量结果进行修正。

对真值为 A_0 的被测量进行 n 次等精度测量，得到一列测量数据为 x_1，x_2，…，x_n。若 $x_i(i=1，2，…，n)$中仅含有系统误差(包括恒值系统误差 θ_0 和变值系统误差 θ_{ti})，由误差定义得

$$\begin{aligned}\Delta x_1&=x_1-A_0=\theta_0+\theta_{t1}\\\Delta x_2&=x_2-A_0=\theta_0+\theta_{t2}\\&\vdots\\\Delta x_n&=x_n-A_0=\theta_0+\theta_{tn}\end{aligned}$$

或者

$$\begin{aligned}A_0&=x_1-\theta_0-\theta_{t0}\\A_0&=x_2-\theta_0-\theta_{t1}\\&\vdots\\A_0&=x_n-\theta_0-\theta_{tn}\end{aligned}$$

于是有

$$\begin{aligned}nA_0&=\sum_{i=1}^{n}x_i-n\theta_0-\sum_{i=1}^{n}\theta_{ti}\\A_0&=\frac{1}{n}\sum_{i=1}^{n}x_i-\theta_0-\frac{1}{n}\sum_{i=1}^{n}\theta_{ti}=\overline{X}-\theta_0-\frac{1}{n}\sum_{i=1}^{n}\theta_{ti}\end{aligned}\tag{2-28}$$

由式(2-28)可见，对某被测量进行 n 次测量的测量结果，若已估算出系统误差 θ_0 和 θ_{ti}，即可以对每次测量结果逐一进行修正，也可以对测量结果的算术平均值一次修正。

例 已知单臂电桥各桥臂电阻的误差：R_1 为 $+0.04\%$，R_2 为 $+0.05\%$，R 为 -0.03%，电桥测量电阻的公式为

$$R_{\text{x}}=\frac{R_1}{R_2}\cdot R$$

若测得 R_x 的示值为 10.003Ω，求该电阻的实际值。

解：将 $R_x=\frac{R_1}{R_2}\cdot R$ 按相对误差传递公式(2－25)计算可得

$$\gamma_{R_x}=\sum_{i=1}^{3}\frac{\partial(\frac{R_1}{R_2}\cdot R)}{\partial R_i}\Delta R_i=\frac{R_2}{R_1R}\cdot\frac{R}{R_2}\Delta R_1+\frac{R_2}{R_1R}\cdot\frac{-R_1R}{R_2{}^2}\Delta R_2+\frac{R_2}{R_1R}\cdot\frac{R_1}{R_2}\Delta R$$
$$=\gamma_{R_1}-\gamma_{R_2}+\gamma_R$$

由上式计算测量结果的相对误差。因为各桥臂电阻的大小和正负都已具体给出，所以上式中的正负符号应保留，以便求出 R_x 的实际误差。代入数据得

$$\gamma_{R_x}=[0.04-0.05+(-0.03)]\%=-0.04\%$$

R_x 实际值应该是 $R_x=10.003\Omega-[10.003\times(-4\times10^{-4})]\ \Omega=10.007\Omega$。

2.4　随机误差的处理

当被测量是用准确度较高的仪器来测量时，由测量仪器引起的系统误差很小，可忽略不计。但测量结果中还含有随机误差，可能还有粗大误差。如何估计随机误差对测量结果的影响，如何判别粗大误差并将之剔除，怎样确定测量结果及评价其精密度，这正是本节要讨论的问题。

由于人们还未充分认识随机误差的变化规律，因此还很难像处理系统误差那样，通过采取一定的技术措施使之减小或消除。但是，根据随机误差具有统计规律的特点，可以利用统计学方法对测量数据进行处理，即用数据处理的方法来减小随机误差对测量结果的影响。

1. 标准偏差 σ 的估算和标准差 σ_x

由本章 2.1 中对随机误差统计规律特点的分析知，在消除系统误差之后，对真值为 A_0 的某一个被测量 x 进行等精度无限多次直接测量，其测量数据的算术平均值 $\bar{x}$ 就等于被测量的真值 A_0，即

$$\bar{x}=A_0$$

这时，测量结果中随机误差的代数和为零，即

$$\sum_{i=1}^{\infty}\varepsilon_i=\sum_{i=1}^{\infty}(x_i-A_0)=0$$

在实际测量中，测量的次数总是有限，所以只能将有限次测量数据的算术平均值作为真值的一种估算值，这种估算值称为真值的最佳估值(或最可信赖值)。这样，就不能按式(2－1)计算各次测量值的随机误差 ε_i，也无法按式(2－3)计算评价测量结果精密度的标准偏差 σ。

在消除系统误差的条件下，对被测量 x 进行有限次(n 次)等精度测量，测得一列数据 x_1，x_2，…，x_n。该列测量数据的算术平均值为

$$\bar{x}=\frac{1}{n}\sum_{i=1}^{n}x_i \tag{2-29}$$

求标准偏差的估算值时，用算术平均值 $\bar{x}$ 代替真值，即近似地用 $\bar{x}$ 作为测量结果。

每次测量值 x_i 与 $\bar{x}$ 的差为

$$v_i=x_i-\bar{x} \tag{2-30}$$

称 v_i 为第 i 次测量的剩余误差。用剩余误差 v_i 去代替真误差 $\varepsilon_i=x_i-A_0$。根据概率理论推导得出标准偏差估算值 σ'(简称为标准偏差)与剩余误差 v_i 之间关系为

$$\sigma'=\sqrt{\frac{1}{n-1}\sum_{i=1}^{n}{v_i}^2} \tag{2-31}$$

理论证明，测量结果 $\bar{x}$ 的标准偏差 $\sigma_{\bar{x}}$(简称为标准误差)与标准偏差估算值 σ' 之间有如下关系：

$$\sigma_{\mathrm{x}}=\frac{\sigma'}{\sqrt{n}}=\sqrt{\frac{1}{n(n-1)}\sum_{i=1}^{n}{v_i}^2} \tag{2-32}$$

显然，标准误差能表示测量结果的精密度，σ_{x} 越小，测量结果的精密度越高。随着测量次数 n 的增加，$\bar{x}$ 值越接近真值 A_0，测量结果的精密度也随之提高。但由于 σ_{x} 与 $\sqrt{n}$ 成反比，σ_{x} 的减小随着 n 的增加而越来越慢，因此，在实际测量中，一般对同一个被测量进行等精度 10～20 次测量即可。

2. 粗大误差的判别

对实验数据进行处理时，必须首先判别并剔除含有粗大误差的数据。根据随机误差统计规律的有界特点，比标准偏差 σ(用标准偏差估算值 σ' 代替 σ)大 3 倍的随机误差 ε，出现的机会只有 0.3%。由此可见，$\varepsilon>3\sigma'$ 的随机误差出现的可能性很小。因此，人们把 $3\sigma'$ 作为判别粗大误差的依据。

若某一测量数据的剩余误差的绝对值大于 $3\sigma'$，即

$$|x_i-\bar{x}|>3\sigma' \tag{2-33}$$

则认为该数据中含有粗大误差，应剔除。式(2-33)是粗大误差的常用判式。

3. 直接测量数据处理的步骤

设系统误差已减小到可忽略的程度，对某一个被测量 x 进行 n 次等精度测量得一列数据为 x_1，x_2，…，x_n。数据中含有随机误差，可能还有粗大误差。为确定测量结果和评价其精密度，需要对所测得的数据进行处理。其处理步骤如下。

(1) 根据式(2-29)计算被测量的算术平均值 $\bar{x}$；

(2) 根据式(2-30)计算各测量值的剩余误差 v_i；

(3) 验证剩余误差的代数和是否等于零。若等于零，则表示 $\bar{x}$ 和 v_i 的计算正确，否则表示有错，应重新计算。

(4) 根据式(2-31)计算标准偏差 σ'；

(5) 根据式(2-33)判别并剔除含有粗大误差的测量值；

(6) 剔除含有粗大误差的数据后，重新计算 $\bar{x}$ 和 σ_x，直到粗大误差的数据全部剔除之后再进行下面的计算；

(7) 根据式(2-32)计算标准误差 σ_x；

(8) 写出测量结果及评价精密度的表达式：

$$x=\bar{x}\pm 3\sigma_x \tag{2-34}$$

例 用准确度较高的测量仪器对某电阻进行了16次等精度测量，测量结果如表2-2所示，求被测电阻的测量结果及其精密度。

表2-2 某电阻的测量值

测量序号	1	2	3	4	5	6	7	8
测量值/Ω	34.86	35.21	34.97	35.19	35.35	35.21	35.16	35.32
测量序号	9	10	11	12	13	14	15	16
测量值/Ω	35.30	35.71	34.94	34.70	35.63	36.65	35.24	35.36

解：

(1) 计算 $\overline{R}$ 和剩余误差 v_i 是否等于零。

$\overline{R}=35.30$，有 $\sum v_i=0$。

(2) 计算 $\sum v_i^2$ 和标准偏差 σ'：

$$\sum_{i=1}^{16} v_i^2=2.9496 \qquad \sigma'=\sqrt{\frac{\sum v_i^2}{n-1}}=0.443$$

(3) 第14次测量数据的剩余误差(1.35)大于 $3\sigma'$(1.329)，故该次测量值含有粗大误差，应剔除不用。

(4) 重新计算其余15次测量值的 $\overline{R}$ 和 v_i，得

$$\overline{R}=35.21,\ \sigma'=0.34$$

(5) 15次测量值的剩余误差都小于 $3\sigma'$，故可计算标准误差为

$$\sigma_{\bar{x}}=\frac{\sigma'}{\sqrt{n}}=\frac{0.34}{\sqrt{15}}\approx 0.09$$

(6) 写出测量结果及评价精密度的表达式：

$$R=\overline{R}\pm 3\sigma_{\bar{x}}=35.21\Omega\pm 0.27\Omega$$

以上数据处理可编程用计算机进行计算。

对于间接测量时，随机误差对测量结果的影响，总标准偏差的估算方法等，此处不进行讨论了。

当实际测量中，希望用准确度来表示测量结果的质量时，就需要对系统误差 θ 和随机误差 ε 进行综合。根据概率论与随机过程理论，可同时考虑系统误差和随机误差对测量结果的影响，评价测量结果准确度的标准偏差 σ_g 为

$$\sigma_g=\sqrt{\theta^2+\sigma_{\bar{x}}^2} \tag{2-35}$$

2.5 测量数据处理

测量结果一般有数据、波形曲线、现象等。测量结果的处理一般是对数据进行处理或绘制曲线波形或分析现象，找出其中典型的能说明问题的特征，并找出电路参数与结果之间的关系，从而明确电路的特征。本节介绍测量数据处理和曲线绘制、计算机辅助分析的有关问题。

1. 测量数据的整理

1）有效数字表示法

由于测量过程中总存在测量误差，而仪器的分辨力又有限，所以测量数据总是被测量真值的近似值。究竟近似到何种程度合适，这必然要考虑读取几位数字的问题。读取几位数字应根据所用仪器的准确度等级和理论计算的需要来确定。为此，提出有效数字的概念。

所谓有效数字是规定截取得到的近似数的绝对误差不得超过其末位单位数字的一半，并称此近似数从它左边第一个不是零的数字起到右边最末一位数字止的所有数字为有效数字。有效数字通常由可靠数字和欠准数字两部分组成。例如，用准确度为 0.5 级的电压表测量电压时，电压表的指针停留在 7.8 与 7.9 之间，这时电压表的读书就需要用估计法来读取最后一位数字，若估计为 7.86，这是个近似值，7.8 是可靠数字，而末位数 6 为欠准数字，即 7.86 为三位有效数字。

在记录有效数字时，应注意以下几点。

(1) 记录测量数据时，只保留一位欠准数字，即在仪表标度尺最小分度下，凭眼睛大致估计的一位数字。

(2) “0” 在数字之间或数字之末，算作为有效数字，在数字之前不算有效数字。例如，3.02，4.20 都是三位有效数字，而 0.0024 则是两位有效数字。注意 4.20 和 4.2 的意义不同，前者是三位有效数字，“2” 是准确数字，“0” 是欠准数字；而后者是二位有效数字，“2” 是欠准数字，故 4.20 中的 “0” 字不可省略。它对应着测量的准确程度。

(3) 遇到大数值或小数值时，需要采用有效数字乘上 10 的乘幂的形式表示，即 $k\times10^m$。其中 k 为从 1 起至小于 10 的任意数字，k 的位数即为有效位数；m 为具有任意符号的任意整数。例如，4.32×10^4 表示有效数字为三位，4.320×10^4 表示有效数字为四位。有效位数的多少取决于测量仪器的准确度。同理 0.00024 可写作 2.4×10^{-4}。

(4) 如已知误差，则有效数字的位数应与误差相一致。例如，设仪表误差为±0.01V，测得电压为18.6738V，其结果应写作18.67V。

(5) 表示误差时，一般只取一位有效数字，最多二位有效数字，如±1%，±1.5%。

2) 数字修约规则

当由于计算或其他原因需要减少数据的数字位时，应按数字修约规则进行修约。数字修约规则规定，以所要保留数字的末位单位为单位，衡量拟舍去数字的数值情况。

(1) 拟舍去数字的数值大于0.5单位者，所要保留数字的末位加1；

(2) 拟舍去数字的数值小于0.5单位者，所要保留数字的末位不变；

(3) 拟舍去数字的数值恰好等于0.5单位者，则使所要保留数字的末位数凑成偶数(即当所要保留数字末位为偶数时末位不变，若为奇数时则加1)。

例如，将下列数据修约为四位有效数字为

5.14269→5.143　6.378501→6.378　3.21650→3.216　8.3435→8.344

3) 有效数字的运算规则

(1) 作加减运算时，在各数中，以小数点后位数最少的那个数作为基准数，其余各数均修约至比基准数多一位小数，而计算结果所保留的小数点后尾数与基准数相同。例如，13.65，0.00823与1.633三个数值相加时，因13.65小数点后位数最少(二位)，因此其余二数修约至小数点后三位，然后相加，即13.65＋0.008＋1.633＝15.291，计算结果小数点后应保留两位，故修约后计算结果为15.29.

(2) 作乘除运算时，在各数中，以有效数字位数最少的数为基准数，将其余各数修约至比基准数多一位有效数字(与小数点位置无关)，所得的积或商的有效位数修约至与基准数相同。例如，12.450、13.1、1.5678三数相乘，有效数字位数最少的数为13.1，其余两数修约后得12.45×13.1×1.568＝256。

(3) 将数平方与开方所得结果的有效数字位数与原来有效位数相同或多保留一位有效数。

(4) 用对数进行运算时，所取对数应与真数有效数字位数相同。例如，取lg32.8＝1.52。查表时应按相同位数查找。

(5) 若计算中出现如e、π、$\sqrt{2}$、$\frac{1}{3}$等常数时，视具体情况而定，需要几位就取几位。

2. 实验曲线的绘制

在分析两个(或多个)物理量之间的关系时，用曲线比用数字、公式表示更为形象和直观。因此，测量结果常用曲线来表示。绘制曲线的基本要点如下。

(1) 选择适当的坐标系。最常用的为线性直角坐标，有时也用对数坐标和极坐标。当自变量取值范围很宽时，可用对数坐标。例如，绘制频率特性曲线时，代表频率变化的横坐标就宜采用对数坐标。

(2) 坐标的分度要合理，并与测量误差吻合。坐标的分度是指坐标轴上每一格所代表值的大小。纵、横坐标的比例可以选择不同，但必须将各坐标轴的分度值标记出来，同时要与测量误差相吻合。例如，误差为±0.1V，坐标轴的最小分度值应取0.1V或0.2 V，在坐标纸上就能读到0.1V左右。若选用的比例尺过大，则会夸大原有的测量准确度；反之，则会牺牲原有的准确度，且作图困难。

(3) 在坐标纸上只描绘一组数组所成的曲线时，其测试点可用“·”或“o”表示；若在同一坐标平面上描绘几组曲线以便进行分析比较时，则应用不同的标记来表示，例如，可用“*”、“+”、“Δ”等。

(4)在实际测量中，由于各种误差的影响使测量数据出现离散现象，因此不能把各测量点直接连接起来成一条折线(图2-5中虚线)，而应作出一条尽可能靠近各数据点且又相当平滑的曲线，这个过程称为曲线的修匀(图2-1中实线)。

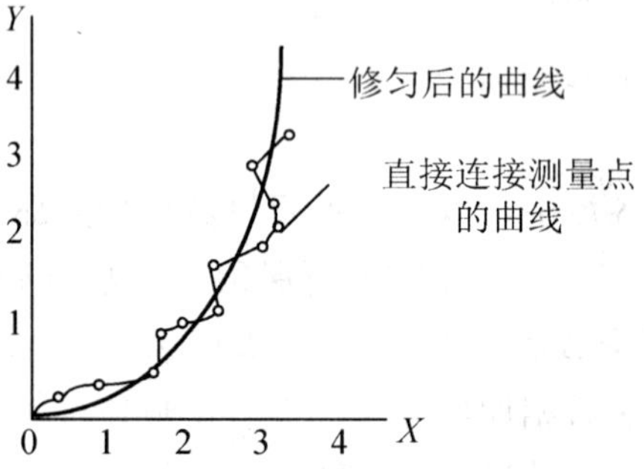

图2-5　直接连接测量点时曲线的波动情况

曲线的修匀是近似的。为了减小随机误差的影响，提高作图精密度，往往采用分组平均法来修匀曲线。方法是将数据点分成若干组，每组2～4个数据点，然后分别求出各组数据点的算数平均值，再将这些算数平均值对应的点连接成光滑的曲线，如图2-6所示。

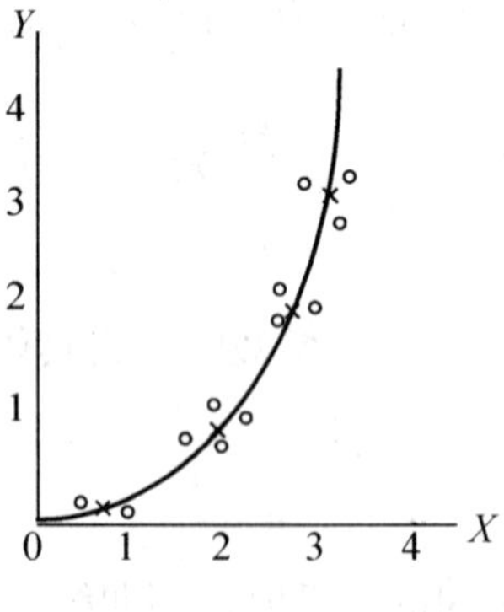

图2-6　分组平均法修匀的曲线

3. 实验数据的函数表示

将测量的数据用函数关系式来描述各物理量之间的相互关系，称为实验数据的函数表示或回归分析。

1）最小二乘原理

设对某量 x 进行 m 次等精度测量，第 i 次测量的随机误差为 δ_i，且 δ_i 服从正态分布。由最大似然估计原则，满足下列关系式：

$$\sum_{i=1}^{m} \delta_i^2 = \min \tag{2-36}$$

所求出的估计值是最佳估计值。式(2－36)称为最小二乘式。

在实际测量中，常用残差 υ_i 来代替随机误差，则式(2－36)可以表示为

$$\sum_{i=1}^{m} \upsilon_i^2 = \min \tag{2-37}$$

式中：$\upsilon_i = x_i - \bar{x}$——第 i 次测量的残差。

若被测量是间接测量量和函数关系式，则残差可以表示为

$$\upsilon_i = y - f(x_i;\ \alpha,\ \beta) \tag{2-38}$$

式中：α，β——函数关系式 $f(x_i;\ \alpha,\ \beta)$ 中待估算的参数。

2）回归分析法

将实验数据标在坐标上，根据经验观察该系列实验数据的变化规律符合哪种类型函数的变化规律，待选定函数的类型后，通过实验数据求函数式中的常系数及常量的方法，称为回归分析法。

设有 m 组实验数据$(x_i,\ y_i)$，选定的函数式为 $y=f(x_i;\ \alpha,\ \beta)$，其中 α、β 分别为待定系数和常量。根据最小二乘原理，满足式(2－37)求出的 $\hat{\alpha}$ 及 $\hat{\beta}$ 值为 α 及 β 的最佳估计值，即

$$\sum_{i=1}^{m} [y_i - f(x_i;\alpha,\beta)]^2 \min \tag{2-39}$$

若待定的系数及常量 $\alpha,\beta,\cdots$ 有 n 个，则应建立起 n 个联立方程的方程组，即

$$\begin{cases} \dfrac{\partial \sum\limits_{i=1}^{m} [y_i - f(x_i;\alpha,\beta,\cdots)]^2}{\partial \alpha} = 0 \\ \dfrac{\partial \sum\limits_{i=1}^{m} [y_i - f(x_i;\alpha,\beta,\cdots)]^2}{\partial \beta} = 0 \\ \vdots \end{cases} \tag{2-40}$$

解上述联立方程组，可以求出 $\alpha,\beta,\cdots$ 等的估算值 $\hat{\alpha},\hat{\beta},\cdots$，式(2－40)称为回归方程。

如果函数 $f(x_i;\ \alpha,\ \beta)$ 为直线方程，如 $y=ax+b$，则 a 与 b 的估计值 $\hat{a}$，$\hat{b}$ 可由下式求解。

$$\begin{aligned} \dfrac{\partial \sum\limits_{i=1}^{m} [y_i - (ax_i + b)]^2}{\partial a} = 0 \\ \dfrac{\partial \sum\limits_{i=1}^{m} [y_i - (ax_i + b)]^2}{\partial b} = 0 \end{aligned} \tag{2-41}$$

得

$$\hat{a}=\frac{m\sum_{i=1}^{m}x_iy_i-\sum_{i=1}^{m}x_i\sum_{i=1}^{m}y_i}{m\sum_{i=1}^{m}x_i{}^2-(\sum_{i=1}^{m}x_i)^2} \tag{2-42}$$

$$\hat{b}=(\sum_{i=1}^{m}y_i/m)-(\sum_{i=1}^{m}x_i/m)\hat{a}=\bar{y}-\bar{x}\hat{a}$$

例 在不同温度 t(℃)下，测量三极管 3DG4 的电流放大系数 β，测量数据如下所示：

t(℃)	0	30	60	90	120
β	20.0	28.0	37.5	51.0	68.0

用回归分析法求 β 与 t 的函数关系式。

解： 将实验数据标于坐标系上，如图 2－7 所示。由图可见，β 与 t 近似于指数关系，故选指数型函数式，即

$$\beta=be^{at}$$

式中：a，b——待定系数。

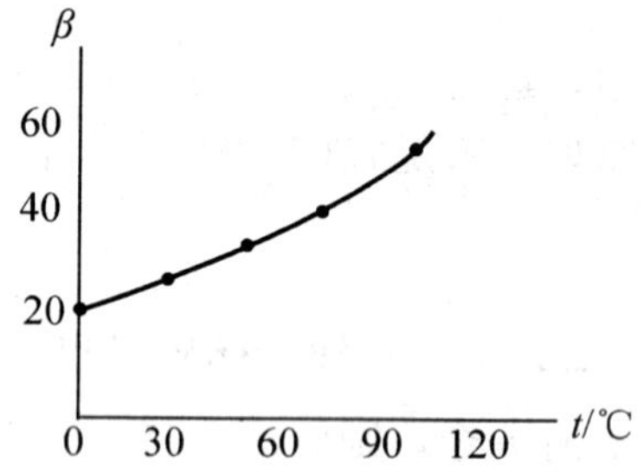

图 2－7　回归分析法

将上式两边取自然对数得

$$\ln\beta=\ln b+at$$

令 $\ln\beta=y$，$\ln b=B$，则上式转换为一直线方程，即

$$y=at+B$$

由式(2－42)可得

$$\hat{a}=\frac{m\sum_{i=1}^{m}x_iy_i-\sum_{i=1}^{m}x_i\sum_{i=1}^{m}y_i}{m\sum_{i=1}^{m}x_i{}^2-(\sum_{i=1}^{m}x_iy_i)^2}$$

$$\hat{B}=\hat{y}-\bar{x}\hat{a}=3.02$$

又因为

$$\ln\hat{b}=20.5$$

故β与t的近似关系为

$$\beta=\hat{b}\hat{e}^{at}=20.5e^{0.01t}$$

4. 实验数据的插值法

在一系列实验数据中插进一些需要的值称为实验数据插值。较常用的插值方法有拉格朗日(Lagrange)插值法。

实验中经常见到的一些函数式，均可以由测量得到的实验数据构成的1个多项式去逼近。如一次函数式$y(x)=a_0+a_1x$可由两组实验数据(x_0, y_0)与(x_1, y_1)构成的多项式逼近，即

$$y(x)=\frac{x-x_1}{x_0-x_1}+\frac{x-x_0}{x_1-x_0}y_1 \tag{2-43}$$

二次函数(抛物线)$y=a_0+a_1x+a_2x^2$可由3组实验数据(x_0, y_0)，(x_1, y_1)与(x_2, y_2)构成的多项式逼近，即

$$y(x)=\frac{(x-x_1)(x-x_2)}{(x_0-x_1)(x_0-x_2)}y_0+\frac{(x-x_0)(x-x_2)}{(x_1-x_0)(x_1-x_2)}y_1+\frac{(x-x_0)(x-x_1)}{(x_2-x_0)(x_2-x_1)}y_2 \tag{2-44}$$

n次函数$y(x)=a_0+a_1x+a_2x^2+\cdots+a_nx^n$可由$n+1$组实验数据$(x_0, y_0)$，$(x_1, y_1)$，…，$(x_n, y_n)$构成的多项式逼近，即

$$\begin{aligned}y_n(x)&=\sum_{k=0}^{n}\frac{(x-x_0)(x-x_1)\cdots(x-x_{k-1})(x-x_{k+1})\cdots(x-x_n)}{(x_k-x_0)(x_k-x_1)\cdots(x_k-x_{k-1})(x_k-x_{k+1})\cdots(x_k-x_n)}y_k\\&=\sum_{k=0}^{n}\left(\prod_{\substack{j=0\\j\neq k}}^{n}\frac{x-x_j}{x_k-x_j}\right)y_k\end{aligned} \tag{2-45}$$

式中：n——插值多项式的次数，称为插值的阶；

$x_0, x_1, \cdots, x_n$——插值多项式的结点(实验数据)；

$y_0, y_1, \cdots, y_n$——节点对应的函数值(实验数据)；

x——插值点；

$y_n(x)$——插值点对应的函数值。

式(2-45)称为拉格朗日公式。该式表明，对于给定的插值点x，可以由$(n+1)$组实验数据求n次函数式在x点处的近似值$y_n(x)$。求$y_n(x)$的过程称为插值。

实验数据的插值法在实验研究中获得了广泛应用。如因实验条件有限，不能测量出某些实验数据，或实验记录过程中，由于疏忽丢失了某些数据，而在实验分析或绘制曲线时又需要这些数据时，采用插值法可以求出这些数据。

例　已知实验数据如下所示，求插值点$x=4.0$所对应的函数值$y(4.0)$。

x	0.0	1.0	2.0	3.0	5.0	6.0
$y(x)$	0.01	1.11	4.21	9.31	25.51	36.61

解：将实验数据标于坐标上，如图2-8所示。

观察 $y(x)$ 的变化规律近似于二次函数 $y=a_0+a_1x+a_2x^2$，因此需要3组实验数据求插值。对于插值点 $x=4$ 可以取 $x_0=2.0$，$y_0=4.21$；$x_1=3.0$，$y_1=9.31$ 和 $x_2=5.0$，$y_2=25.51$ 这3组实验数据，也可以取另外3组实验数据，即 $x_0=3.0$，$y_0=9.31$；$x_1=5.0$，$y_1=25.51$ 和 $x_2=6.0$，$y_2=36.61$。现取前面3组实验数据，由拉格朗日插值公式(2-45)得

$$y_n=\sum_{k=0}^{n}\Big(\prod_{\substack{j=0\\j\neq k}}^{n}\frac{(x-x_j)}{(x_k-x_j)}\Big)y_k$$

$$y_2=\sum_{k=0}^{2}\Big(\prod_{\substack{j=0\\j\neq k}}^{n}\frac{(x-x_j)}{(x_k-x_j)}\Big)y_k=\frac{(x-x_1)(x-x_2)}{(x_0-x_1)(x_0-x_2)}y_0+\frac{(x-x_0)(x-x_2)}{(x_1-x_0)(x_1-x_2)}y_1$$

$$+\frac{(x_0-x_0)(x-x_1)}{(x_2-x_0)(x_2-x_1)}y_2$$

将 $x=4.0$，$x_0=2.0$，$y_0=4.21$；$x_1=3.0$，$y_1=9.31$ 和 $x_2=5.0$，$y_2=25.51$ 代入上式得出 $x=4.0$ 时，$y_{(4)}=16.41$。

插入的实验数据(4.0，16.41)如图2-8中空心圆点所示。

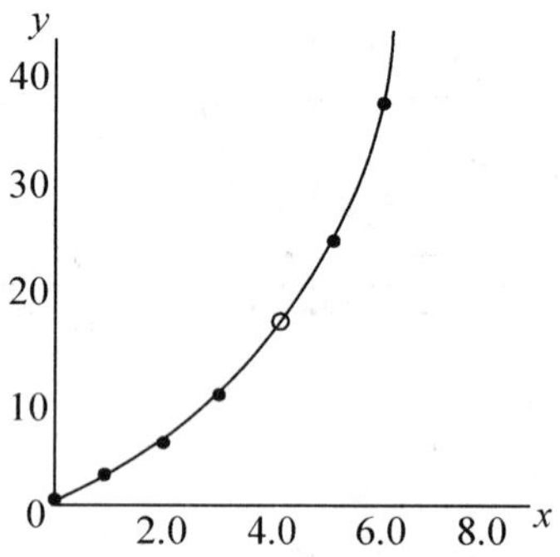

图2-8　实验数据的插值

5. 测量误差的计算机辅助分析

如前所述，在系统误差、随机误差及可以误差的分析与判断中，要进行大量烦琐、重复的计算，如果利用与计算机，将使这一工作变得简单而且极大地提高可靠性。下面结合一测量实例，用计算机来分析其测量误差。

例　用数字频率计测量某信号源的输出频率 f，每隔一分钟读取1个测量值。连续读取了11次，测量值如下：

序号	1	2	3	4	5	6	7	8	9	10	11
f/kHz	99.72	99.75	99.65	99.71	99.62	99.45	99.62	99.70	99.67	99.73	99.74

试问：测量值中有无可疑数据？判断测量中有无系统误差，估计信号源输出频率的真值 f_0 所处的范围(设置信概率 $P=95\%$)。

解：(1)程序流程图如图2-9所示。

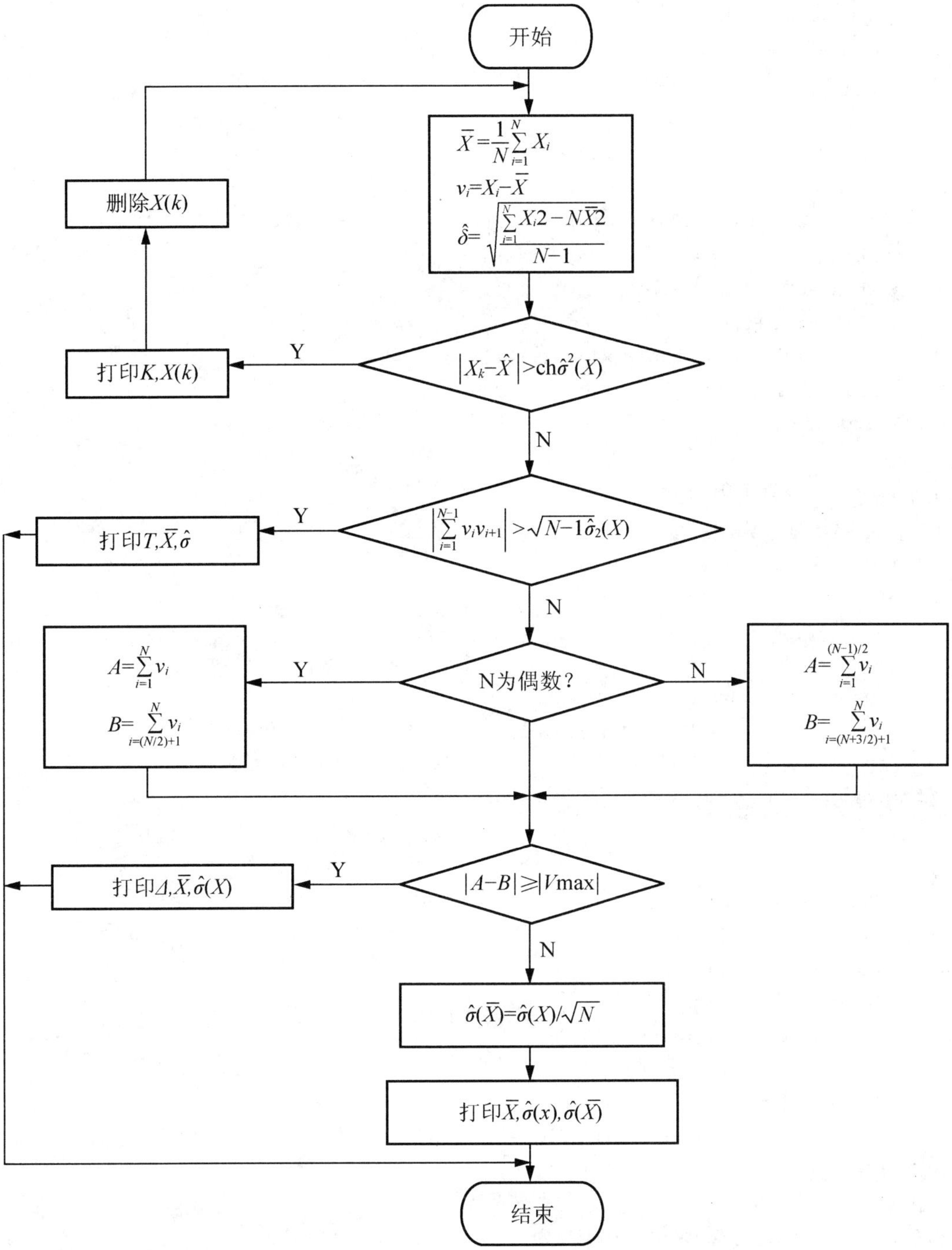

图 2-9　误差分析程序框图

T—周期性系差的标志符；Δ—累进性系差的标志符

（2）测量误差的计算机辅助分析程序及运行结果。

程序中 $X_{-}=\bar{X}$，&^(X)$=\bar{\sigma}(X)$，&^(X_{-})$=\bar{\sigma}(\bar{X})$，$T_a=t_a$，$F_0=f_0$，+-=±。

```
 # include<math.h>
# include<stdio.h>
  Main()
{
/* input* /
  Int N,I,M,j;
  float x[20],x_,v[20],sx2,q,ch,y[20],svv,max,A,B,q_,Ta,c;
  printf("How many are the figures:\n")
  scanf("%d",&N);
  for(i=1;i<N+1;i++)
    {printf("Please input x[%d]:"),i};
    Scanf("%f",x+i);}
/* compute* /
Compute:
    x_=0.0;sx2=0.0;v[0]=0.0;
    for(i=1;i<N+1;i++)
        {x_+=x[i];
            sx2+=x[i]* x[i];}
    x_/=N
    fori=1;i<N+1;i++)
        v[i]=x[i]-x_;
    q=sqrt(fabs(sx2-N* x_* x_)/(N-1));
/* find out ch* /
  Ch=0.0;
Switch(N){
    Case 5:ch=1.65;break;
    Case 6:ch=1.73;break;
    Case 7:ch=1.79;break;
    Case 8:ch=1.86;break;
    Case 9:ch=1.92;break;
    Case 10:ch=1.96;break;
    Case 11:ch=2.00;break;
    Case 12:ch=2.04;}
/* get rid of the unexpectaie figuers* /
I=1;M=N;j=1;
While(i<M+1){
  If  (fabs(x[i]-x_)> ch* q))
    {N-=1;
    Printf()"This figure is unbelievable:x[%d]=%f\n"i,x[i];
      }
    Else
  {y[j++]=x[i];
```

```
 I++}
If  (M> N){
For(i=1;i<N+1;i++)
  X[i]=y[i];
Goto compute;
  }
Pringf("N=%d  ch=%f\n",N,ch);
/* output branch 1* /
  Max=v[1];svv=0.0;
      For(i=1;i<N+1;i++)
      { svv+=(v[i]* v[i+1]);
        If (max<v[i+1])
          Max=v[i+1];}
  If  (fabs(svv))> sqrt(N-1)* q* q)
    {  printf("CY  X̄=%f  &^(x)=%f\n",x̄,q);
      goto end;     }
  /* deside even number* /
    C=N/2.0;A=0.0;B=0.0;
  If  (ceil(c)=c)
{  for (i=1;i<N/2;i++)
    {A+=v[i],B+=v[(N+1/2+i)];}
}
else  {
  for(i=1;i<=(N-1)/2;i++)
    {  A+=v[i];B+=v[(N+1/2+i)];}
  }
/* output branch2* /
  If(fabs(max)<fabs(A-B))
  {  pringf("PR X̄=%f  &:^(x)=%f\n" n",x̄,q);
    goto end;}
/*  output branch 3* /
  q̄=0.0;Ta=0.0;
  q̄=q/sqrt(N)
    switch(N-1);
   {  Case 5:Ta=2.57;break;
      Case 6:Ta=2.447;break;
      Case 7:Ta=2.365;break;
      Case 8:Ta=2.306;break;
      Case 9:Ta=2.262;break;
      Case 10:Ta=2.228;break;   }
  Printf("X̄=%f  &^(x)=%f &^(x̄)=%fTa* &^(x̄)=%f\\n",x̄,q,q̄.,Ta* q̄);
  Printf("f0=%f+-%f\n",x̄,Ta,* q̄);
```

```
 end:
/* end* /
;
}

How many are the figures:
11
Please input x[1]:99.72
Please input x[1]:99.75
Please input x[1]:99.65
Please input x[1]:99.71
Please input x[1]:99.62
Please input x[1]:99.45
Please input x[1]:99.62
Please input x[1]:99.70
Please input x[1]:99.67
Please input x[1]:99.73
Please input x[1]:99.74
This figure is unbelievable:x[6]=99.449997
N=10 ch=1.960000
x_=99.690994   &^(x)=0.060729   &^(x_)=0.019204   Ta* &^(x_)=0.043440   f0=
99.690994+-0.043440
```

误差分析结果表明，用肖维纳准则判断，第 6 个数据为可疑数据。剔除可疑数据后剩下的 10 个测量值中无明显系统误差，只是随机误差。根据有限次测量的 t 分布表得到被测频率的真值 f_0 所处的区间为[99.65Hz，99.73Hz]。

第3章

电工学实验常用基本仪器

实验离不开测量，每个实验都要用仪器、仪表去测量待测物理量。为了得到满意的测量结果，实验工作者在使用仪器时必须做到以下几点。

（1）合理选择仪器。根据测量精度要求，合理选择仪器的类型、精度级别和量程。

（2）正确使用仪器。首先要满足仪器正常工作所要求的条件。因为各种仪器对温度、湿度、大气压力、放置方式、电源电压及频率和外界电磁场等条件有一定要求，这些条件在使用时必须满足。其次应该按照仪器说明书规定的操作步骤、使用范围和注意事项来使用仪器。

一个实验工作者必须熟悉测量仪器的技术特性和使用方法，本章集中介绍实验中常用的仪器和实验方法，以便于查阅。

电工测量是现代生产和科研中应用很广的一种实验方法和实验技术。电工学实验的任务，主要是学习一些基本电磁测量方法和电磁学仪器的使用方法；练习连接线路，分析、判断实验故障以及加深认识和理解有关的电磁学的基本规律。

电工学实验常用的基本仪器包括电源、电表、信号源、示波器等。为此，必须先了解常用基本仪器的原理和性能，掌握仪器布置和线路连接的要领。下面对常用基本仪器的结构、原理、性能及注意事项进行简要介绍。

3.1 变　阻　器

实验中常用的可变电阻器有旋转电阻器和滑线式变阻器。

3.1.1 滑线变阻器

1. 结构

滑线变阻器的结构如图 3-1(a)所示。它是用氧化膜绝缘的铜镍电阻丝密绕在涂釉管上而组成的可变电阻器。电阻丝的两端分别和接线柱 A、B 相连。瓷管上方的滑动头可沿金属棒滑动，滑动头移动时始终和瓷管上的电阻丝(绝缘物已刮掉)接触。金属棒的一端与接线柱 C 相连；改变滑动头的位置，就可以改变 AC(或 BC)之间的电阻值，变阻器符号如图 3-1(b)所示。

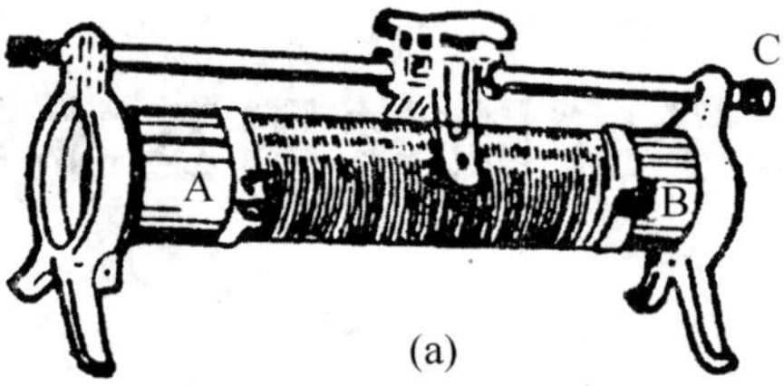

(a)

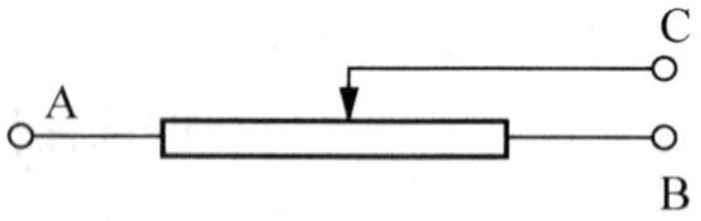

(b)

图 3-1 滑线变阻器

(a)滑线变阻器结构；(b)变阻器符号

2. 技术规格

(1) 总电阻：即 AB 间的电阻。

(2) 额定电流：变阻器所允许通过的最大电流。

3. 使用要点

(1) 分压接法。如图 3-2 所示，变阻器的两个固定端 A、B 分别与电源的两极相连，由滑动头的任一固定端 A(或 B)将电压引出来。改变滑动头 C 的位置，AC 之间的电压 V_{AC}随之变化。

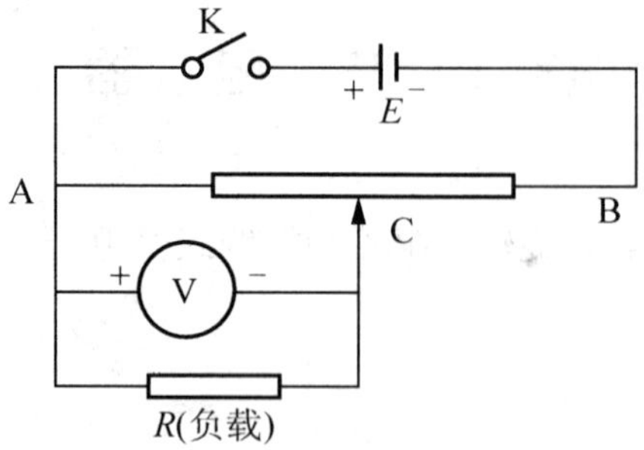

图 3-2 分压电路

(2) 限流接法。如图 3-3 所示，变阻器的一个固定 B 空着不用，另一个固定端 A 与滑动头 C 串联在电路中，改变滑动头 C 的位置，回路中的电流随之变化。

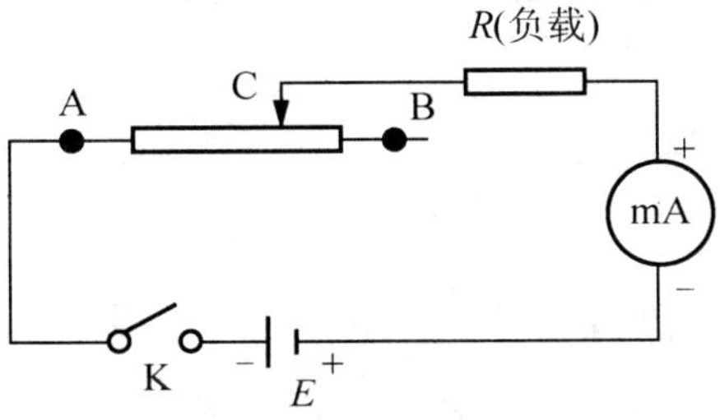

图 3-3 限流电路

为了保证安全，在接通电源之前，应使滑动头处在回路电流最小位置。

3.1.2 旋转电阻器

1. 结构

图 3-4 为 ZX_{21} 型电阻箱的线路图，它是由若干个锰铜丝绕成的标准电阻，按一定的组合方式接在特殊的转换开关上面构成的可变电阻器。

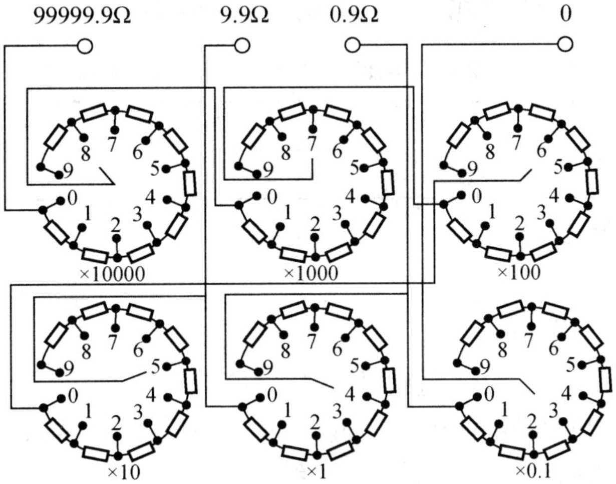

图 3-4 ZX_{21} 型电阻箱线路图

电阻箱的面板布置如图 3-5 所示，有 4 个接线柱和 6 个旋钮。旋钮边缘标有数字、倍率和读数标记。电阻值按下式计算：电阻值$=\sum_{i=1}^{6}$ 第 i 个旋钮上的读数标志对准数字×倍率。

例 图 3-5 面板图上电阻值为

$$R=(8\times10000+7\times1000+6\times100+5\times10+4\times1+3\times0.1)\Omega=87654.3\Omega$$

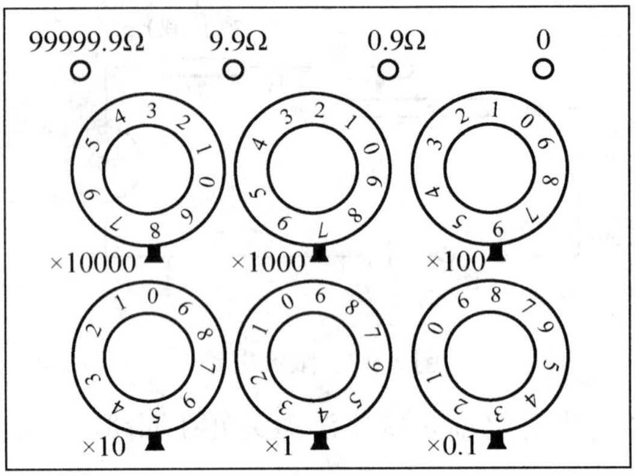

图 3-5　ZX_{21}型电阻箱面路板图

2. 技术规格

(1) 准确等级：0.1 级。

(2) 总电阻：99999.9Ω。

(3) 调整范围：9×(0.1+10+1000+10000)Ω。

(4) 额定电流：常用 ZX_{21}型电阻箱各档电阻允许通过的电流值见表 3-1。

表 3-1　ZX_{21}型电阻箱各档电阻允许通过的电流值

旋钮倍率	×0.1	×1	×10	×100	×1000	×10000
额定电流/A	1.0	0.5	0.15	0.05	0.015	0.005

(5) 参考功率：0.2W。

3. 使用功能

(1) 工作电流不能超过各档步进电阻所规定的额定电流值。

(2) 为了减少旋钮的接触电阻和接线电阻对示值的影响，若只需要用 0.9Ω 或 9.9Ω 以下的电阻值时，应选用“0”和“9.9Ω”接线柱.

(3) 实验中，若需要改变电阻值时，不能使电阻值变为零。

4. 基本误差

(1) 符合国家标准(GB 3949—83)规定的电阻箱，基本误差的允许极限为

$$\Delta R = \pm \sum a_i \% R_i$$

式中：a_i——i 档的准确等级；

R_i——i 挡的示值。

例　图 3-5 面板上所示电阻值的误差为

$$\Delta R = \pm(80000\times0.1\% + 7000\times0.1\% + 600\times0.1\% + 50 \times0.2\% + 4\times0.5\% + 0.3\times5\%)\Omega = \pm9\times10\Omega$$

（2）符合部分标准(JB 1393—74)规定的电阻箱，基本误差的允许极限为(通常由下公式计算电阻箱的仪器误差)

$$\Delta R = \pm(0.1\%R + 0.005)$$

式中：R——电阻箱接入电阻值，Ω。

3.2　电　　表

按照测量机构工作原理的不同，电表可分为磁电式、电磁式、电动式、热电式、感应式等多种类型。每一种类型的表又有各自的特性，具有不同的用途。大学物理实验中，常用的电表是磁电式。磁电式电表具有灵敏度高、刻度均匀、受外界磁场影响小等优点，适合于直流电路的测量，下面仅介绍这类电表。

磁电式电表结构如图 3-6 所示，主要由永久磁铁和可动线圈组成。它是利用通电流的线圈在永久磁铁和铁芯之间的均匀辐射磁场中受到磁力矩作用而发生偏转的原理制成的。由于磁场强度，线圈的面积和匝数一定，偏转角度与通过线圈的电流强度成正比。即当线圈通过电流时，线圈受磁力矩作用相平衡，指针停止在确定的位置上，由表盘刻度可读出其值。

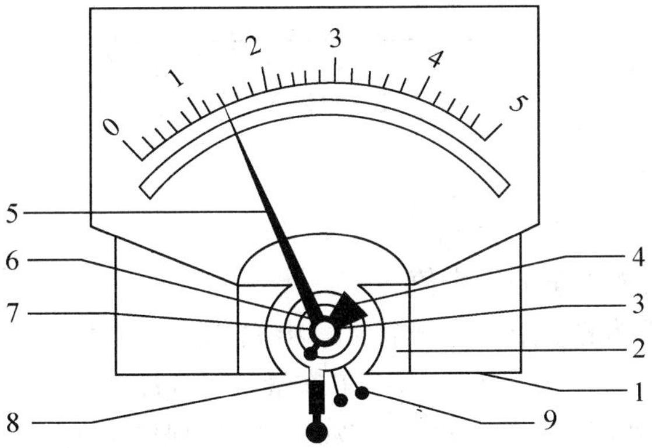

图 3-6　磁电式电表的结构

1—永久磁铁；2—极掌；3—圆柱形铁芯；4—线圈；5—指针；
6—游丝；7—半轴；8—调零螺杆；9—平衡锤

磁电式测量机构(磁电式表头)所能允许流入的电流是有限的。对于较小的电流可直接接入进行测量，而对于大电流、电压的测量则必须采用分流分压的方法将磁电式表头组装成不同的电流表、电压表，它们的测量原理都是一致的。

3.2.1 直流电流表、电压表

磁电式表头上并联不同分流低电阻，就构成可测量不同大小范围电流的电流表，如图 3-7 所示。根据电流大小不同，可分为安培表、毫安表和微安表。

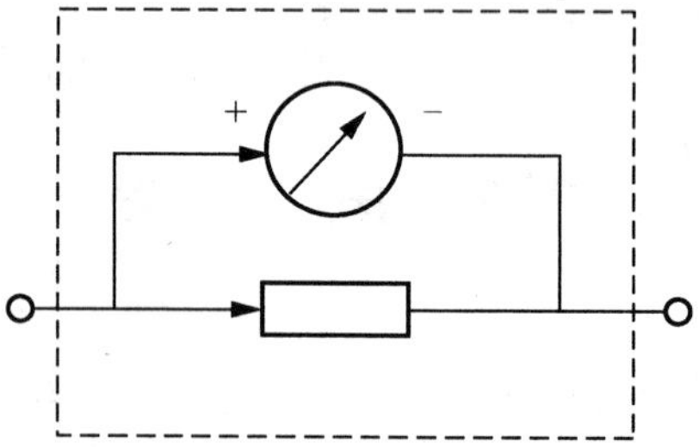

图 3-7 电流表的构造

在磁电式表头上串联不同的分压高电阻就构成电压表，如图 3-8 所示。根据电压大小的不同，可分为毫伏表和伏特表等。

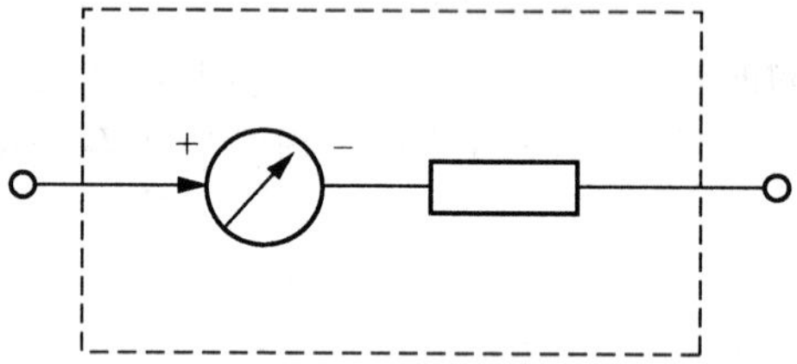

图 3-8 电压表的构造

1. 技术规格

(1) 量程：仪表所能测量的最大值。

(2) 内阻：电表两端的电阻。电压表常给出 Ω/V——电压灵敏度。

电压表内阻=工作量程×［Ω/V］

(3) 准确度等级：根据国家标准(GB 776—76)的规定，电表一般分 7 个准确度等级，即 0.1，0.2，0.5，1.0，1.5，2.5，5.0 共 7 个级别，电表出厂时一般已将级别标在表盘上。由电表的准确度等级与所用量程可以推算出仪器的基本误差限。

2. 基本误差

电表指针指示任一测量值所包含的基本误差允许极限为

$$\Delta X = \pm X_m a\%$$

式中：a——准确度等级；

X_m——电表的量程。

由电表误差公式可知，当电表的准确度等级给定，所选电表的测量上限(量程)愈接近被测量的值，测量的相对误差($\Delta X/X$)愈接近仪表准确度等级的百分数。

例如，量程为 50mA 的 1.0 级毫安表，在该量程范围内可能出现的最大绝对误差为

$$\Delta I = \pm I_m a\% = \pm 50 \times 1\% = 0.5(\text{mA})$$

3. 使用要点

(1) 满足仪表正常工作的条件。例如，指针调整到零点；按规定的工作位置方式安放；环境温度是仪表上所标的温度；等等。

(2) 根据测量精度要求及待测量的估计值，选择合适的量程和准确度等级，使测量时指针处在满刻度的 1/2～2/3 以上位置。

(3) 电流表应串接在电路中使用，电压表应与被测电压两端并联，注意正、负极性不能接反。

(4) 注意减少接入误差。

(5) 尽量消除读数视差。

4. 电表的标志

为了便于使用者正确选择与使用电表，国家标准(GB 776—76)和(GB 7676—87)规定了许多仪表表面标记符号，见表 3-2。

表 3-2　仪表表面标记符号

分类	名称	符号	
		GB 776—76	GB 7676—87
工作位置的符号	标度盘垂直使用的仪表	⊥	
	标度盘水平使用的仪表	⊓	
	标度盘相对水平面倾斜（如 60°）的仪表	∠60	
绝缘强度的符号	不经受电压试验的仪表	☆(0)	
	试验电压 500V	☆	
	试验电压高于 500V，如 2kV	☆(2)	
端钮的符号	负端钮	−	
	正端钮	+	
	接地用的端钮	⏚	
调零器的符号	调零器	⌒	⌒○
按外界条件分组的符号	防外磁场	[II]	[2] kA/m
	防外电场	⁞II⁞	[10] kA/m

3.2.2 直流检流计

检流计常用来检验电路中有无电流通过，它分为指针式和光点反射式两类。指针式目前用得较多的是 AC15 型系列，光点反射式是 AC15/3 型系列。下面简要介绍二系列的检流计。

1. AC15/3 型直流复射式检流计

1）技术规格

AC15 型直流检流计的主要技术参数见表 3-3。

表 3-3 AC15 型直流检流计的主要技术参数

参数	测量单位	检流计型号						
		AC15/1	AC15/2	AC15/3	AC15/4	AC15/5	AC15/6	
		不大于					"—" "1"	"—" "2"
内阻	Ω	1.5k	500	100	50	30	50	500
外临界电阻	Ω	100k	10k	1k	500	40	500	10k
分度值	A/div	3×10^{-10}	1.5×10^{-9}	3×10^{-9}	5×10^{-9}	1×10^{-9}	5×10^{-8}	1.5×10^{-9}
临界阻尼时间	s							

AC15/3 型检流计面板布置如图 3-9 所示。

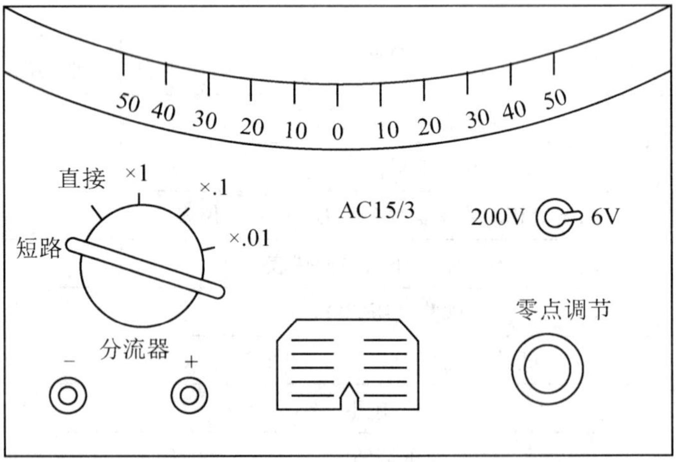

图 3-9 AC15/3 型检流计面板图

2）面板介绍

（1）+，-接线柱：接入被测电流。

（2）零点调节：用于光标零点粗调，顺时针方向，光标向左移；反时针方向，光标向右移。

(3) 标盘活动调零器：直接拨动标盘，可进行光标零点细调。

(4) 分流器开关：×0.01 档灵敏度最低，×0.1 与×1 档灵敏度相应提高。“短路”挡，能使光标摆动止住。

(5) 电源选择开关：当 220V 电源插座接上 AC200V 电压时，电源开关置于＜220V＞处，电源接通；当 6V 电源插座接上 6V 直流电源时，电源开关置于＜6V＞，电源接通。

3) 使用要点

(1) 轻拿轻放，防止悬丝振断。在搬动时，改变电路时或停止使用时，应将分流器开关旋至“短路”档。

(2) 检查电源开关所处位置与所用的电压是否一致，特别注意不要将 220V 电源插入 6V 插座内。

(3) 经常检查光标零点。

4) 技术规格

AC15/3 型指针检流计的主要技术参数见表 3-4。

表 3-4　AC15 型指针检流计的主要技术参数

参数 \ 单位 \ 型号		AC15/1	AC15/2	AC15/3
内阻	Ω	<20	<50	<250
外临界电阻	Ω	<150	<500	<3000
分度值	A/div	$<5\times10^{-6}$	$<2\times10^{-6}$	$<7\times10^{-7}$
临界阻尼时间	s	2.5		

2. AC15/2 型流计

1) 面板介绍

AC15/2 型流计面板排列如图 3-10 所示。

(1) +，—接线柱：接入被测电路。

(2) 零点调节：用来调节指针的机械零点。

(3)“电计”开关：按下“电计”按钮开关时，检流计与外电路接通。

(4)“短路开关”：使用中若指针不停地摆动时，按一下“短路”按钮开关，指针立即停止。

2) 使用要点

(1) 将安全制动旋钮倒向“白点”并用零位调节旋钮调整指针指零。检流计不用时，搬动时或改变电路时，应将锁扣倒向“红点”。

(2) 检流计只允许通过微安级电流，实验中应采取保护措施，防止损坏检流计。

(3) 使用完毕，应松开“电计”和“短路”按钮开关。

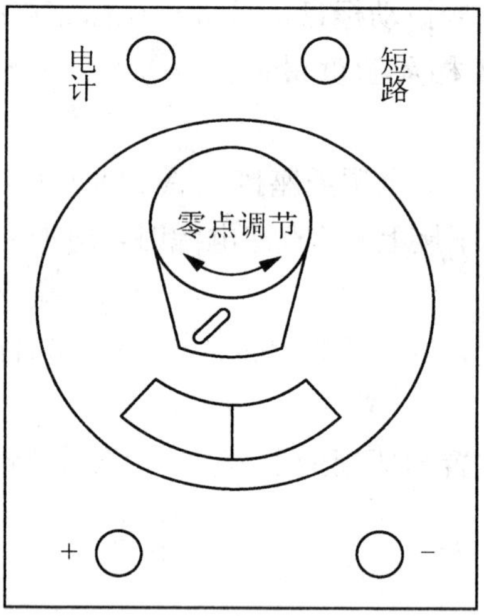

图 3-10　AC15/2 型流计面板图列

3.2.3　万用表

万用表可分为模拟(指针)式和数字式两大类。万用电表具有测量种类多，量程范围广等优点，在仪器及元件的生产、调试、计量和维修工作中得到广泛应用。

1. 模拟万用表

万用表主要由表头、测量线路和转换开关组成。表头用于指示被测量的数值；测量线路将各种被测量转换成适合表头测量的直流电流；转换开关用于选择与被测量相应的测量线路。如图 3-11 所示为指针式 MF14 型万用表面板图。

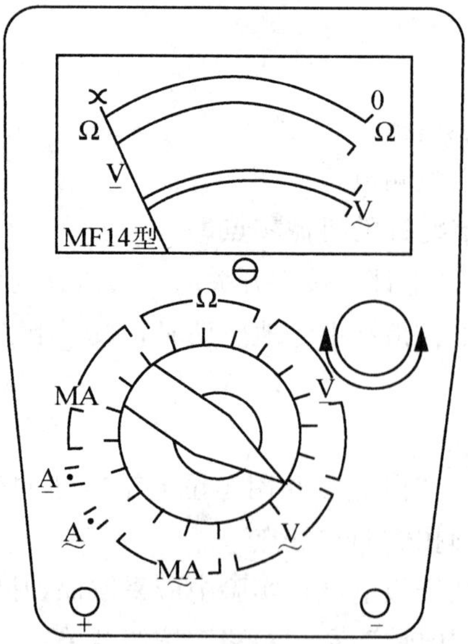

图 3-11　MF14 型万用表面板图

指针式万用表在使用时应注意以下几方面的使用要点。

（1）零位调整。调节表头面板上的机械零位调节器，使指针指零。

（2）选择好测试插孔。将红表笔插入“＋”插孔，黑表笔插入“－”插孔。

（3）测电流时，应将表笔串联在电路中；测电压时，表笔与被测电路并联。测直流电流和电压时，注意正负极性不能接错。

（4）测电阻时，将转换开关旋至适当的欧姆档，再将表笔短接，调节欧姆调零旋钮，使指针指在零欧姆刻度上。为了提高测量结果的精度，应选择合适量程，使指针指在全刻度的20％～80％的范围内。

（5）万用表的刻度线很多(见图3－11)，一定要根据被测量的种类和量程选好读数标尺。

（6）使用完毕，应将转换开关旋至交流电压最高档。

2. 数字万用表

模拟万用表由于指针的机械惯性，不宜测量变化快的量，且内阻和分辨力都不高。例如，MF14型万用表的直流25V档，内阻为0.5MΩ，可估测值为0.1V，即分辨力为10mV。与模拟万用表相比，数字万用表是由集成电路构成的数字化仪表，它能对多种电量进行直接测量并以数字方式直接显示出测量结果。其结构特点不仅使得各项性能均有大幅度提高，而且操作简单，读数精确。下面对MY68型数字万用表做简单介绍。

MY68(见图3－12)是一种自动量程切换的双显示数字万用表，其数字显示部分为3－3/4位，最大读数为3260。模拟显示部分为一带有标尺的模拟条，可快速反映测量的近似结果和变化趋向。

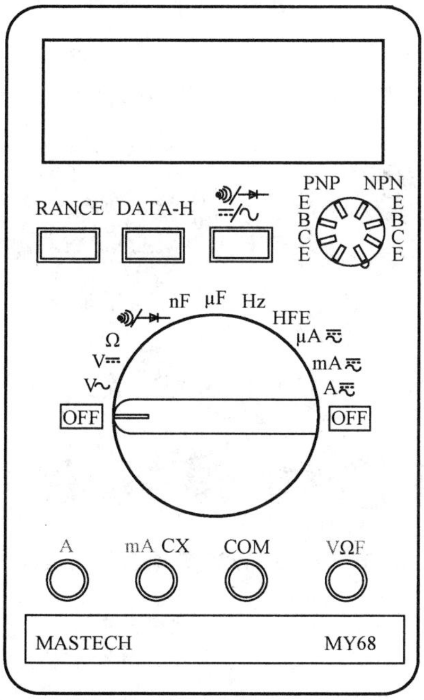

图3－12　MY68面板图

该表可用于测量交直流电压、交直流电流、电阻、通断、三极管 hFE、二极管、频率和电容，功能齐全，操作简便。该表的另一个优点是 A/D 转换器部分使用了低速和高速两个转换电路，可同时获得快速测量和读数稳定的效果。

3.3　直流稳定电源

所谓稳定电源就是在电网电压或负载变化时，能输出基本稳定的电压或电流的电源。作直流稳压电源使用时，可近似把它看成是一个理想电压源，其内阻接近于零。在作直流稳流电源使用时，可近似把它是一个理想电流源，其内阻接近于无穷大。

直流稳定电源品种很多，下面简要介绍 SS179 系列可跟踪直流稳定电源及其使用方法。

1. 面板控制功能说明

图 3 - 13 为 SS1792 型可跟踪直流稳定电源的面板图。

（1）电源开关：置“1”为电源开，置“0”为电源关。

（2）调压：电压调节，调整稳压输出值。

（3）调流：电流调节，调整稳流输出值。

（4）VOLTS：电压表，指示输出电压。

（5）AMPERES：电流表，指示输出电流。

（6）跟踪/独立：跟踪/独立工作方式选择键。置独立时，两路输出各自独立；置跟踪时，两路为串联跟踪工作方式(或两路对称输出工作状态)。

（7）V/A：表头功能选择键，置“V”时，为电压指示；置“A”时，为电流指示。

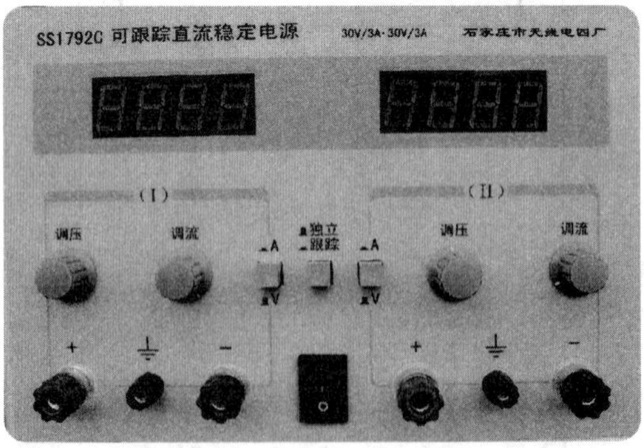

图 3 - 13　SS1792 型电源的面板图

2. 使用方法

（1）独立工作方式：将跟踪/独立工作方式选择按键置于独立位置，即可得到两路输出相互独立的电源，连接方式如图 3－14 所示。

（2）串联工作方式：将跟踪/独立工作方式选择按键置于独立位置，并将主路“－”接线端子与从路“＋”接线端子用导线连起来，连接方式如图 3－15 所示。此时两路预定电流应略大于使用电流。

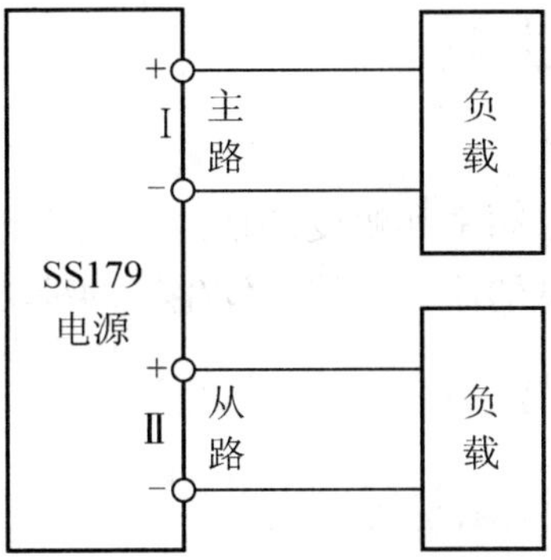

图 3－14 独立工作方式接线图

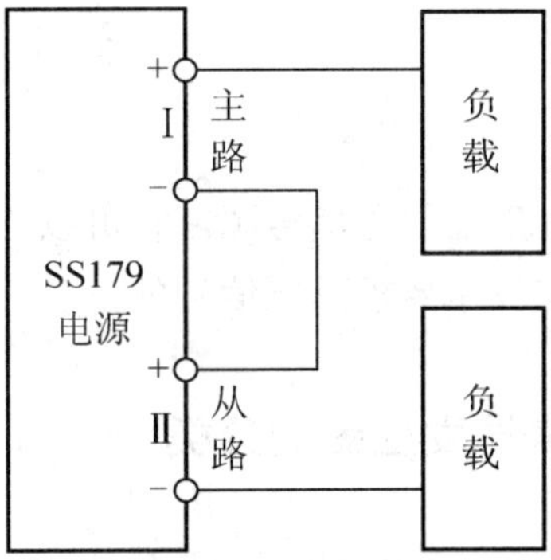

图 3－15 串联工作方式接线图

（3）跟踪工作方式：将跟踪/独立工作方式选择按键置于跟踪位置，将主路“－”接线端子与从路“＋”接线端子连接，连接方式如图 3－16 所示，即可得到一组电压相同、极性相反的电源输出。此时两路预定电流应略大于使用电流，电压由主路控制。

（4）并联工作方式：将跟踪/独立工作方式选择按键置于跟踪位置，两路电压都调至电压输出状态，分别将两“＋”接线端子、两“－”接线端子连接，连接方式如图 3－17 所示，便可得到一组电流为两路电流之和的输出。

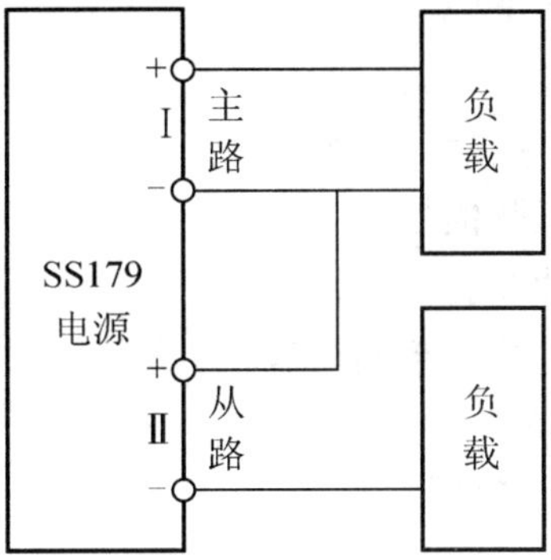

图 3－16 跟踪工作方式接线图

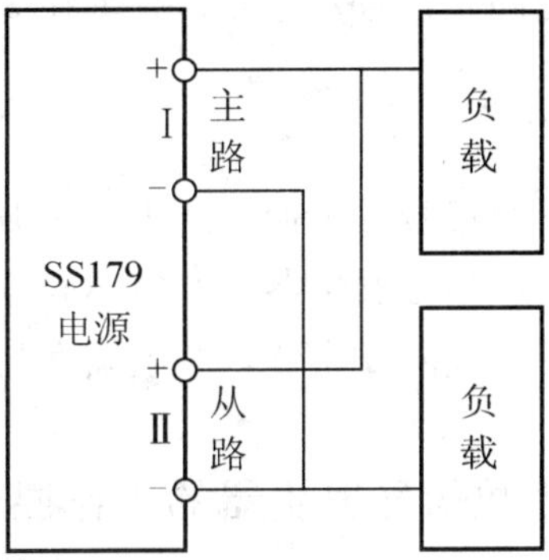

图 3－17 并联工作方式接线图

3. 注意事项

（1）仪器通电前，必须保证供电电压置于仪器的规定值，保护端子可靠接地。

（2）电源插头必需插入接有保护接地点的电源插座中。

（3）出现短路或过载时，应立即关闭电源开关，待故障排除后，再重新开启电源。

(4) 使用完毕，需关电源开关。注意不可将输出端短路，以免再开机时不慎损坏仪器。

(5) 输出电压由接线端子“+”、“-”供给，接地端子仅与机壳相连。

3.4 信号发生器

信号发生器简称信号源，它可以产生不同波形、频率和幅度的信号，是为电子测量提供符合一定技术要求的电信号的设备。根据电路测试的需要，信号发生器的种类很多。

3.4.1 信号发生器的分类

信号发生器常见的分类方法有以下几种。

1. 按输出频段分类

(1) 超低频信号发生器，频率范围 0.0001～1000Hz；
(2) 低频信号发生器，频率范围 1Hz ～20kHz 或 1MHz；
(3) 视频信号发生器，频率范围 20Hz ～10MHz；
(4) 高频信号发生器，频率范围 200Hz ～30MHz；
(5) 甚高频信号发生器，频率范围 30Hz ～300MHz；
(6) 超高频信号发生器，频率在 300MHz 以上。

2. 按输出波形分类

(1) 正弦信号发生器，产生正弦波或受调制的正弦信号；
(2) 脉冲信号发生器，产生不同宽度的重复脉冲或脉冲链；
(3) 函数信号发生器，产生幅度与时间成一定函数关系的信号。

3.4.2 函数信号发生器的工作原理及使用

1. 函数信号发生器的工作原理

函数信号发生器能产生正弦波、三角波和矩形波等波形。由于这种信号发生器能够输出各种不同波形的信号，输出电压的幅度、频率都可以方便地调节，因此函数信号发生器正在逐渐替代只产生正弦波的正弦信号发生器。

函数信号发生器的组成框图如图 3 - 18 所示。

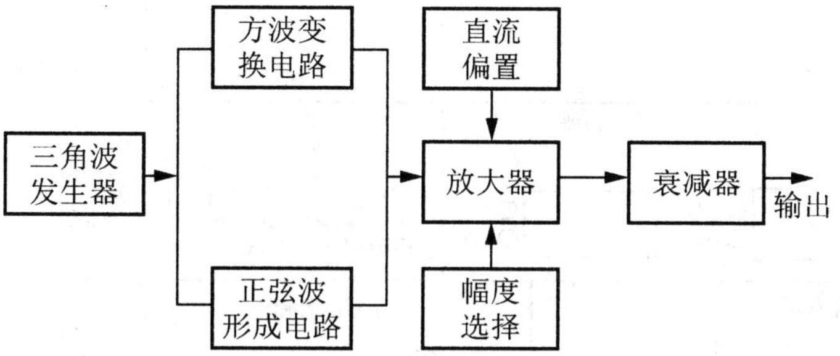

图 3-18 函数信号发生器的组成框图

方波由三角波通过方波变换电路得到，正弦波是三角波通过正弦波形成电路变换而来的，最后经放大电路放大后输出。直流偏置电路提供一个直流补偿调整，使函数信号发生器输出的直流分量可以进行调整，如图 3-19 所示为具有不同直流分量的方波。

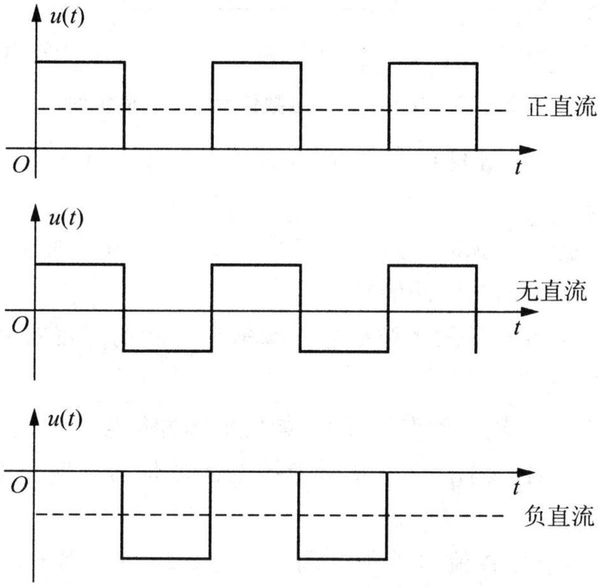

图 3-19 具有不同直流分量的方波

2. EE1642B 型函数信号发生器/计数器

EE1642B 型函数信号发生器/计数器是一种精密的测试仪器，具有连续信号、扫频信号、函数信号、脉冲信号等多种输出信号和外部测频功能。面板如图 3-20 所示。

1）面板操作键及功能说明

（1）频率显示窗口。LED 显示屏数字显示输出信号的频率或外侧信号的频率。

（2）幅度显示窗口。显示函数输出信号的幅度(50Ω 负载时的峰—峰值)。

（3）扫描宽度调节旋钮。调节此电位器可以改变内扫描的时间长短。

（4）速度调节旋钮。调节此旋钮可调节扫描输出的扫频范围。

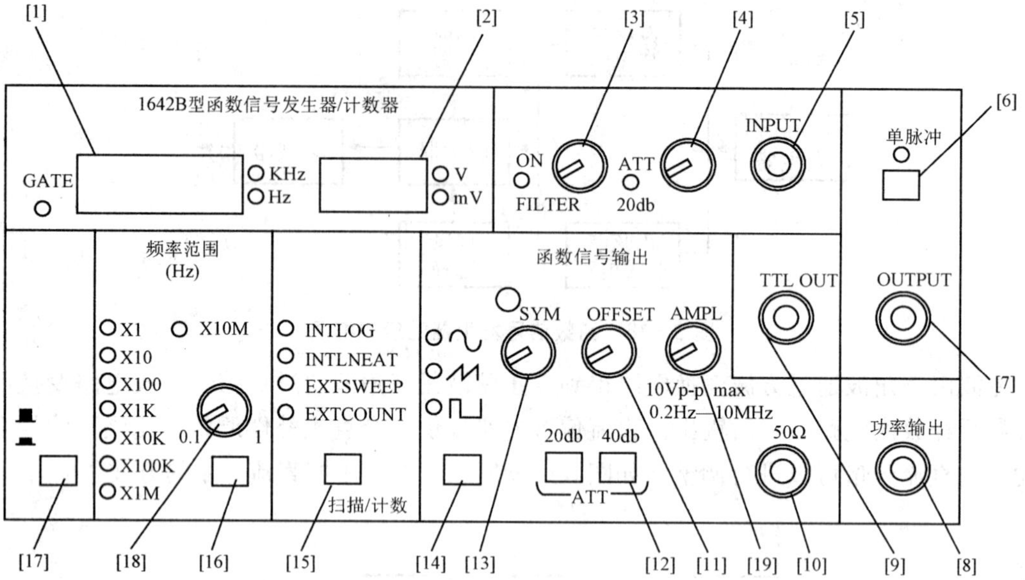

图 3-20　EE1642B 型函数信号发生器面板图

(5) 外部输入插座。当“扫描/计数键”功能选择在外扫描状态或外测频信号由此输入。

(6) 单脉冲按键。控制单脉冲输出，每按下一次此键，单脉冲输出电平翻转一次。

(7) 单脉冲输出端。输出单脉冲信号。

(8) 功率输出端。提供 4W 的正弦信号功率输出。此功能仅对×100，×1k，10k 挡有效。

(9) TTL 信号输出端。输出标准的 TTL 幅度的脉冲信号，输出阻抗为 600Ω。

(10) 函数信号输出端。输出多种波形受控的函数信号，输出幅度 20Vpp(1MΩ 负载)，10Vpp(50Ω 负载)。

(11) 函数信号输出信号直流电平预置调节旋钮。调节范围－5～＋5V(50Ω 负载)；当电位器处在中心位置时，则为 0 电平。

(12) 函数信号输出幅度衰减开关。“20dB”、“40dB”键不按下，输出信号不经衰减，直接输出到插座口，“20dB”、“40dB”键分别按下，则可选择 20dB 或 40dB 衰减。

(13) 输出波形、对称性调节旋钮。调节此旋钮可改变输出信号的对称性，当电位器处在中间位置时，则输出对称信号。

(14) 函数输出波形选择按钮。可选择正弦波、三角波、脉冲波输出。

(15)“扫描/计数”按钮。可选择多种扫描方式和外测频方式。

(16) 频率范围选择按钮。每按一次此按钮可改变输出频率的一个频段。

(17) 整机电源开关。此按键按下时，机内电源接通，整机工作；此按键释放关掉整机电源。

(18) 频率微调旋钮。调节此旋钮可微调输出信号频率，调节基数范围为从 0.2 到 2。

(19) 函数信号输出幅度调节旋钮。调节范围 20dB。

2) 使用方法

(1) 开启电源开关，LED 屏幕上有数字显示，用示波器可观察到信号的波形，此时说明函数信号发生器的工作基本正常。

(2) 根据输出信号波形要求，按下输出波形选择开关选择正弦波、三角波或矩形波。

(3) 根据输出信号频率要求，按下频率范围选择开关适当的按键，然后调节频率细调旋钮，得到所需要的输出信号频率。

(4) 根据输出信号幅度要求设定输出衰减按钮，然后调节幅度微调旋钮，改变输出电压的幅度，使之符合要求。

(5) 根据需要调节直流偏移调节旋钮(OFFSET)，得到输出信号中所需要的直流分量(此功能不用时应将旋钮置于 OFF)。

(6) 根据需要调节占空比调节旋钮(SYM)，得到所需的占空比(此功能不用时，应将旋钮置于 OFF)。

3) 主要性能指标

(1) 频率范围：0.2Hz～2MHz，按十进制分类共分 8 档，每档均以频率细调电位器实行频率调节。

(2) 输出波形：正弦波、三角波、方波(对称或非对称输出)。

(3) 波形特性：正弦波失真度<1%；

三角波线性度>90%(输出幅度的 10%～90%)；

脉冲波上(下)升沿时间≤100ns(输出幅度的 10%～90%)。

(4) 输出电压：负载开路时，最大输出电压峰—峰值为 20V，接有 50Ω 负载时，最大输出电压峰—峰值为 10V。

EE1642B 作为函数信号发生器，其主要技术参数见表 3-5。

表 3-5 EE1642B 型函数信号发生器主要技术参数表

项目		技术参数
输出频率		0.2Hz～2MHz 按十进制分类共分 8 档
输出阻抗	函数输出	50Ω
	TTL 同步输出	600Ω
输出信号波形	函数输出	正弦波、三角波、方波(对称或非对称)
	TTL 同步输出	脉冲波
输出信号幅度	函数输出	不衰减：(1Vp-p～10 Vp-p)，±10%连续可调 衰减 20dB：(0.1Vp-p～1 Vp-p)，±10%连续可调 衰减 40dB：(10mVp-p～1 00mVp-p)，±10%连续可调
	TTL 同步输出	“0”电平：≤0.8V，“1”电平：≥1.8V(负载电阻≥600Ω)

续表

项目		技术参数
函数输出信号直流电平(offset)调节范围		关或(－5～＋5V)±10%(50Ω负载) “关”位置时输出信号所携带的直流电平为＜0V＋0.1V 负载电阻为≥1MΩ时，调节范围为(－10～＋10V)
函数输出信号衰减		0dB/20dB或40dB
输出信号类型		单频信号、扫频信号、调频信号(受外控)
函数输出非对称线(SYM)调节范围		关或(25%～75%)，“关”位置时输出波形为对称波形，误差：≤2%
扫描方式	内扫描方式	线性/对数扫描方式
	外扫描方式	由VCF输入信号决定
内扫描特性	扫描时间	10ms～5s±10%
	扫描宽度	≥1频程
外扫描特性	输入阻抗	约100kΩ
	输入信号幅度	0V～2V
	输入信号周期	10ms～5s
输出信号特征	正弦波失真度	＜2%
	三角波线性度	＞90%
	脉冲波上(下)升沿时间 (输出幅度的10%～90%区域)	≤30nm 脉冲波、上升、下降沿过冲：≤5%V_0
输出信号频率稳定度		±0.1%/min
幅度显示	显示位数	三位(小数点自动定位)
	显示单位	Vp-p或mVp-p
	显示误差	V_0±20%±1个字(V_0输出信号的峰峰幅度值)，(负载电阻为50Ω)，(负载电阻≥1MΩ时V_0读数需乘2)
	分辨率(500Ω负载)	0.1Vp-p(衰减0dB)，10mVp-p(衰减20dB)，1mVp-p(衰减40 dB)
频率显示	显示范围	0.200Hz～20000kHz
	显示有效位数	五位　10000Hz～20000kHz 四位　f_0：(1.000～4.999)×10^nHz　f_0：1000～9999kHz 三位　f_0：(5.00～9.99)×10^nHz　n=0、1、2、3、4、5

作为频率计数器其主要技术参数见表3-6。

表 3-6　EE1642B 型计数器主要技术参数表

项目		技术参数
频率测量范围		0.2Hz～20000kHz
输入电压范围(衰减度为 0dB)		50mV～2V(10Hz～20000kHz)
		100mV～2V(0.2～10Hz)
输入阻抗		500kΩ/30pF
波形适应性		正弦波、方波
滤波器截止频率		大约 100kHz(带内衰减，满足最小输入电压要求)
测量时间		0.1s(f_i>10Hz)
		单个被测信号周期　(f_i<10Hz)
显示方式	显示范围	0.2Hz～20000kHz
	显示有效位数	五位　10～200000Hz 四位　1Hz～10kHz 三位　0.2～1kHz
测量误差		时基误差±触发误差(触发误差：单周期测量时被测信号的信噪比优于 40dB，则触发误差≤0.3%)
时基	标称频率	10MHz
	频率稳定度	$\pm 5\times 10^{-5}$/d
电源适应性及整机功耗	电压	220V±10%
	频率	50Hz±5%
	功耗	≤30V·A

3.5　交流毫伏表

毫伏表是用来测量交流电压大小的交流电子电压表，采用磁电式表头作为指示器，属于指针式仪表。因而又称为模拟式电子电压表。

1. 毫伏表的分类

(1) 按照所用元器件的不同可分为电子毫伏表、晶体管毫伏表和集成电路毫伏表 3 种。最常用的是晶体管毫伏表，例如，DA-16、SX2172 等都是晶体管毫伏表。

(2) 按所能测量信号的频率范围的不同可分为视频毫伏表和超高频毫伏表。

2. 毫伏表的特点

(1) 测量频率范围宽，被测频率范围约为几赫兹到数百兆赫兹。

(2) 输入阻抗高，一般输入电阻可达几百千欧姆甚至几兆欧姆。仪表接入被测电路后，输入阻抗越高，对被测电路的影响越小。

(3) 灵敏度高，灵敏度反映了毫伏表测量微弱信号的能力，灵敏度越高，测量微弱信号的能力越强。一般毫伏表最低电压可测到微伏级。

3. 毫伏表的基本工作原理

毫伏表由检波电路、放大电路和指示电路 3 部分组成。先将被测交流信号进行放大，然后进行检波，将被测交流信号变为直流信号，让变换得到的直流信号通过表头，才能用微安级表头测量交流信号。如图 3－21 所示为毫伏表的原理框图。

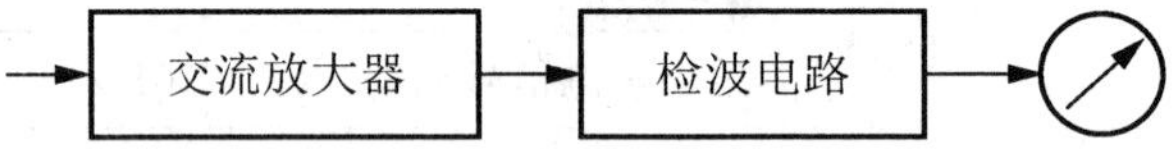

图 3－21　毫伏表的原理框图

4. 毫伏表的使用方法

下面以 DA－16D 型交流毫伏表为例介绍其使用方法。

1) 面板布置及功能说明

面板布置如图 3－22 所示。

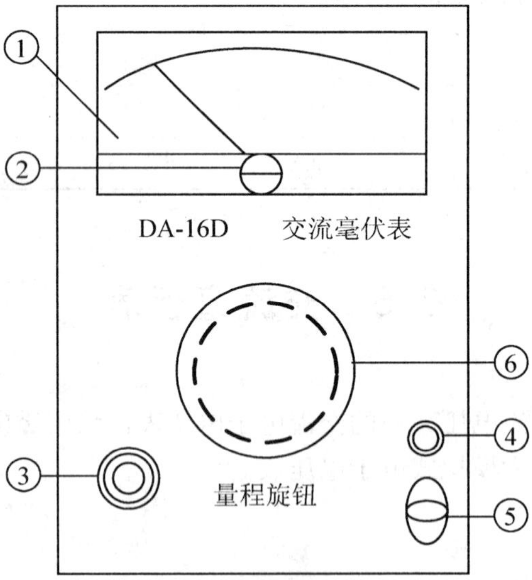

图 3－22　DA－16D 型交流毫伏表

① 表头及刻度。

② 机械调零螺丝。它用于机械调零。将两输入线端短路，调节该螺丝使表头指示为零。

③ 输入插座。被测信号电压输入端。采用同轴电缆，其外层是接地金属网，起屏蔽干扰信号的作用。

④ 指示灯。当电源开关拨至“开”时，该指示灯亮。

⑤ 电源开关。接通、断开整机电源。

⑥ 量程旋钮。该旋钮用以选择仪表的满刻度值，有12档量程。各量程档并列有分贝(dB)数，可用于电平测量。

2）使用方法及注意事项

(1) 机械调零。仪表接通电源前，应先检查指针是否在零点，如果不在零点，应调节机械零点调节螺丝，使指针位于零点。

(2) 测量时，应将Q9双夹测量线的黑色鱼夹接被测信号的地端或低电势端，红色鱼夹接信号端或高电势端。

(3) 正确选择量程。应按被测电压的大小选择合适的量程，使仪表指针偏转至满刻度的1/3以上区域。如果事先不知被测电压的大致数据，应先将量程开关旋至大量程，然后再逐步减小量程。

(4) 正确读数。根据量程开关的位置，按对应的刻度线读数。

(5) 当仪表输入端连线开路时，由于外界感应信号可能使指针偏转超量限，而损坏表头。因此，测量完毕，应先将量程开关旋至最大量程档，再拆下测量线。

3）主要技术指标

(1) 交流电压测量范围：$100\mu V \sim 300V$。共分13档：0.1、1、3、10、30、100、300mV及1、3、10、30、100、300V。

(2) 输入电阻：1～300mV量程，$8M\Omega \pm 0.8M\Omega$；

1～300V量程，$10M\Omega \pm 1M\Omega$。

3.6　模拟示波器

3.6.1　概述

示波器是一种用途广泛的综合性电子测量仪器，它不仅能定性地观察信号的动态过程，而且可以定量地测量各种电参数。利用示波器，可以观察周期性信号的电压、电流、周期、频率、脉冲宽度、脉冲上升及下降时间等。借助于各种传感器，示波器还可以用来测量各种非电量，如温度、湿度、压力、声、光等，组成新型的测试仪器和测试系统。

3.6.2　通用示波器的基本组成

示波器通常由垂直偏转系统、水平偏转系统、Z轴电路、示波管及电源电路等5部分组成。其基本框图如图3-23所示。

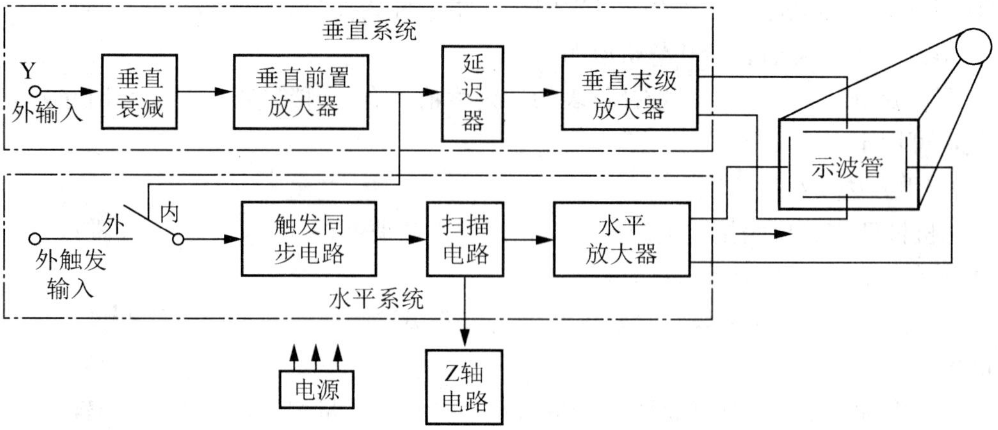

图 3-23　示波器的基本组成框图

1）垂直系统

垂直（Y 轴）偏转系统包括输入回路、前置放大器、延迟器和末级放大器。被测信号从（外）输入端送入示波器，经垂直放大电路将被测信号放大后，送到示波器的垂直偏转板，使光点在垂直方向随被测信号的变化而产生位移，形成光点运动轨迹。

2）水平系统

水平系统（X 轴）偏转系统包括触发同步电路、扫描电路和水平放大电路。扫描电路产生锯齿波信号，经水平放大电路放大后，送到示波器的水平偏转板，使光点在水平方向随时间线性偏移，形成时间基线。

3）Z 轴电路

Z 轴电路在扫描发生器输出的扫描正程时间内产生增辉信号，并加到示波管的栅极上，其作用是在扫描正程加亮示波管荧光屏的光迹，在扫描逆程消隐光迹。

4）示波管电路

示波管是显示器件，它是示波器的核心部件。示波管各极加上相应的控制电压，对阴极发射的电子束进行加速和聚焦，使高速而集中的电子束轰击荧光屏形成光点。当电子束随信号偏转时，光点移动的轨迹就形成信号的波形。

5）电源部分

示波器的电源除灯丝供电外，其直流供电分为两部分，即直流低电压和直流高电压，低电压供给各个单元电路的工作电源，高电压供给示波管各极的控制电压。

示波器的种类型号繁多，按不同的分类方法，有低频示波器和高频示波器，单踪、双踪和多踪示波器，记忆和存储示波器等。

本节介绍 YB43 系列示波器，该设备轻盈小巧、使用方便，并具有下列几方面的特点。

（1）频率范围广，YB4345：DC～40MHz -3dB；

YB4325：DC～20MHz -3dB。

(2) 灵敏度高：最高偏转系数 1mV/div。

(3) 6 英寸大屏幕：便于清楚观看信号波形。

(4) 数字编码开关：操作灵活，定位准确。

(5) 光标读出测量：光标数字读出可使信号观察与测量变得更为迅速精确，屏幕上可提供 7 种功能(ΔV、ΔV%、ΔVdB、ΔT、1/ΔT、占空比、相位)。

(6) 触发源：丰富的触发源功能(CH1、CH2、电源触发、外触发)。使用交替触发操作可获得两个不相关电信号稳定的同步显示。

(7) 触发耦合：全新的触发耦合电路设计，对各类不同频率、不同电压组合的电信号使用该操作可获得稳定的同步显示。

(8) 自动聚焦：测量过程中聚焦电平可自动校正。

(9) 触发锁定：触发电路呈全自动同步状态，无须人工调节触发电平。

(10) 释抑调节：使各种复杂波形同步更加稳定。

3.6.3　使用注意事项

(1) 避免过冷和过热。

不可将示波器长期暴露在日光或靠近热源的地方，如火炉。

(2) 不可在寒冷天气时放在室外使用。仪器工作温度应是 0～40℃。

(3) 避免炎热与寒冷环境的交替。

不可将示波器从炎热的环境中突然转移到寒冷的环境或相反进行，这将导致仪器内部形成水汽凝结。

(4) 避免湿度、水分和灰尘。

如果将示波器放在湿度或灰尘多的地方，可能导致仪器操作出现故障。最佳使用相对湿度范围是 35%～90%。

(5) 示波器是一种精密测量仪器，应避免放置在强烈震动的地方，否则会导致仪器操作出现故障。

(6) 避免放置仪器的地方有磁器和强磁场。

示波器对电磁场较为敏感，不可在具有强烈磁场的地方操作示波器，不可将磁性物体靠近示波器。

(7) 贮存。

① 不可将物体放置在示波器上，注意不要堵塞仪器的通风孔。

② 仪器不可遭到强烈的撞击。

③ 不可将导线或尖针插进通风孔。

④ 不可用探极拖拉仪器。

⑤ 不可将电烙铁放在示波器框架或示波器的表面上。

⑥ 避免长期倒置存放和运输。

如果示波器不能正常工作，重新检查操作步骤，如果仪器确已出现故障，可与最近的销售处联系以便修理。

使用之前的检查步骤有如下几方面。

(1) 检查电压。可知该示波器的正确工作电压范围，在接通电源之前应检查电源电压，交流 220V(±10%)。

(2) 确保所用的保险丝是指定的型号。为了防止由于过电流引起的电路损坏，请使用正确的保险丝值：交流 220V/1A。

如果保险丝熔断，仔细检查原因，修理之后换上规定的保险丝。

如果使用的保险丝不当，不仅会导致出现故障，甚至会使故障扩大，因此，必须使用正确的保险丝。

(3) 辉度不可太亮。不可将光点和扫描线调得过亮，否则不仅会使眼睛疲劳，而且如果长时间会使示波管的荧光屏变黑。

(4) 操作注意，为防止直接加到示波器输入端或探极输入端的电压过高，不可使用高于下列范围的电压：

输入电压(直接)：400V(DC+ACp−p)　　频率≤1kHz

使用探极时：400V(DC+ACp−p)　　频率≤1kHz

外触发输入：100V(DC+ACp−p)　　频率≤1kHz

Z−轴输入：50V(DC+ACp−p)　　频率≤1kHz

3.6.4 面板控制键作用说明

阅读本节内容请参看图 3-24 YB4325/45 前面板示意图，后面板示意图如图 3-25 所示。

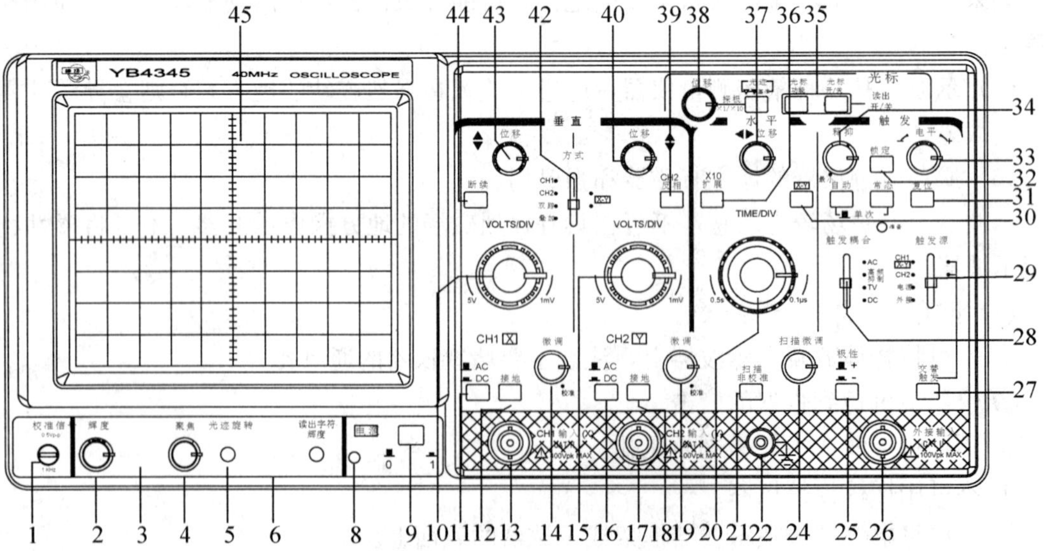

图 3-24　YB4325/45 前面板示意图

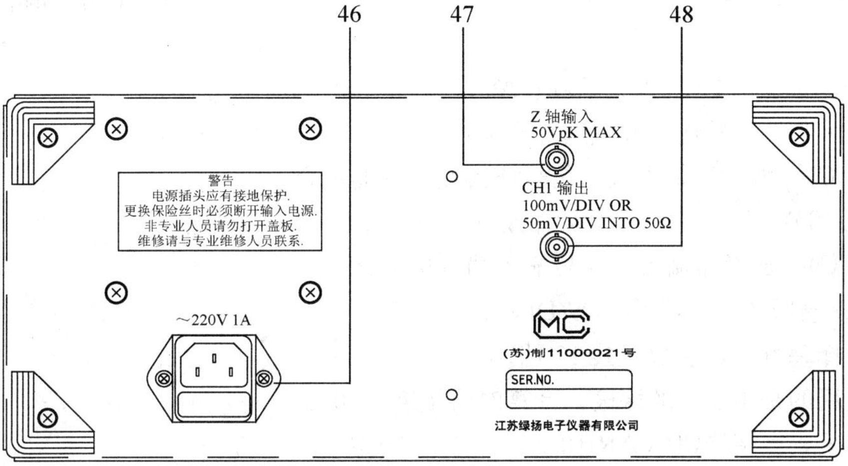

图 3-25　YB4325/45 后面板示意图

1. 示波管电路

① 交流电源插座，该插座下部装有保险丝。

电压插座上标明的额定电压，并使用相应的保险丝。该电源插座用来连接交流电源线。

⑨ 电源开关(POWER)。将电源开关按键弹出即为“关”位置，将电源线接入，按电源开关键，接通电源。

⑧ 电源指示灯。电源接通时，指示灯亮。

② 辉度旋钮(INTENSITY)。控制光点和扫描线的亮度，顺时针方向旋转旋钮，亮度增强。

④ 聚焦旋钮(FOCUS)。用辉度控制钮将亮度调至合适的标准，然后调节聚焦控制钮直至光迹达到最清晰的程度。虽然调节亮度时，聚焦电路可自动调节，但聚焦有时也会轻微变化，如果出现这种情况，需重新调节聚焦旋钮。

⑤ 光迹旋转(TRACE ROTATION)。由于磁场的作用，当光迹在水平方向轻微倾斜时，该旋钮用于调节光迹与水平刻度平行。

⑦ 读出字符加亮(READOUT INTEN)。用于调节读出字符和光标亮度。

㊺ 显示屏。仪器的测量显示终端。

① 准信号输出端子(CAL)。提供 1±2%kHz，2±2%Vp-p 方波作本机 Y 轴、X 轴校准用。

㊼ Z—轴信号输入(Z—AXIS INPUT)；外接亮度调制输入端。

2. 垂直方向部分(VERTICAL)

⑬ 通道 1 输入端［CH1 INPUT(X)］。该输入端用于垂直方向的输入，在 X-Y 方式时，作为 X 轴输入端。

⑰ 通道 2 输入端［CH2 INPUT(Y)］。和通道 1 一样，但在 X－Y 方式时，作为 Y 轴输入端。

⑪、⑫、⑯、⑱交流-直流-接地(AC、DC、GND)。

输入信号与放大器连接方式选择开关：

交流(AC)：放大器输入端与信号连接经电容器耦合；

接地(GND)：输入信号与放大器断开，放大器的输入端接地；

直流(DC)：放大器输入与信号输入端直接耦合。

⑩ 、⑮ 衰减器开关(VOLTS/DIV)。

用于选择垂直偏转系数，共 12 档。

如果使用的是 10∶1 的探极，计算时将幅度×10。

⑭、⑲垂直微调旋钮(VARIBLE)。

垂直微调用于连续改变电压偏转系数。此旋钮在正常情况下应位于顺时针方向旋到底的位置。将旋钮逆时针旋到底，垂直方向的灵敏度下降到 2.5 倍以上。

㊹ 断续工作方式开关。

CH1、CH2 两个通道按断续方式工作，断续频率约为 250kHz。如果在交替扫描时，需要“断续”方式可用此开关强制实现。

㊸、㊵垂直移位(POSITION)。

调节光迹在屏幕中的垂直位置。

㊷ 垂直方式工作开关(VERTICAL MODE)。

选择垂直方向的工作方式。

通道 1(CH1)：屏幕上仅显示 CH1 的信号；

通道 2(CH2)：屏幕上仅显示 CH2 的信号；

双踪(DUAL)：屏幕上显示双踪，交替或断续方式自动转换，同时显示 CH1 和 CH2 上的信号；

叠加(ADD)：显示 CH1 和 CH2 输入信号的代数和。

㊴ CH2 极性开关(INVERT)：按此开关时 CH2 显示反相信号。

㊽ CH1 信号输出端(CH1 OUTPUT)：输出约 100mV/div 的通道 1 信号。当输出端接 50Ω 匹配终端时，信号衰减一半，约 50mV/div。该信号可用于频率的计数信号。

3. 水平方向部分(HORIZONTAL)

⑳ 主扫描时间系数选择开关(TIME/DIV)。

主扫描时间系数选择开关共 20 档，在 0.1μs～0.5s/div 范围选择扫描速率。

㉚ X－Y 控制键：按入此键，垂直偏转信号接入 CH2 输入端，水平偏转信号接入 CH1 输入端。

㉑ 扫描非校准状态开关键：按入此键，扫描时基进入非校准调节状态，此时调节扫描微调有效。

㉔ 扫描微调控制键(VARIBLE)。

此旋钮以顺时针方向旋转到底时，处于校准位置，扫描由 Time/div 开关指示。

此旋钮逆时针方向旋转到底，扫描减慢 2.5 倍以上。当按键㉑未按入，旋钮㉔ 调节无效，即为校准状态。

㊲ 水平移位(POSITION)。用于调节光迹在水平方向移动。

顺时针方向旋转该旋钮向右移动光迹，逆时针方向旋转向左移动光迹。

㊱ 扩展控制键(MAG×10)。按下去时，扫描因数×10 扩展。扫描时间是 Time/div 开关指示数值的 1/10。

㉒ 接地端子：示波器外壳接地端。

4. 触发系统(TRIGGER)

㉙ 触发源选择开关(SOURCE)。

通道 1 X－Y(CH1，X－Y)：CH1 通道信号为触发信号，当工作方式在 X－Y 方式时，拨动开关应设置于此档；

通道 2(CH2)：CH2 通道的输入信号是触发信号；

电源(LINE)：电源频率信号为触发信号；

外接(EXT)：外触发输入端的触发信号是外部信号，用于特殊信号的触发。

㉗ 交替触发(TRIG ALT)。在双踪交替显示时，触发信号来自于两个垂直通道，此方式可用于同时观察两路不相关信号。

㉖ 外触发输入插座(EXT INPUT)。用于外部触发信号的输入。

㉝ 触发电平旋钮(TRIG LEVEL)。用于调节被测信号在某选定电平触发，当旋钮转向“＋”时显示波形的触发电平上升，反之触发电平下降。

㉜ 电平锁定(LOCK)：无论信号如何变化，触发电平自动保持在最佳位置，不需人工调节电平。

㉞ 释抑(HOLDOFF)：当信号波形复杂，用电平旋钮不能稳定触发时，可用“释抑”旋钮使波形稳定同步。

㉕ 触发极性按钮(SLOPE)。触发极性选择。用于选择信号的上升沿和下降沿触发。

㉛ 触发方式选择(TRIG MODE)。

自动(AUTO)：在“自动”扫描方式时，扫描电路自动进行扫描。在没有信号输入或输入信号没有被触发同步时，屏幕上仍然可以显示扫描基线；

常态(NORM)：有触发信号才能扫描，否则屏幕上无扫描线显示。当输入信号的频低于 50Hz 时，请用“常态”触发方式；

单次(SINGLE)：当“自动”(AUTO)、“常态”(NORM)两键同时弹出被设置于单次触发工作状态，当触发信号来到时，准备(READY)指示灯亮，单次扫描结束后指示灯熄，复位键(RESET)按下后，电路又处于待触发状态。

5. 读出功能

㉟ 光标测量。

光标开/关：按此键可打开/关闭光标测量功能。

光标功能：按此键选择下列测量功能。

ΔV：电压差测量

ΔV%：电压差百分比测量(5div=100%)

ΔVdB：电压增益测量(5div=0dB)

ΔT：时间差测量

1/ΔT：频率测量

DUTY：占空比(时间差的百分比)测量(5div=100%)

PHASE：相位测量(5div=360°)

光标—▽—▼(基准)：按此键选择移动的光标，被选择的光标带有“▽”或“▼”标记；当两种光标均带有标记时，两光标可同时移动。

㊳ 位移：旋转此控制旋钮可将选择的光标定位。

读出开/关：同时按下“光标开/关”键和“光标功能”键，可打开/关闭示波器读出状态。

探极×1/×10：指示探极状态×1/×10，按下“光迹—▽—▼(基准)”键的同时旋转光标“位移”(38)旋钮，可选择×1/×10探极状态。

3.6.5 操作方法

1. 基本操作

按表3-7设置仪器的开关及控制旋钮或按键。

表3-7 YB4325/45示波器开关及控制旋钮或按键功能

项目	编号	设置
电源(POWER)	⑨	弹 出
辉度(INTENSITY)	②	顺时针1/3处
聚焦(FOCUS)	④	适中
垂直方式(MODE)	㊷	CH1
断续(CHOP)	㊹	弹出
CH2反相(INV)	㊴	弹出
垂直位移(POSITION)	㊵㊸	适中

续表

项目	编号	设置
衰减开关(VOLTS/DIV)	⑩⑮	0.5V/div
微调(VARIABLE)	⑭⑰	校准位置
AC-DC-接地(GND)	⑪⑫⑯⑱	接地(GND)
触发源(SOURCE)	㉙	CH1
耦合(COUPLING)	㉘	AC
触发极性(SLOPE)	㉕	+
交替触发(TRIG ALT)	㉗	弹出
电平锁定(LOCK)	㉜	按下
释抑(HOLDOFF)	㉞	最小(逆时针方向)
触发方式	㉛	自动
TIME/DIV	⑳	0.5ms/div
扫描非校准(SWP UNCAL)	㉑	弹出
水平位移(POSITION)	㊲	适中
×10 扩展(×10MAG)	㊱	弹出
X-Y	㉚	弹出

按上述设定了开关和控制按钮后，将电源线接到交流电源插座，然后，按如下步骤进行操作。

(1) 打开电源开关，电源指示灯变亮，约 20 秒钟后，示波管屏幕上会显示光迹，如 60 秒钟后仍未出现光迹，应按上表检查开关和控制按钮的设定位置。

(2) 调节辉度(INTEN)和聚焦(FOCUS)旋钮，将光迹亮度调到适当，且最清晰。

(3) 调节 CH1 位移旋钮及光迹旋转旋钮，将扫线调到与水平中心刻度线平行。

(4) 将探极连接到 CH1 输入端，将 2Vp-p 校准信号加到探极上。

(5) AC-DC-GND 开关拨到 AC，屏幕上将会出现如图 3-26 所示的波形。

调节聚焦(FOCUS)旋钮，使波形达到最清晰。

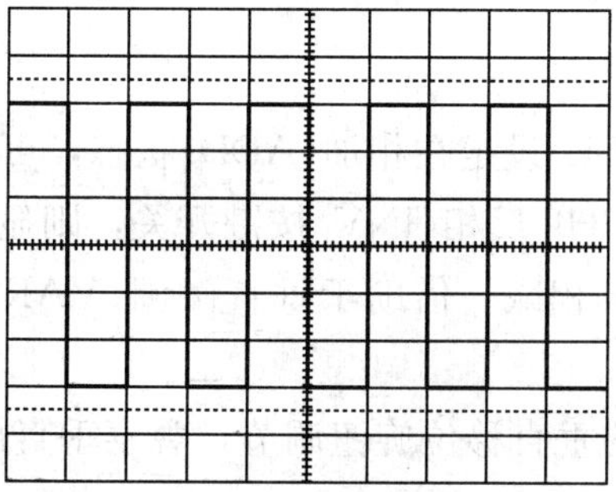

图 3-26　交流观测

(6) 为便于信号的观察，将 VOLTS/DIV 开关和 TIME/DIV 开关调到适当的位置，使信号波形幅度适中，周期适中。

(7) 调节垂直移位和水平移位旋钮到适中位置，使显示的波形对准刻度线且电压幅度(Vp－p)和周期(T)能方便读数。

上述为示波器的基本操作步骤。CH2 的单通道操作方法与 CH1 类似，进一步的操作方法在下面章节中逐一讲解。

2. 双通道操作

将 VERT MODE(垂直方式)开关置双踪(DUAL)，此时，CH2 的光迹也显示在屏幕上，CH1 光迹为校准信号方波，CH2 因无输入信号显示为水平基线。

如同通道 CH1，将校准信号接入通道 CH2，设定输入开关为 AC，调节垂直方向位移旋钮㊵和㊸，有两通道信号如图 3－27 所示。

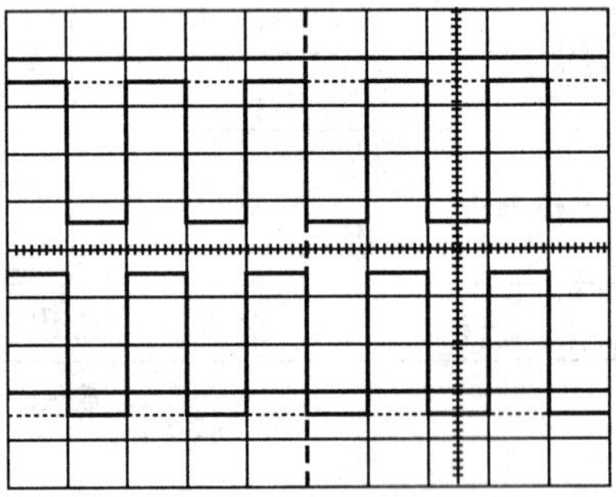

图 3－27　双通道观测

双通道操作时(双踪或叠加)，"触发源"开关选择 CH1 或 CH2 信号，如果 CH1 和 CH2 信号为相关信号，则波形均被稳定显示；如为不相关信号，必须使用"交替触发"(TRIG ALT)开关，那么两个通道不相关信号波形也都被稳定同步。但此时不可同时按下"断续"(CHOP)和"交替触发"(TRIG ALT)开关。

5ms/div 以下的扫速范围使用"断续"方式，2ms/div 以上扫描范围为"交替"方式，当"断续"开关按入时，在所有扫速范围内均以"断续"方式显示两条光迹，"断续"方式优先"交替"方式。

3. 叠加操作

将垂直方式(VERT MODE)设定在相加(ADD)状态，可在屏幕上观察到 CH1 和 CH2 信号的代数和，如果按下了 CH2 反相(INV)按键开关，则显示为 CH1 和 CH2 信号之差。

若要想得到精确的相加或相减，借助于垂直微调(VAR)旋钮将两通道的偏转系数精确调整到同一数值上。

垂直位移可由任一通道的垂直移位旋钮调节，观察垂直放大器的线性，请将两个垂直位移旋钮设定到中心位置。

4. X－Y操作与X外接操作

“X－Y”按键按下，内部扫描电路断开，由“触发源”(SOURCE)选择的信号驱动水平方向的光迹。当触发源开关设定为“CH1(X－Y)”位置时，示波器为“X－Y”工作，CH1为X轴、CH2为Y轴；当触发源设定外接(EXT)位置时，示波器便为“X外接方式”(EXT HOR)扫描工作。

X－Y操作：垂直方式开关选择“X－Y”方式，触发源开关选择“X－Y”，CH1为X轴，CH2为Y轴，可进行X－Y工作。水平位移旋钮直接用作X轴，如图3－28所示。

注：X－Y工作时，若要显示高频信号则必须注意X轴和Y轴之间相位差及频带宽度。X外接(EXT)操作：作用在外触发输入端㉓上的外接信号驱动X轴，任一垂直信号由垂直工作方式(VERT MODE)开关选择，当选定双踪(DUAL)方式时，CH1和CH2信号均以断续方式显示，如图3－29所示。

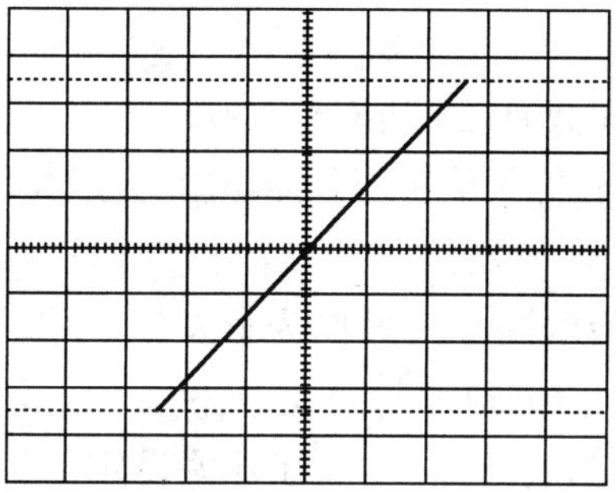

图3－28　X－Y操作方式波形图

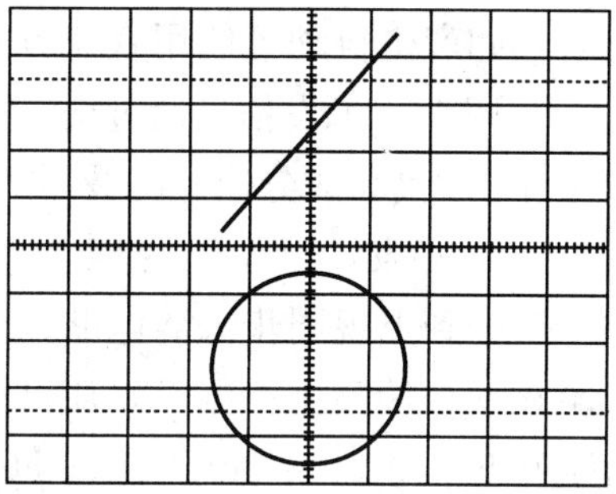

图3－29　X－Y双通道操作方式波形图

5. 触发

正确的触发方式直接影响示波器有效操作，因此必须熟悉各种触发功能及操作方法。

1) 触发源开关功能

选择所需要显示的信号自身或是与显示信号具有时间关系的触发信号作用于触发，以便在屏幕上显示稳定的信号波形。

CH1：CH1输入信号作触发信号；

CH2：CH2输入信号作触发信号。

电源(LINE)：电源信号用作触发信号，这种方法用在被测信号与电源频率相关信号时有效，特别是测量音频电路，闸流管电路等工频电源噪声时更为有效。

外接(EXT)：扫描由作用在外触发输入端的外加信号触发，使用的外接信号与被测信号具有周期性关系，由于被测信号没有用作触发信号，波形的显示与测量信号无关。

上述触发源信号选择功能见表3－8。

表 3-8　YB4325/45 触发源信号功能选择

触发源 \ 垂直方式	CH1	CH2	DUAL	ADD
CH1	由 CH1 信号触发			
CH2	由 CH2 信号触发			
ALT	由 CH1 和 CH2 交替触发			
LINE	由交流电源信号触发			
EXT	由外接输入信号触发			

2）耦合开关的功能

根据被测信号的特点，用此开关选择触发信号的耦合方式。

交流(AC)：这是交流耦合方式，由于触发信号通过交流耦合电路，而排除了输入信号的直流成分的影响，可得到稳定的触发。该方式在低频为 10Hz 以下，使用交替触发方式且扫速较慢时，如产生抖动可使用直流方式。

高频抑制(HF REJ)：触发信号通过交流耦合电路和低通滤波器(约 50kHz－3dB)作用到触发电路，触发信号中高频成分通过滤波器被抑制，只有低频信号部分能作用到触发电路。

电视(TV)：TV 触发，以便于观察 TV 视频信号，触发信号经交流耦合通过触发电路，将电视信号馈送到电视同步分离电路，分离电路拾取同步信号作为触发扫描用，这样视频信号能稳定显示。调整主扫描 TIME/DIV 开关，扫描速率根据电视的场和行作如下切换，TV－V：0.5s～0.1ms/div；TV－H：0.5μs～0.1μs/div。极性开关设定前后的波形变换情况如图 3－30 所示，以便与视频信号一致。

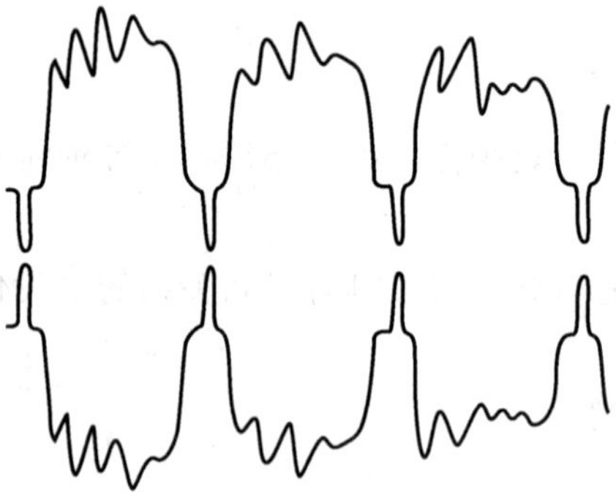

图 3－30　极性开关设定前后的波形变换

DC：触发信号被直接耦合到触发电路，触发需要触发信号的直流部分或是需要显示低频信号以及信号占空比很小时，使用此种方式。

3）极性开关功能

该开关用于选择如图 3－31 所示触发信号的极性。

“＋”当设定在正极性位置，触发电平产生在触发信号上升沿；

“－”设定在负极性位置，触发电平产生在触发信号下降沿。

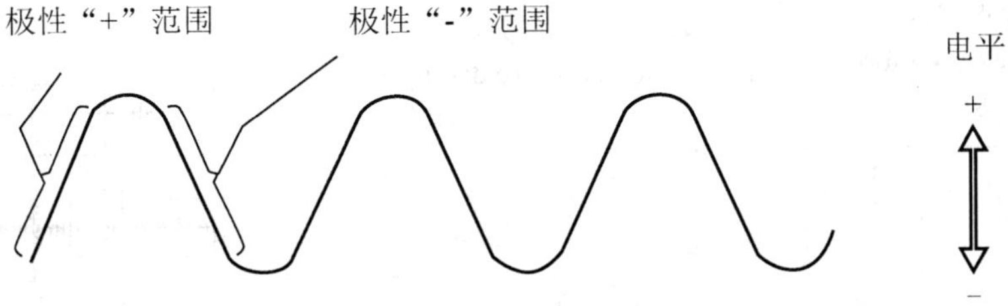

图 3-31　触发信号的极性

4）电平控制器控制功能

该旋钮用于调节触发电平以稳定显示图像，一旦触发信号超过控制旋钮所设置触发电平，扫描即被触发且屏幕上稳定显示波形，顺时针旋动旋钮，触发电平向上变化，反之向下变化，变化特性如图 3-32 所示。

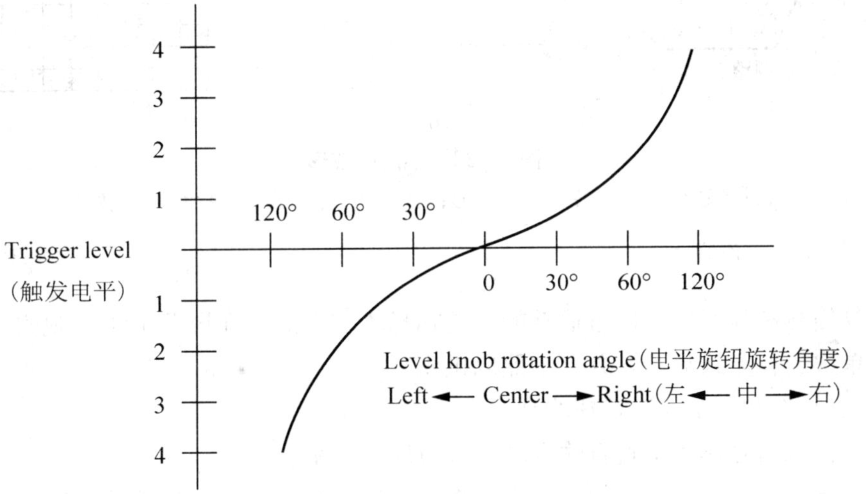

图 3-32　YB4325/45 触发电平变化曲线

电平锁定：按下电平锁定(LOCK)开关时，触发电平被自动保持在触发信号的幅度之内，且不需要进行电平调节可得到稳定的触发，只要屏幕信号幅度或外接触发信号输入电压在下列范围内，该自动触发锁定功能都是有效的。

YB4325：50Hz～20MHz≥2.0DIV(0.25V)；

YB4345：50Hz～40MHz ≥2.0DIV(0.25V)。

5）“释抑”控制功能

当被测信号为两种频率以上的复杂波形时，上述提到的电平控制触发可能并不能获得稳定波形。此时，可通过调整扫描波形的释抑时间(扫描回程时间)，能使扫描与被测信号波形稳定同步。

图 3-33(a)所示为屏幕交叠的几条不同的波形，当释抑“HOLD OFF”按钮在最小状态时，很难观察到稳定同步信号。

图 3-33(b)所示的信号不需要部分被释抑掉，波形在屏幕显示没有重叠现象。

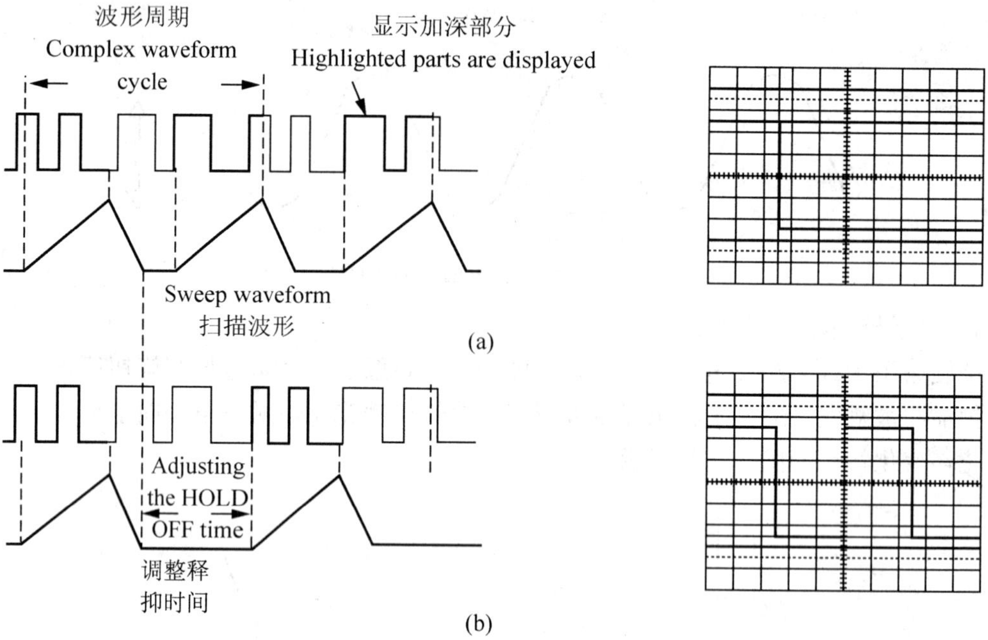

图 3-33　不同的波形

(a)屏幕交叠的几条不同的波形；(b)不需要部分被释抑掉后的波形

6. 单次扫描工作方式

非重复信号和瞬间信号通过通常的重复扫描工作方式，在屏幕上很难观察。这些信号必须采用单次工作方式显示，并可拍照以供观察。

(1)“自动”和“常态”按钮均弹出。

(2)将被测信号作用于垂直输入端，调节触发电平。

(3)按下“复位”按钮，扫描产生一次，被测信号在屏幕上仅显示一次。测量单次瞬变信号，有以下几种方式。

将“触发”方式设定为“常态”。

① 将校准输出信号作用于垂直输入端，根据被测信号的幅度调节触发电平。

将“触发”方式设定为“单次”，即“自动”和“常态”均弹出，在垂直输入端重新接入被测量信号。

② 按下“复位”按钮，扫描电路处于“准备”状态且准备指示灯变亮。

(4)随着输入电路出现单次信号，产生一次扫描把单次瞬变信号显示在屏幕上。但是它不能用于双通道交替工作方式。在双通道单次扫描工作方法中，应使用断续方式。

7. 扫描扩展

当被显示波形的一部分需要沿时间轴扩展时，可使用较快的扫描速度，但如果所需扩展部分远离扫描起点，此时欲加快扫速，它可能会跑出屏幕。在此种情况下可按下扩展开关按钮，显示的波形由中心向左右两个方向扩展为10倍，如图3-34所示。

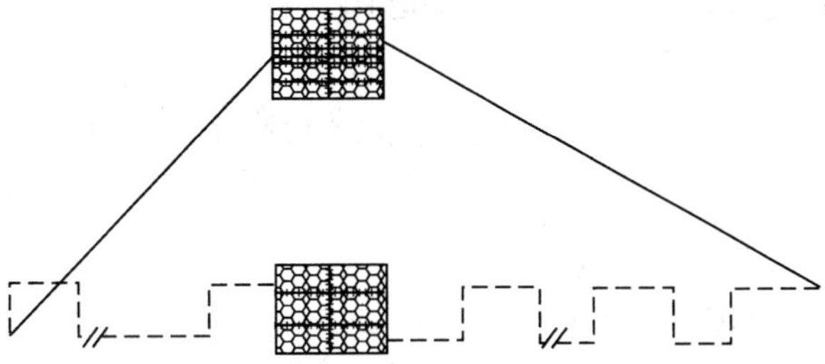

Any part can be covered by means of POSITION control

通过位移控制任一部分均可被扩展

图 3-34　扫描扩展波形图

扩展操作过程中的扫描时间如下：(TIME/DIV 开关指示值)×1/10。

因此，未扩展的最快扫描值随着扩展变为(如 0.1μs/div)

$$0.1\mu s/div\times 1/10=10ns/div$$

8. 读出功能

选择的灵敏度输入、扫描时间等显示位置均如图 3-35 所示。

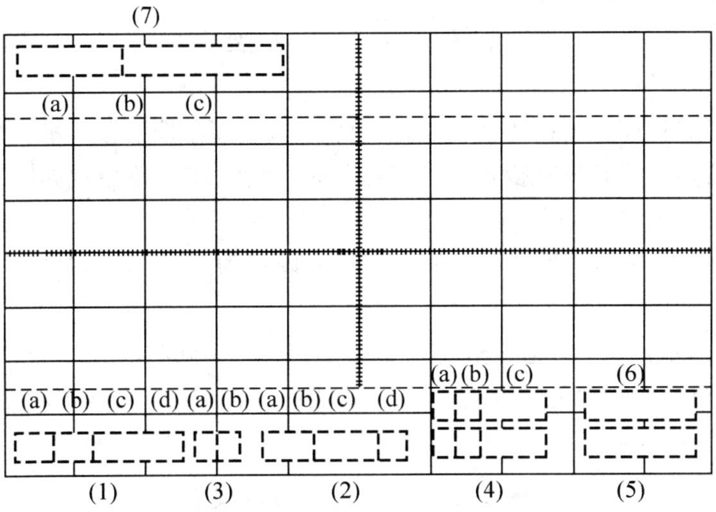

图 3-35　自动触发方式下的设定值显示

注：当“触发方式”为“常态”时，CRT 上无任何光迹与信号点，欲观察信号按下“自动”按钮。

CH1 显示：当“垂直方式”开关为 CH1、DUAL 或叠加时，CH1 的设定值显示在图 3-35(1)，这些值在 CH2 方式时不显示。

(a) 当设定探极×10 时显示“P10”。

(b) V/DIV 校准位于“非校准”位置时，出现“>”符号。

(c) 显示选择的灵敏度为 1mV～5V(探极×10 时，10mV～50V)。

(d) 设定为 X－Y 按钮，垂直方式为 CH2 时下标出现“X”标志，在双踪时下标出现“Y1”标志。

CH2 显示：“垂直方式”为 CH2、双踪或叠加时，CH2 信号的设定值显示值为图 3－35(2)，这些值在 CH1 方式时不显示。

(a) 当设定探极×10 时显示“P10”。

(b)“＞”标志指 V/DIV 为“非校准”位置。

(c) 显示选择的灵敏度为 1mV～5V(探极×10 时，10mV～50V)。

(d) 设定为 X－Y 方式，垂直方式为 CH2 时，下标出现“Y”标志，在双踪时下标出现“Y2”标志。

叠加(相减)及 CH2 反相显示：

(a) 叠加、相减及反相功能显示为图 3－35(3)。

(b)“＋”表示垂直方式为“叠加方式”，CH1 和 CH2 的输入信号被叠加，按下 CH2 反相时，实现 CH1 和 CH2 相减。

(c)“↓”显示表明垂直方式为 CH2 或双踪，且使用了 CH2 反相按钮。

时基显示：扫描时间显示如图 3－35(4)。

(a) A 扫描时间前出现 A；

(b)“＝”表示正常，“*”表示使用了×10 扩展，“＞”表示用了“扫描非校准”旋钮；

(c)表示选择的扫描时间：10ns～0.5s，使用“X－Y”按钮会显示“X－Y”。

断续/交替显示：垂直方式设定为“双踪”时，断续或交替显示如图 3－35(5)，按下 X－Y 按钮时，会出现“X_{EXT}”。

TV－V/TV－H 显示：当“触发耦合”开关设定为 TV 时，TV－V/TV－H 显示在图 3－35(6)。

光标测量值显示：7 种功能的相关测量显示在图 3－35(7)。

(a) 通过按钮“光标功能”来选择 7 种功能(ΔV、ΔV%、ΔVdB、ΔT、1/ΔT、DUTY、PHASE)中的一种，这里电压 ΔV 功能提供不同类型的 ΔV 见表 3－9。

表 3－9　电压 ΔV 不同功能类型

		垂直方式			
		CH1	CH2	双踪	叠加
触发源	CH1	ΔV1	ΔV2	ΔV1	ΔV12
	CH2			ΔV2	
	电源				
	外接				
X－Y	*1	ΔV_{Y}	ΔV_{Y1}	①	

注：①当 X－Y 方式未设定到位时，将会出现错误信息：“X－Y Mode error”。

(b) 在 ΔV 功能中，显示极性“+”或“−”：“+”当“▽”光标在“▼”(基准)光标之上；“−”当“▽”光标在“▼”(基准)光标之下。

(c) 显示 7 种光标测量功能的测量值与单位。

ΔV：0.0～40.0V(400V 在探极×10)。

注：当 V/DIV 校准设定为非校准位置或是垂直方式为“叠加”但 V/DIV 上 CH1 和 CH2 灵敏度不相同时，测量单位以刻度显示(0.00～8.00div)。

ΔV%：0.0%～160%(5div=100%基准)。

ΔVdB：−41.9dB～+4.08div(5div=0dB 基准)。

ΔT：0.0ns～5.00s。

注：当“扫描非校准”按钮按入时，测量值以刻度显示(0.00～10.00div)。

1/ΔT：200.0mHz～2.500GHz。

注：当“扫描非校准”按钮按进或两光标交叠时，显示“???”表示未知值。

DUTY：0.0%～200.0%(5div=100%基准)。

PHASE：0.0°～720°(5div=360°基准)。

注：除 ΔT(%、dB)外，均可选择其他功能，如果使用了 X－Y 按钮，会出现未知值“???”。

9. 探极校准

如前所述，为使探极能够在本机频率范围内准确衰减，必须有合适的相位补偿，否则显示的波形就会失真，从而引起测量误差。因此在使用之前，探极必须作适当的补偿调节。将探极 BNC 接到 CH1 或 CH2 输入端，将 VOLTS/DIV 设定为 5mV 档，将探极接到校准电压输出端，如图 3－36 所示调节探极上的补偿电容，使屏幕上波形到最佳方波。

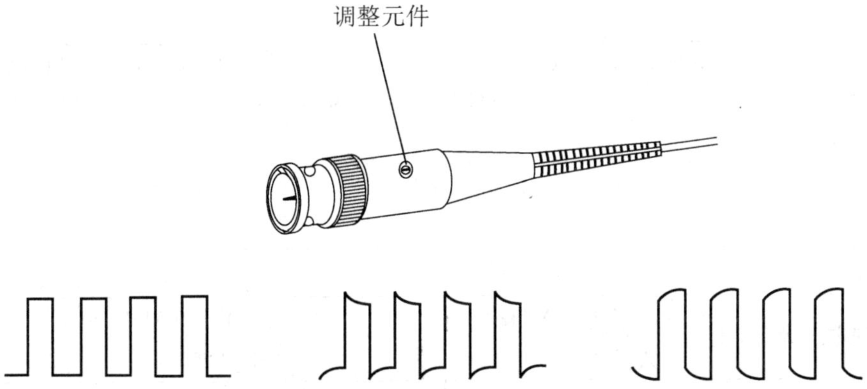

图 3－36　探极校准调节及波形变化示意图

3.6.6 技术指标

YB4325/45 技术指标见表 3-10。

表 3-10 YB4325/45 技术指标

<table>
<tr><th colspan="2">项目 数据 型号</th><th>YB4325</th><th>YB4345</th></tr>
<tr><td rowspan="14">垂直系统</td><td>偏转系数</td><td colspan="2">1mV～5V/DIV 1-2-5 进制分 12 档；误差±5%(1～2mV±8%)</td></tr>
<tr><td>偏转系数微调比</td><td colspan="2">≥2.5∶1</td></tr>
<tr><td rowspan="2">频带宽度
(－3dB)</td><td>5mV～5V/div DC～20MHz
1～2mV/div DC～10MHz</td><td>5mV～5V/div DC～40MHz
1～2mV/div DC～15MHz</td></tr>
<tr><td colspan="2">AC 耦合：频率下限(－3dB)10Hz</td></tr>
<tr><td>上升时间</td><td>5mV～5V/div 约 17.5ns
1～2mV/div 约 35ns</td><td>5mV～5V/div 约 8.8ns
1～2mV/div 约 23ns</td></tr>
<tr><td>瞬态响应</td><td colspan="2">上冲≤5%，阻尼≤5%(5mV/div)</td></tr>
<tr><td>工作方式</td><td colspan="2">CH1、CH2、双踪、叠加</td></tr>
<tr><td>相位转换</td><td colspan="2">180°(仅 CH2 通道可转换)</td></tr>
<tr><td>输入阻抗</td><td colspan="2">1MΩ±2%约 25pF；经探极：1MΩ±5%约 17pF</td></tr>
<tr><td>最大输入电压</td><td colspan="2">400V(DC＋Acpeak)频率≤1kHz</td></tr>
<tr><td>延迟时间</td><td></td><td>有：可观察到脉冲前沿</td></tr>
<tr><td>通道隔离度</td><td>30∶1 20MHz</td><td>30∶1 40MHz</td></tr>
<tr><td>共模抑制比</td><td colspan="2">1000∶1 50kHz</td></tr>
<tr><td rowspan="8">触发系统</td><td>触发源</td><td colspan="2">CH1，CH2，电源，外接</td></tr>
<tr><td>极性</td><td colspan="2">＋/－</td></tr>
<tr><td>耦合</td><td colspan="2">AC，高频抑制，TV，DC(TV 耦合能观察 TV-V 和 TV-H，由 TIME/div 自动转换，TV-V：0.5s～0.1ms/div；TV-H：50μs～0.1μs/div)</td></tr>
<tr><td>触发阈值</td><td>DC～20MHz：1.5div
(外：0.2V)</td><td>DC～40MHz：1.5div
(外：0.2V)</td></tr>
<tr><td>触发方式</td><td colspan="2">自动、常态、单次</td></tr>
<tr><td>电平锁定或触发交替</td><td>50Hz～20MHz 2div
外 0.25V</td><td>50Hz～40MHz 2div
外 0.25V</td></tr>
<tr><td>外接输入阻抗</td><td colspan="2">1MΩ±2%，约 35pF</td></tr>
<tr><td>最大输入电压</td><td colspan="2">100V(DC＋ACpeak)频率≤1kHz</td></tr>
</table>

续表

项目	型号/数据	YB4325	YB4345
水平系统	水平显示方式	A	
	A 扫描时基	0.1μs～0.5s/div，1-2-5 进制分 21 档 误差±5%(0～40℃)	
	扫描微调比	≥2.5∶1，连续可调	
	扫描释抑时间	可将释抑时间延长至最小扫描休止期的 8 倍以上，连续可调	
	延迟时间	1μs～5ms/div 连续可调	
	延迟晃动比		≤1∶10000
	线性误差	×1：±8%，扩展×10：±15%	
X-Y 工作方式	灵敏度	Y 同 CH2，X 同 CH1，误差±5%，扩展×10 ±10%	
	X 频带宽度－3dB	DC～1MHz-3dB	DC～2MHz-3dB
	X-Y 相位差	≤3°，DC～50kHz	≤3°，DC～100kHz
水平外接方式	阈值	约 0.1V/div，在 CHOP 方式时，可使用于外扫描观察两个相关信号的时间、相位。	
	频带宽度	到 1MHz-3dB	到 2MHz-3dB
触发系统	阈值	TTL 电平(负电平加亮)	
	频率范围	DC～5MHz	
	输入阻抗	约 5kΩ	
	最大输入电压	50V(DC+ACpeak)，频率≤1kHz	
探极信号	频率	方波：1kHz±2%	
	幅度	0.5Vp-p±2%	
示波管	类型	6 英寸，矩形屏	
	后加速电压	约 2kV	约 15kV
	有效显示面积	8×10div	
光标读出	光标测量功能	ΔV、ΔV%、ΔVdB、ΔT、1/ΔT、DUTY、PHASE	ΔV、ΔV%、ΔVdB、ΔT、1/ΔT、DUTY、PHASE
	光标显示格式	▽(变量) ▼(基准)	▽(变量) ▼(基准)
	光标分辨率	1/25div	1/25div
	从中心刻度到光标所在处有效宽度	垂直：±3div 水平：±4div	垂直：±3div 水平：±4div
	面板设定显示	V/div、垂直方式、反相、交替/断续、非校准、叠加(相减)、×10 扩展、探极(×1/×10)、X-Y、A T/D、TV-V/H	V/div、垂直方式、反相、交替/断续、非校准、叠加(相减)、×10 扩展、探极(×1/×10)、X-Y、A T/D、TV-V/H

续表

项目	型号/数据	YB4325	YB4345
其余特性	整机尺寸	310W×150H×440D(mm)	
	重量	约 8kg	
	适应电源	220V±10%，50Hz±2Hz	
	额定功率	约 40W	
	工作环境	0～40℃，85%RH	
	储存环境	－10～＋60℃，70%RH	

3.6.7 示波器的使用

1. 基本操作要点

显示水平扫描线：将示波器输入耦合开关接地(GND)，垂直工作方式开关置于交替(ALT)，扫描方式置于自动(AUTO)，扫描时间系数开关置于 0.5ms/div，此时在屏幕上应出现两条水平扫描线，如果没有，可能是因为辉度太低，或是垂直、水平位置不当，应加以适当调节。

2. 参数的测量

1）电压的测量

通过电压衰减器开关所示位置，直接从示波器上测量出被测电压的高度(刻度数)，然后换算成电压值。计算公式为 $U_{P-P}=V/div\times H$。

式中：H——被测信号峰—峰值高度；

V/div——电压衰减开关所示值。

在测量时应注意以下几点。

(1) 当被测信号是交流电压时，输入耦合方式应选择“AC”，调节 V/div 旋钮，使波形显示便于读数，如图 3 - 37 所示。

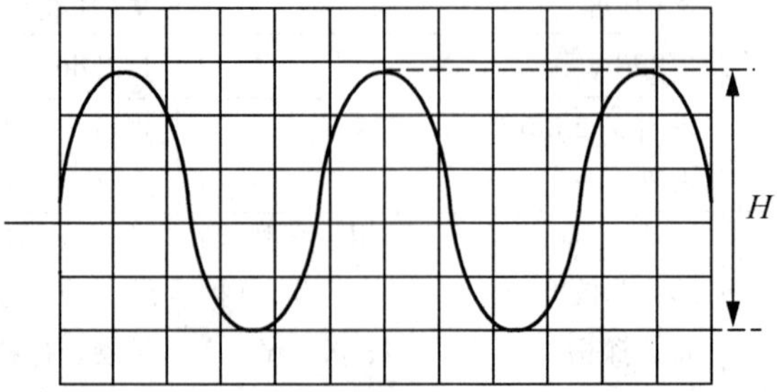

图 3 - 37　交流电压测量

(2) 当被测信号是直流电压时，应先把扫描线调整到零电平位置(即输入耦合方式选择“GND”，调节 Y 轴位移使扫描线在一合适的位置，此时扫描基线即为零点评基准线)，然后再将输入耦合方式选择到“DC”。如图 3－38 所示，根据波形偏离零电平基准线的垂直距离 H(div)及 V/div 的指示值，可以计算出直流电压的数值。

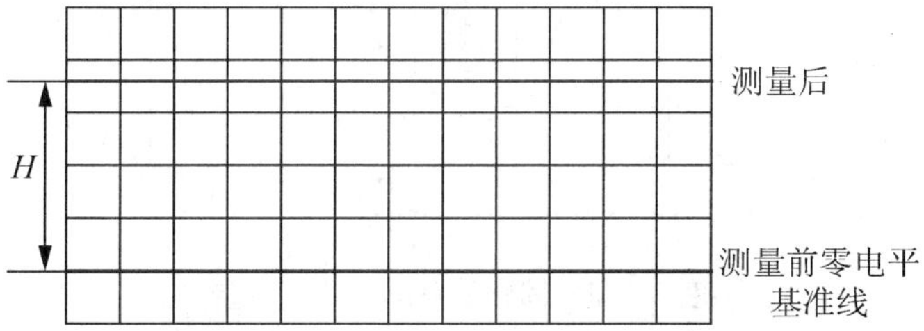

图 3－38　直流电压测量

2）电流测量

用示波器不能直接测量电流。若要观察电流波形，应该在电路中串入一个“取样电阻”，如图 3－39 所示的电阻 R。这是因为电路中的电流流过电阻 R 时，在电阻 R 两端得到的电压和 R 中的电流完全一样，测出 U_R 就得到了该电路的电流，即 $i=U_R/R$。

3）时间测量(周期或频率)

对信号的周期或信号任意两点间的时间参数进行测量时，首先水平微调旋钮必须顺时针旋至校准位置，然后调节有关旋钮，显示出稳定的波形，再根据信号的周期或需测量两点间的水平距离 D(div)，以及 t/div 旋钮的指示值，计算出时间为 $T=\text{t/div}\times D$。

图 3－40 所示，A、B 两点间的水平距离 D 为 7.4div，t/div 设置在 2ms/div，则周期为 $T=2\text{ms/div}\times7.4\text{div}=14.8\text{ms}$；对于周期性信号的频率测量，可先测出该信号的周期 T，再根据公式 $f=1/T$ 计算出频率。

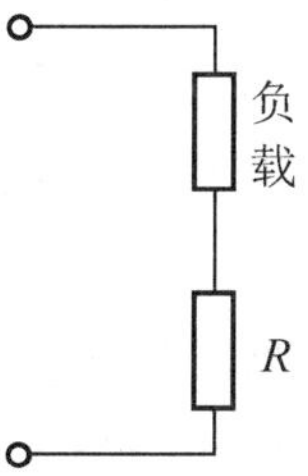

图 3－39　电流的测量

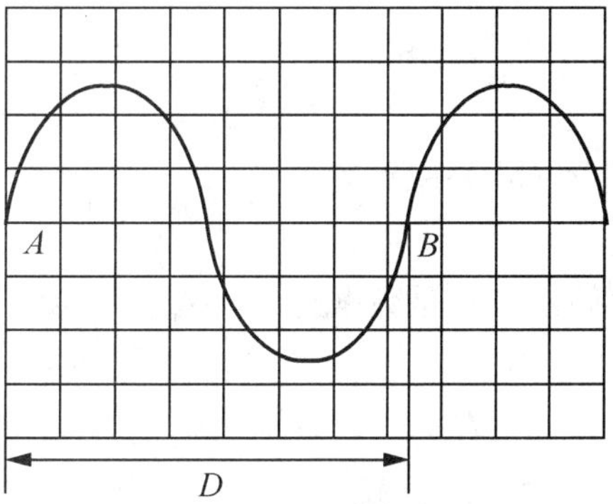

图 3－40　信号周期测量

4）测量两个同频率信号的相位差

将触发源开关置于双通道模式，在屏幕上显示出两个信号波形。由于一个周期是 360°，因此，根据信号一个周期在水平方向的长度 L(div)以及两个信号波形上对应点 A、B 间的水平距离 D(div)，如图 3－41 所示，按公式计算出两信号的相位差为 $\phi=360°D/L$。

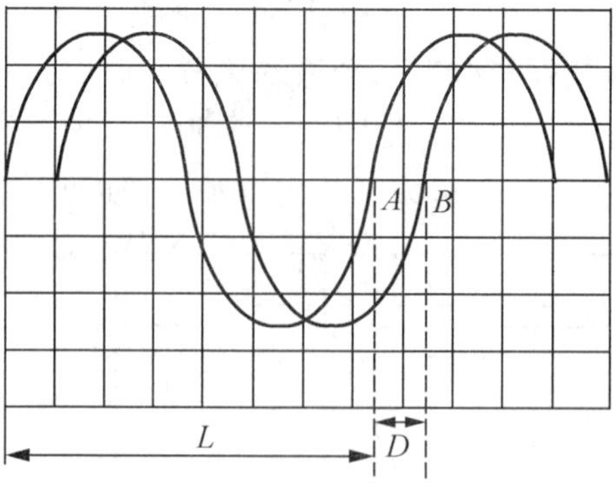

图 3-41　同频信号的相位差测量

3. 使用注意事项

为了安全、正确地使用示波器，必须注意以下几点。

（1）使用前，应检查电网电压是否与仪器要求的电源电压一致。

（2）显示波形时，亮度不宜过高，从而延长示波管的寿命。若中途暂时不观察波形，应将亮度调低。

（3）定量观察波形时，应尽量在屏幕的中心区域进行，以减小测量误差。

（4）被测信号电压（直流加交流的峰值）的数值不应超过示波器允许的最大输入电压。

（5）调节各开关、旋钮时，不要过分用力，以免损坏。

（6）探头和示波器应配套使用，不能互换，否则可能导致误差或波形失真。

3.7　数字存储仪器设备

3.7.1　数字存储示波器

数字存储示波器是数据采集、A/D 转换、软件编程等一系列的技术制造出来的高性能示波器。数字示波器一般支持多级菜单，能提供给用户多种选择，多种分析功能。还有一些示波器可以提供存储，实现对波形的保存和处理。目前，高端数字示波器主要依靠美国技术，对于 300MHz 带宽之内的示波器，目前国内品牌的示波器在性能上已经可以和国外品牌抗衡，且具有明显的性价比优势。

数字示波器因具有波形触发、存储、显示、测量、波形数据分析处理等独特优点，其使用日益普及。由于数字示波器与模拟示波器之间存在较大的性能差异，如果使用不当，将会产生较大的测量误差，从而影响测试任务。

1. 区分模拟带宽和数字实时带宽

带宽是示波器最重要的指标之一。模拟示波器的带宽是一个固定的值，而数字示

波器的带宽分为模拟带宽和数字实时带宽两种。数字示波器对重复信号采用顺序采样或随机采样技术所能达到的最高带宽为示波器的数字实时带宽，数字实时带宽与最高数字化频率和波形重建技术因子 K 相关(数字实时带宽＝最高数字化速率/K)，一般并不作为一项指标直接给出。从两种带宽的定义可以看出，模拟带宽只适合重复周期信号的测量，而数字实时带宽不作为一项指标直接给出。从两种带宽的定义可以看出，模拟带宽只适合重复周期信号的测量，而数字实时带宽则同时适合重复信号和单次信号的测量。厂家声称示波器的带宽能达到多少兆，实际上指的是模拟带宽，数字实时带宽是要低于这个值的。例如，TEK 公司的 TES520B 的带宽为 500MHz，实际上是指其模拟带宽为 500MHz，而最高数字实时带宽只能达到 400MHz 远低于模拟带宽。所以，在测量单次信号时，一定要参考数字示波器的数字实时带宽，否则会给测量带来意想不到的误差。

2. 采样速率

采样速率也称为数字化速率，是指单位时间内，对模拟输入信号的采样次数，常以 MS/s 表示。采样速率是数字示波器的一项重要指标。如果采样速率不够，容易出现混迭现象。

如果示波器的输入信号为一个 100kHz 的正弦信号，示波器显示的信号频率却是 50kHz。这是因为示波器的采样速率太慢，产生了混迭现象。混迭就是屏幕上显示的波形频率低于信号的实际频率，或者即使示波器上的触发指示灯已经亮了，而显示的波形仍不稳定。那么，对于一个未知频率的波形，如何判断所显示的波形是否已经产生混迭呢？可以通过慢慢改变扫速 t/div 到较快的时基档，看波形的频率参数是否急剧改变，如果是，说明波形混迭已经发生；或者晃动的波形在某个较快的时基档稳定下来，也说明波形混迭已经发生。根据奈奎斯特定理，采样速率至少高于信号高频成分的 2 倍才不会发生混迭，如一个 500MHz 的信号，至少需要 1GS/s 的采样速率。有如下几种方法可以简单地防止混迭发生。

(1) 采用自动设置(Autoset)，试着将收集方式切换到包络方式或峰值检测方式，因为包络方式是在多个收集记录中寻找极值，而峰值检测方式则是在单个收集记录中寻找最大最小值，这两种方法都能检测到较快的信号变化。

(2) 如果示波器有 Insta Vu 采集方式，可以选用，因为这种方式采集波形速度快，用这种方法显示的波形类似于用模拟示波器显示的波形。

3. 采样速率与 t/div 的关系

每台数字示波器的最大采样速率是一个定值。但是，在任意一个扫描时间 t/div，采样速率 fs 由下式给出：

$$fs=N/(t/\mathrm{div})$$

式中：N——每格采样点。

当采样点数 N 为一定值时，fs 与 t/div 成反比，扫速越大，采样速率越低。

综上所述，使用数字示波器时，为了避免混迭，扫速档最好置于扫速较快的位置。如果想要捕捉到瞬息即逝的毛刺，扫速档则最好置于主扫速较慢的位置。

4. 数字示波器的上升时间

在模拟示波器中，上升时间是示波器的一项极其重要的指标。而在数字示波器中，上升时间甚至都不作为指标明确给出。由于数字示波器测量方法的原因，以至于自动测量出的上升时间不仅与采样点的位置相关，如图 2 中 a 表示上升沿恰好落在两采样点中间，这时上升时间为数字化间隔的 0.8 倍。图 2 中的 b 的上升沿的中部有一采样点，则同样的波形，上升时间为数字化间隔的 1.6 倍。另外，上升时间还与扫速有关。

模拟示波器的上升时间与扫速无关，而数字示波器的上升时间不仅与扫速有关，还与采样点的位置有关，使用数字示波器时，我们不能像用模拟示波器那样，根据测出的时间来反推出信号的上升时间。

5. 数字示波器自动检定系统

随着电子技术的发展，数字示波器凭借数字技术和软件大大扩展了工作能力，早期产品的取样率低、存在较大死区时间、屏幕刷新率低等不足得到较大改善，以前难以观察的调制信号、通讯眼图、视频信号等复合信号越来越容易观察。数字示波器可以对数据进行运算和分析，特别适合于捕获复杂动态信号中产生的全部细节和异常现象，因而在科学研究、工业生产中得到了广泛的应用。为了让示波器工作在合格的状态，对示波器定期、快速、全面地检定，保证其量值溯源，是摆在测试工程师面前的一项紧迫任务。

手工检定效率低，容易出错，对每一种示波器的检定需要测试工程师翻阅大量的资料；自动测试系统具有准确快速地测量参数、直观地显示测试结果、自动存储测试数据等特性，是传统的手工测试无法达到的。用自动测试系统实现对示波器的程控检定将会是仪器检定的趋势。

GPIB、VXI、PXI 是自动测试系统标准总线，GPIB 以性能稳定、操作方便、价格低廉赢得用户的认可。

6. 数字示波器优缺点

优点如下。

(1) 体积小，重量轻，便于携带，液晶显示器。

(2) 可以长期贮存波形，并可以对存储的波形进行放大等多种操作和分析。

(3) 特别适合测量单次和低频信号。测量低频信号时没有模拟示波器的闪烁现象。

(4) 更多的触发方式。除了模拟示波器不具备的预触发，还有逻辑触发、脉冲宽度触发等。

(5) 可以通过 GPIB、RS232、USB 接口同计算机、打印机、绘图仪连接，可以打印、存档、分析文件。

(6) 有强大的波形处理能力，能自动测量频率、上升时间、脉冲宽度很多参数。

缺点如下。

(1) 失真比较大，由于数字示波器是通过对波形采样来显示，采样点数越少失真越大，通常在水平方向有 512 个采样点，受到最大采样速率的限制，在最快扫描速度及其附近采样点更少，因此高速时失真更大。

(2) 测量复杂信号能力差，由于数字示波器的采样点数有限以及没有亮度的变化，使得很多波形细节信息无法显示出来，虽然有些可能具有两个或多个亮度层次，但这只是相对意义上的区别，再加上示波器有限的显示分辨率，使它仍然不能重现模拟显示的效果。

(3) 可能出现假象和混淆波形，当采样时钟频率低于信号频率时，显示出的波形可能不是实际的频率和幅值。数字示波器的带宽与取样率密切相关，取样率不高时需借助内插计算，容易出现混淆波形。

3.7.2 国产数字产品简介

美国泰克(Tektronix)数字早已被世界各地的工程师所熟悉，在所有时间所有通道上提供了至少 5 倍的数字实时过采样率。这些数字存储示波器拥有专用前面板控制功能、自动测量功能和直观的用户界面，操作起来简单快捷。轻便的便携式设计适合于在工作台及现场进行测试。全球 80%的工程师使用泰克示波器来加快其设计的调试与测试工作。

对于普通高校基础实验室来说，配备美国泰克(Tektronix)数字存储示波器还显得有些力不从心。目前国产品牌的数字示波器在功能和质量上都有了长足的提高，以其较高的性价比赢得了学校基础实验室的青睐。下面对常州同惠电子有限公司的 TDO3000A/B 系列数字存储示波器(如图 3-42)等数字测量设备做一下简单介绍。

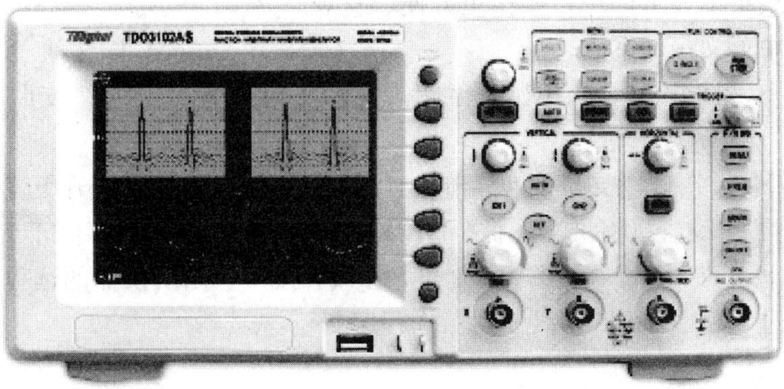

图 3-42 TDO3002A(S)数字存储示波器面板图

1. TDO3000A/B 系列数字存储示波器

TDO3000A/B系列数字存储示波器具备卓越的性能、强大的功能和小巧的体积。作为新一代的便携式中低价位普及型产品，该产品仍然提供了许多中、高档数字存储示波器具备的测量能力，使用户以极小的代价便能达到所需的测量目的。该系列产品提供 25、60、100 和 200MHz 四种带宽选择，最高 1GS/s 的实时采样率和 50GS/s 的等效采样率为用户精确地观察信号细节提供了保证。与此同时，标准配置的多种先进特性将使测量过程更加方便快捷，如多种触发功能、光标和参数测量、数字滤波、波形录制、PASS/FAIL 判别、数学运算、FFT 频谱分析、多种通信接口等。

1）性能特点

（1）25MHz/60MHz/100MHz/200MHz 信号带宽最高 1GS/s 实时取样率，最高 50GS/s 等效取样率。

（2）5.6 英寸彩色 TFT LCD 液晶显示器，显示更加清晰，提供多种界面色彩选择。

（3）高达 2.4Mpts 存储深度，可以看到更多细节。

（4）每个通道衰减、位移独立调节。

（5）边沿、脉宽和视频触发功能，并且提供交替触发功能，以稳定显示异步信号。

（6）独特的可变触发灵敏度，适应不同场合的特殊测量要求。

（7）加、减、乘和 1024 点 FFT 等多种数学运算功能。

（8）多达 24 种参数的自动测量功能。

（9）丰富的光标测量功能：手动光标、自动光标和追踪光标。

（10）实用的低通、高通、带通、带阻数字滤波器，可以设定相应的截止频率。

（11）独特的波形录制和回放功能。

（12）PASS/FAIL 检测功能，光电隔离的 PASS/FAIL 输出端口。

（13）内置 5 位硬件频率计。

（14）自动校准功能。

（15）多种语言菜单显示。

（16）弹出式菜单显示，用户操作更方便、直观。

（17）内嵌中英文帮助系统。

（18）内部 10 组设置和 10 组轨迹存储，外部支持设置、轨迹、波形、BMP 位图和 CSV 文件存储。

（19）USB Host 接口，支持 U 盘存储，并可通过 U 盘进行软件升级。

（20）PRINT 按键直接将屏幕图像(BMP)或者波形数据(CSV)存储于 U 盘。

（21）USB Device、LAN(仅 B 系列)和 RS232C 接口，用于仪器的远程连接。

（22）可通过 USB HOST 升级仪器工作程序。

2）卓越的信号观察能力

TDO3000A/B 系列使用明亮、清晰的分辨率为 320 × 234 点阵的 5.6 英寸彩色 TFT LCD 显示器，几乎可以从任何角度快速地观察信号。与需要一直打开菜单的传统示波器不同，TDO3000A/B 的整个 5.6 英寸显示屏可以根据需要用于波形显示。单键 MENU ON/OFF 可在更大的显示区域看到更多信号信息，选择关闭菜单时可增加接近 25%的显示面积，如图 3-43、图 3-44 所示。

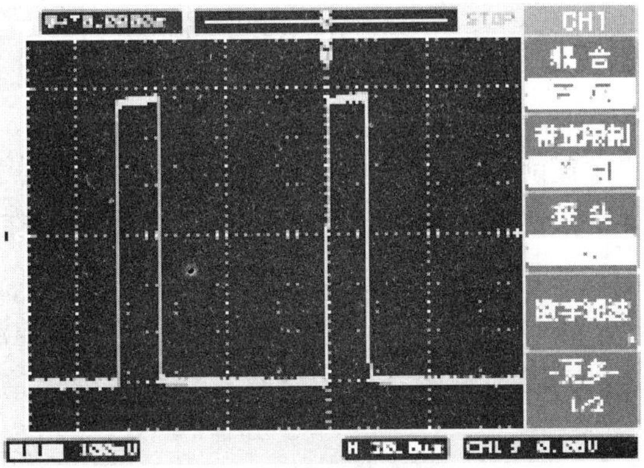

图 3-43　打开菜单时的波形显示

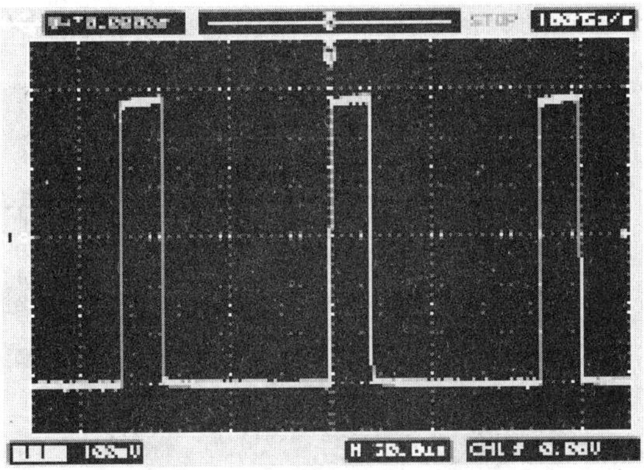

图 3-44　关闭菜单时的波形显示

深存储，捕获更多信息：TDO3000A/B 所有型号每个通道都标配最高达 2.4Mpts 的采样存储深度，使用非常方便。

示波器即使使用较慢的时基设置，也能保持高采样率，以便能够更深入地观察信号细节，如图 3-45 所示。在特定的采样速度下，采样点数越多，也就意味着看到的时间越长。

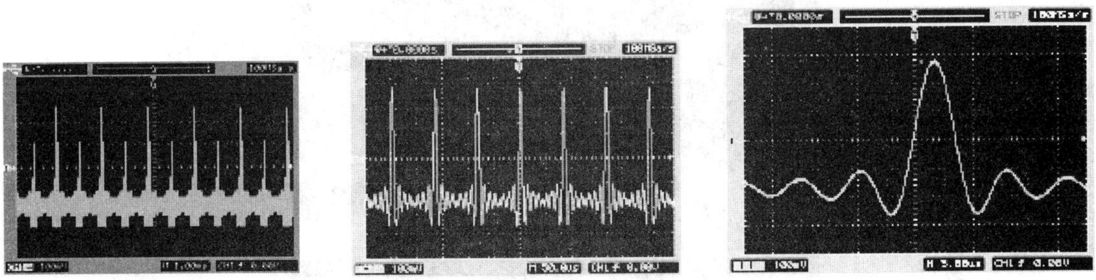

图 3-45　深存储波形显示

延迟扫描模式可以同时查看整体信号和信号细节，使用延迟扫描模式，可以同时观察波形的全貌和波形的细节，可以在查看一段较长时间记录的同时在缩放窗口中观察信号的细节。

3）强大的测量功能

TDO3000A/B系列示波器是信号测量的有力助手，方便快捷的功能选择使测试工作更加简单。

（1）自动设置。自动设置能让用户快速捕获任何活动信号，使用自动设置功能可以良好地配置垂直、水平和触发控制以获得最佳的信号显示。再选择在当前显示窗口以单周期或多周期显示被测信号。

（2）运行控制。RUN/STOP模式：可连续观察波形或将当前波形固定显示于屏幕。

SINGLE模式：自动识别满足触发条件的信号，立即采样该信号并固定显示，尤其适用于捕捉单次信号。

（3）波形运算和FFT。TDO3000A/B系列提供对两个输入通道的信号进行加法、减法和乘法运算或对输入信号进行1024点FFT(快速傅里叶变换)，如图3－46、图3－47所示。很多时候，用户可能关心信号的其他特性，如通常会对时域信号进行一些加法(信号

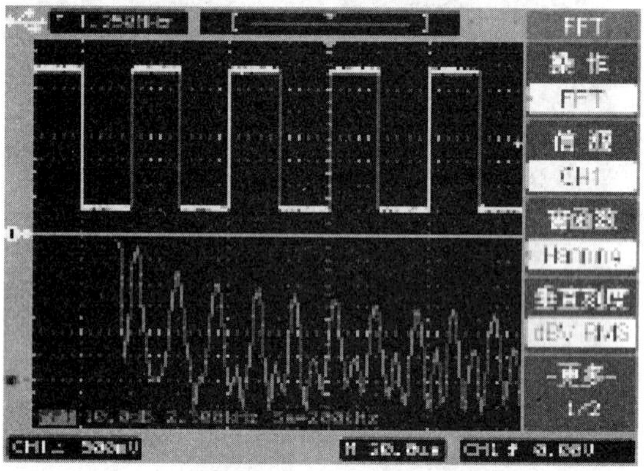

图3－46　输入信号FFT分析(dBV)

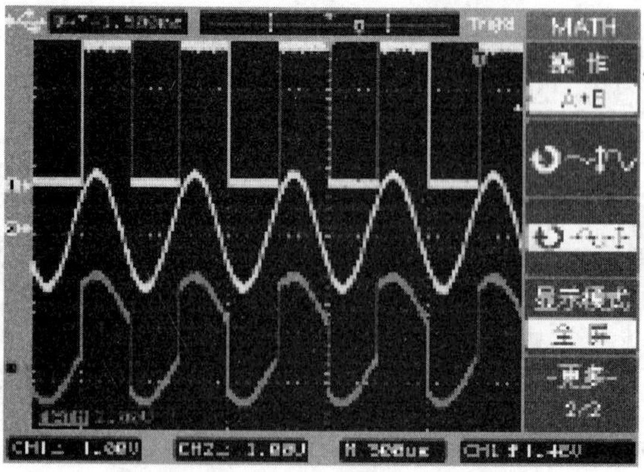

图3－47　通道1和通道2加法操作

叠加)、减法(消除噪声分量或差分等)、乘法(混频等)处理，有时用户可能更关心的是信号的频域特性，仪器支持 Rectangular、Hanning、Hamming、Blackman、Flattop 5 种窗函数下的 FFT 分析。FFT 分析的谱线幅度可以以线性或 dBV(RMS)方式显示。

(4) 自动校准。仪器的自动校准功能用于示波器的垂直、水平和触发系统。使用自动校准功能可使仪器工作于最佳测量准确度。

(5) 24 种参数自动测量。所有型号的 TDO3000A/B 系列示波器都标配有 24 种自动电压和时间测量项目。可以选择 3 种最常用的项目进行测量或者在屏幕上同时显示出一个通道的所有测量项目自动测量既节省了目视观察的时间，同时又能获得准确的结果，如图 3-48 所示。TDO3000A/B 系列提供了方便的波形测量设定方法，无须繁复的操作便能获得所需的波形测量数据，方便观察各种类型信号。

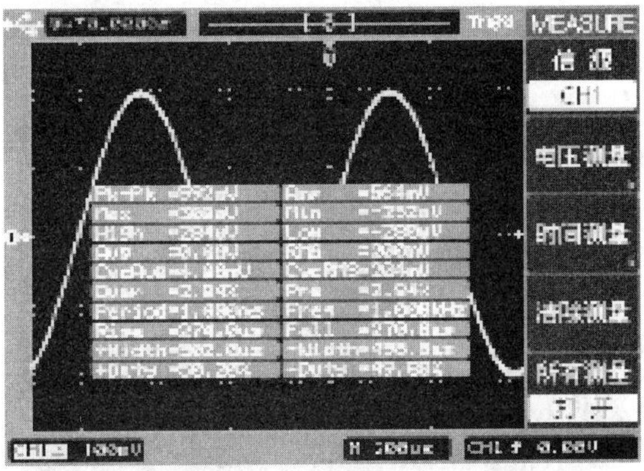

图 3-48　参数的自动测量显示

滚动模式：准确测试慢速信号是数字示波器的极大特点。使用滚动模式，可以观察速度极慢信号的变化，如图 3-49 所示。

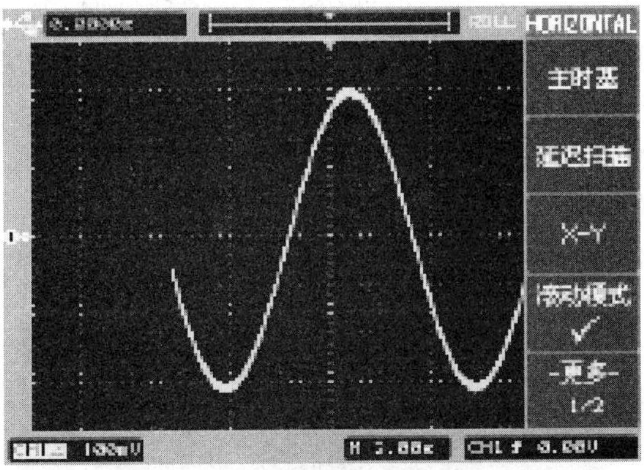

图 3-49　滚动模式测量慢速信号

X-Y 模式：选定该模式，水平轴为 CH1 电压，垂直轴为 CH2 电压，显示李沙育图形并由此计算出同频信号的相位差，如图 3-50 所示。

视频触发：仪器可在 N T S C、PAL/SECAM 标准视频信号的行或场上触发同步，测量全电视信号波形，如图 3－51 所示。

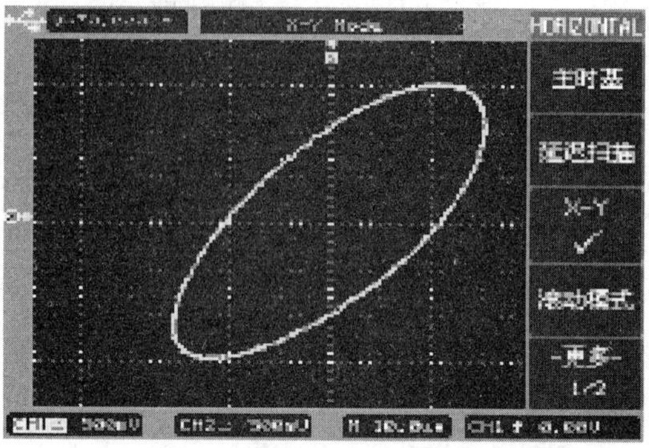

图 3－50　X－Y 模式测量李沙育图

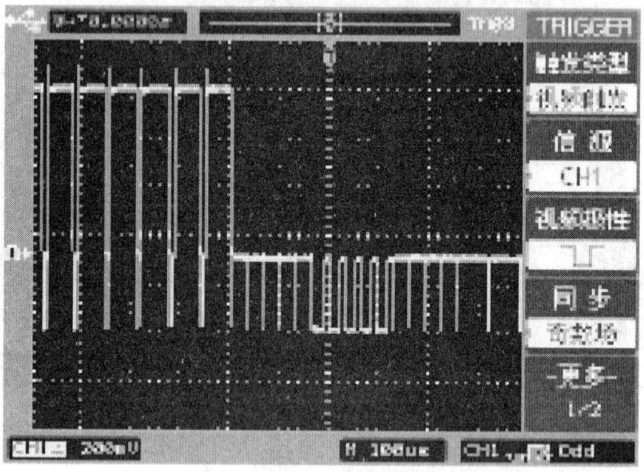

图 3－51　视频触发测量全电视信号

（6）更多功能如下。

① 数字滤波器。仪器提供多种数字滤波器选择，包括低通、高通、带通和带阻滤波器。用户可以对采集信号要求进行滤波处理以获得希望的结果。可以利用数字滤波器来模拟硬件滤波的效果；利用数字滤波器滤除混叠的噪声或误差信号以清楚地观察感兴趣的信号等，如图 3－52、图 3－53 所示。可任意设定所需数字滤波器的 3dB 上限或下限截止频率。

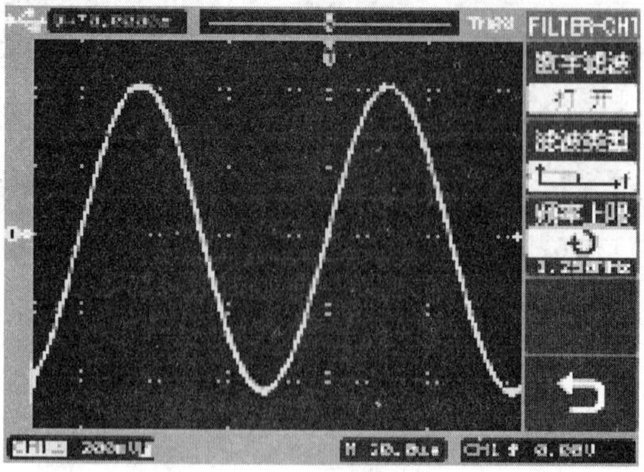

图 3－52　含有噪声的信号

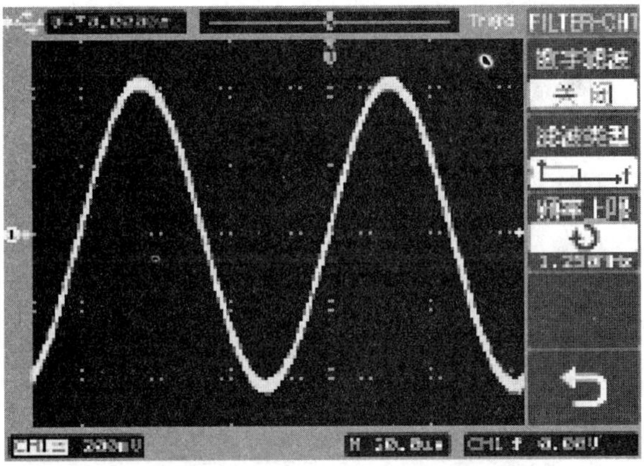

图 3-53　经数字低通滤波后结果

② 波形录制回放功能。当需要对一段时间内的信号进行记录和分析时，TDO3000A/B 系列可以连续长时间记录数据，以帧的形式存储波形数据，连续存储多达 1000 帧，帧的时间间隔可设置，最小 1ms，最大 1000s。TDO3000A/B 系列支持波形连续回放功能，或观察其中的任一帧，轻松找出毛刺或异常。示波器可以将波形存储到内部存储器或者外部存储器(闪盘)中。

③ PASS/FAIL 合格/不合格比较判别。生产线信号检测经常是对同一种信号进行判别以决定质量的合格与否(信号的符合程度)，TDO3000A/B 可以自动把采集的信号与预先存储的信号模板相比较，从而简单地对信号合格与否进行判别，减少人为判别误差并且更加快捷，如图 3-54 所示。

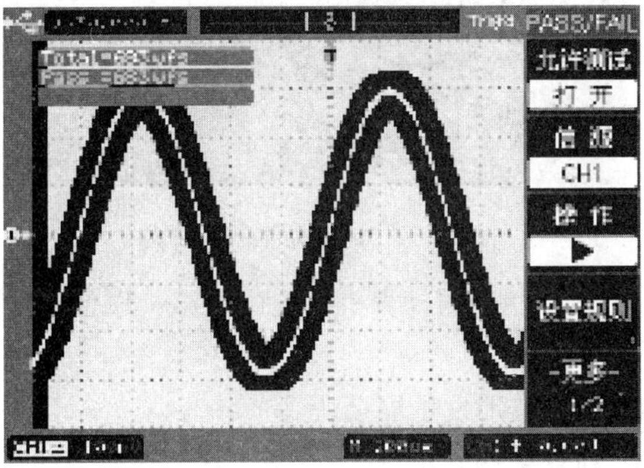

图 3-54　PASS/FAIL 设置与测量

4）灵活的人机对话方式快捷的操作

示波器的两个输入通道、时基、触发通道和功能区分别对应不同操作区域，且当某主要功能工作时对应的按键用柔和的灯光指示，使仪器操作既方便易行又具人性化，如图 3-55 所示。

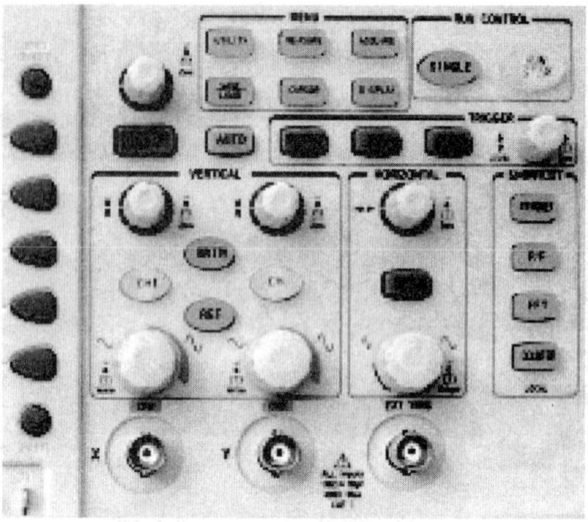

图 3－55　面板操作部分

仪器提供了多种接口供选择。USB HOST 可将图形文件(BMP 位图、CSV 文件格式)存储于 USB 盘上，或直接使用 PRINT 键将屏幕图像(BMP)或者波形数据(CSV)存储于 U 盘，如图 3－56 所示。

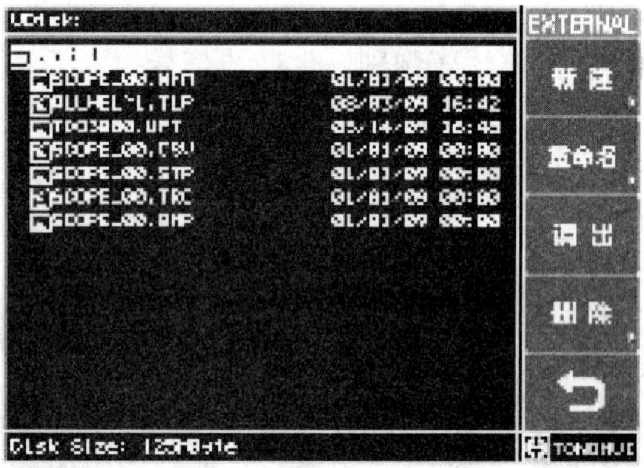

图 3－56　U 盘文件存储格式

USB DEVICE 和 RS232C 用于与计算机系统的通讯，以便于对仪器进行控制或用于波形数据传输。

5）特有的内置函数/任意波形发生器模块

(1) 业界第一个嵌入到数字存储示波器的函数/任意波形发生器模块。

(2) 采用先进的 DDS 技术，得到精确、稳定、低失真的输出信号。

(3) 200MSa/S 采样率，12b 垂直分辨率。

(4) 10MHz/20MHz/40MHz 正弦波/方波信号最高频率。

(5) 10MHz 的脉冲信号最高频率。

(6) 内置最高频率为 1MHz 的三角波、抽样函数、梯形波等 30 种常用波形。

(7) 内置 AM、FM、PWM、FSK、PSK 和偏置调制等丰富的调制功能。

(8) 1μHz～10MHz/1μHz～20MHz/1μHz～40MHz 的扫频，可以正向扫描、反向扫描和往返扫描。

(9) 可实现三角波、抽样函数、梯形波等 30 种常用波形的突发功能。

(10) 8Kpts 任意波存储深度。

(11) 真正意义上实现了示波器与函数/任意波形发生器之间的无缝连接。

6) 主要技术参数

主要技术参数见表 3-11 和表 3-12。

表 3-11　TDO3000A/B 系列数字存储示波器技术参数

型号	TDO3022A/ TDO3022AS	TDO3062A/ TDO3062AS/ TDO3062B/ TDO3062BS	TDO3102A/ TDO3102AS TDO3102B/ TDO3102BS	TDO3202B /TDO3202BS
采样系统				
最高实时采样率	A 系列：400Msps　　B 系列：1Gsps			
最高等效采样率	10GS/s	A 系列：20Gsps　　B 系列：50Gsps		
存储深度	单通道最高 2.4Mpts　　双通道最高 1.2Mpts			
垂直分辨率	8Bits			
采样模式	采样、峰值检测、平均			
自动设置	自动调节垂直增益(V/div)，水平时基(s/div)，触发方式为“自动”			
垂直系统				
通道数	2 个模拟输入通道，1 个外部触发输入通道			
带宽	25MHz	60MHz	100MHz	200MHz
输入耦合	直流 DC、交流 AC、接地 GND			
带宽限制(－3dB)	无	20MHz		
上升时间	＜14.0ns	＜5.83ns	＜3.50ns	＜1.75ns
垂直灵敏度(V/div)	A 系列：2mV/div～5V/div 1-2-5 进制，B 系列：2mV/div～10V/div 1-2-5 进制			
垂直准确度	2mV/div，5mV/div　±4%×读数±0.1 格×电压/格+0.5mV； 10mV/div～10V/div　±3%×读数±0.1 格×电压/格+1mV			
垂直偏置范围	距屏幕中心±8 格			
探头衰减系数	×1，×10，×100，×1000			
输入阻抗	1MΩ ∥ 18pF			
通道间延迟	两个通道刻度和耦合设置相同的时候±150ps			
最大输入电压	400V(DC+AC 峰值，@1MΩ)			
探头补偿输出	3Vp-p，1kHz			

续表

<table>
<tr><td colspan="2">型号</td><td>TDO3022A/
TDO3022AS</td><td>TDO3062A/
TDO3062AS/
TDO3062B/
TDO3062BS</td><td>TDO3102A/
TDO3102AS
TDO3102B/
TDO3102BS</td><td>TDO3202B
/TDO3202BS</td></tr>
<tr><td colspan="6">水平系统</td></tr>
<tr><td colspan="2">时基范围(1－2－5进制)</td><td>10ns～50s/div</td><td colspan="2">A系列：5ns～50s/div；B系列：2ns～50s/div</td><td>2ns～50s/div</td></tr>
<tr><td colspan="2">水平采样模式</td><td colspan="4">主时基、延迟扫描、X－Y、滚动</td></tr>
<tr><td colspan="2">时基准确度</td><td colspan="4">±0.01%</td></tr>
<tr><td rowspan="3">XY模式</td><td>输入</td><td colspan="4">X－轴输入(水平)：通道1(CH1)　Y－轴输入(垂直)：通道2(CH2)</td></tr>
<tr><td>带宽</td><td>25MHz</td><td>60MHz</td><td>100MHz</td><td>200MHz</td></tr>
<tr><td>相位差</td><td colspan="4">±3°</td></tr>
<tr><td colspan="6">触发系统</td></tr>
<tr><td colspan="2">触发方式</td><td colspan="4">自动、普通、单次</td></tr>
<tr><td colspan="2">触发源</td><td colspan="4">CH1、CH2、EXT、EXT/5、LINE、交替</td></tr>
<tr><td colspan="2">触发耦合方式</td><td colspan="4">直流、交流、低频抑制、高频抑制</td></tr>
<tr><td colspan="2">触发模式</td><td colspan="4">边沿、脉宽、视频</td></tr>
<tr><td colspan="2">触发电平范围</td><td colspan="4">内部：距屏幕中心±8格　EXT：±1.6V　EXT/5：±8V</td></tr>
<tr><td colspan="2">触发灵敏度</td><td colspan="4">0.1～1.0div用户可以调节</td></tr>
<tr><td colspan="2">EXT输入阻抗</td><td colspan="4">1MΩ‖18pF</td></tr>
<tr><td colspan="2">EXT最大输入电压</td><td colspan="4">400V(DC+AC峰值，@1MΩ)</td></tr>
<tr><td colspan="6">信号测量</td></tr>
<tr><td colspan="2">电压测量项目</td><td colspan="4">最大值、最小值、峰峰值、高端值、低端值、幅值、平均值、均方根值、周期平均、周期均方根、过冲、预冲</td></tr>
<tr><td colspan="2">时间测量项目</td><td colspan="4">频率、周期、上升时间、下降时间、正脉宽、负脉宽、正占空比、负占空比、延迟、相位、X at MAX、X at MIN</td></tr>
<tr><td colspan="2">数学功能</td><td colspan="4">A+B，A－B，A×B，FFT(1024点)</td></tr>
<tr><td colspan="2">光标测量</td><td colspan="4">手动、自动、追踪</td></tr>
<tr><td colspan="2">硬件频率计</td><td colspan="4">五位，计数可达示波器带宽</td></tr>
<tr><td colspan="6">存储与接口</td></tr>
<tr><td colspan="2">内部存储</td><td colspan="4">10组设置、10组轨迹</td></tr>
<tr><td colspan="2">文件通讯格式</td><td colspan="4">设置、波形、轨迹、BMP位图、CSV文件</td></tr>
<tr><td colspan="2">接口</td><td colspan="4">USB HOST、USB DEVICE、RS232C、PASS/FAIL OUT、LAN(仅B系列)</td></tr>
</table>

续表

型号		TDO3022A/ TDO3022AS	TDO3062A/ TDO3062AS/ TDO3062B/ TDO3062BS	TDO3102A/ TDO3102AS TDO3102B/ TDO3102BS	TDO3202B /TDO3202BS
显示系统					
显示器类型		TFT LCD 显示器，5.6 英寸			
分辨率		320(水平)×234(垂直)点阵			
显示颜色		24 位真彩色			
菜单可选语言		简体中文、繁体中文、英文等多种语言			
波形显示	范围	菜单开：8 格(垂直)×10 格(水平)即 200(垂直)×250(水平)点阵 菜单关：8 格(垂直)×12 格(水平)即 200(垂直)×300(水平)点阵			
	类型	点/矢量			
	内插方式	(Sinx)/x、线性			
	余辉	关 /无限			
	格式	YT/XT			
一般技术指标					
工作温度、湿度		0～40℃，≤90%RH			
电源		99～242V AC，47～440Hz			
功耗		≤ 50VA			
外形体积		320mm(W)×156.5mm(H)×123mm(D)			
净重量		约 2.8kg			

表 3-12　函数/任意波形发生器模块技术参数

型号	TDO3022AS	TDO3062AS/ TDO3062BS	TDO3102AS/TDO3102BS/TDO3202BS
频率特性			
正弦波、方波	1μHz～10MHz	1μHz～20MHz	1μHz～40MHz
脉冲波	1μHz～10MHz		
其他波	1mHz～1MHz		
分辨率	1μHz(正弦波和方波)，1MHz(脉冲波和其他波)		
频率误差	$\leqslant \pm 5\times10^{-4}$		
频率稳定度	$\pm 5\times10^{-5}$		

续表

型号	TDO3022AS	TDO3062AS/TDO3062BS	TDO3102AS/TDO3102BS/TDO3202BS
正弦信号特性			
谐波失真	5MHz 以下		−50dBc
	≤10MHz		−45dBc
	>10MHz		−40dBc
总谐波失真	20Hz～100kHz		≤0.2%
幅度特性			
幅度设置范围	在输出频率≤20MHz，幅度范围为 2mVpp～20 Vpp 在输出频率>20MHz，幅度范围为 2mVpp～6Vpp		
最高分辨率	2μVp-p		
幅度误差	≤±5%+1mV(频率 1kHz 正弦波)		
幅度稳定度	±2%/4 小时		
幅度平坦度(正弦波、方波、脉冲波)	≤5MHz ±5% >5MHz ±10%		
幅度平坦度(其他波)	≤50kHz ±5% >50kHz ±20%		
输出阻抗	50Ω		
AM 调制特性			
载波	正弦波、方波		
调制波	正弦波、方波、三角波等 30 种常用波形		
调制波频率	1mHz～1MHz		
调制深度	0%～120%		
FM 调制特性			
载波	正弦波、方波		
调制波	正弦波、方波、三角波等 30 种常用波形		
调制波频率	1mHz～1MHz		
调频频偏	0.1%～99.9%		
PWM 调制特性			
载波	脉冲波		
调制波	正弦波、方波、三角波等 30 种常用波形		
调制波频率	1mHz～1MHz		
宽度偏差	1%～99%		

续表

型号	TDO3022AS	TDO3062AS/TDO3062BS	TDO3102AS/TDO3102BS/TDO3202BS
FSK 调制特性			
载波	正弦波		
跳变频率	1μHz～10MHz	1μHz～20MHz	1μHz～40MHz
间隔时间	1ms～40s		
PSK 调制特性			
载波	正弦波		
跳变相位	0°～360°		
间隔时间	1ms～40s		
DCOM(偏置调制)特性			
载波	正弦波、方波		
调制波	正弦波、方波、三角波等 30 种常用波形		
调制波频率	1mHz～1MHz		
功能描述	实现载波和调制波的加法功能		
频率扫描特性			
波形	正弦波、方波		
频率范围(幅度≤6 Vpp)	1μHz～10MHz	1μHz～20MHz	1μHz～40MHz
频率范围(幅度>6 Vpp)	1μHz～10MHz	1μHz～20MHz	1μHz～20MHz
扫描类型	正向扫描、反向扫描和往返扫描		
扫描时间	1ms～500s		
突发(脉冲串)特性			
波形	正弦波、方波、三角波等 30 种常用波形		
计数	1～60000 个周期		
突发频率	1mHz～1MHz		

2. TH2825/TH2825A 型高速 LCR 数字电桥

TH2825/TH2825A 型高速 LCR 数字电桥是同惠电子有限公司重点推出的新一代元件参数测试仪器，如图 3－57 所示。该产品可提供高达 15ms/次的测量速度、50Hz～100kHz 十点测试频率、以 1mV 步进的 0.01～1.0V 可编程信号电平、5 位读数分辨率、多种源内阻选择和强大的测试功能，可满足生产线质量保证、进货检验及元件设计和评估的测量要求。

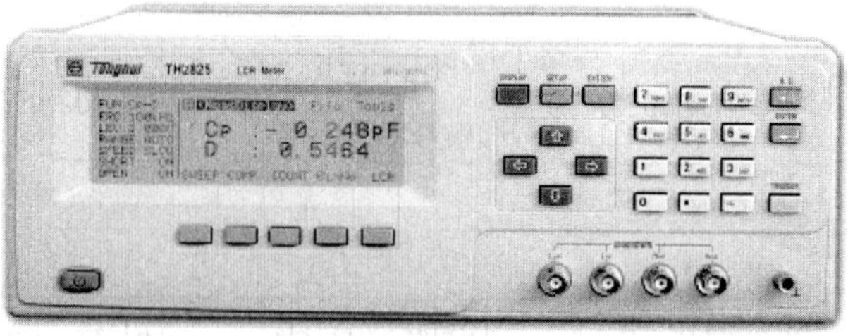

图 3－57　TH2825/TH2825A 型高速 LCR 数字电桥正面图

1）性能特点

（1）超高速测量：15ms(测试频率≥100Hz 时)。

（2）大型 LCD(240×64 点阵)显示。

（3）人性化引导式操作界面。

（4）50Hz～100kHz，10 个典型测试频率。

（5）10mVrms～1.0Vrms 可编程测试电平。

（6）内部 DC 偏流源最大可达 200mA(使用 25Ω 内阻)(仅 TH2825A)。

（7）精确的负载校准功能。

（8）4 种可选源阻抗模式，便于兼容不同 LCR 表的测试一致性。

（9）4 点频率/电平/偏流列表扫描功能。

（10）变压器参数测量能力(仅 TH2825A)。

（11）12 组内部仪器设定储存。

（12）内建 9 档比较器，分选及档计数。

（13）具有良品/不良品(Hi/Go/Low)警示声响判定功能。

（14）测试电平 V/I 监视功能。

（15）与 Agilent 4263B 兼容的 Handler 接口。

（16）与 Agilent 4263B 兼容的 IEEE—488 控制命令。

2）高速测量

该产品运用了元件测试领域的最新技术，测试能力可达到甚至超越 Agilent 4363B 的水平，提供了无与伦比的最高测量速度 15ms/次，尤其是解决了长期困扰测试部门低频测试速度慢的难题，为低频元件如电解电容器、变压器的高速测试提供了解决方案。

3）多种可选的信号源阻抗模式

不同 LCR 表由于输出阻抗的不同可能得到不同的测试结果，TH2825/TH2825A 提供 5 种可选的阻抗模式以适应不同的需要，保证不同仪表间测试结果的一致性。恒电平模式适用于多层陶瓷电容器(MLCC)的测量。

陶瓷电容器(MLCC)对测试信号电平极为敏感，TH2825/TH2825A 能以恒定的高电平测试信号高速测量大容量陶瓷电容器，允许在恒定 1kHz/1Vrms 条件下对高达 30μF 的 MLCC 进行测试，100Hz 测量可对 300μF 电容器提供恒定的 1Vrms 测试信号。

4）强大的变压器测试能力

TH2825A具备变压器测试能力，使用专门的变压器测试夹具，无须改变测试线方式便可方便地测量匝数比（N，$1/N$），互感（M），初、次级电感（LA、LB），初、次级直流电阻（$DCR1$、$DCR2$）。有−5～5V偏置电压（仅TH2825A），可方便地用于通讯变压器和小功率扼流圈的测试。

5）与知名仪表的接口兼容性

该产品提供的HANDLER、GPIB接口及GPIB接口命令与Agilent4263B完全兼容，为与4263B的互换提供了良好的条件。

6）技术参数

技术参数见表3-13。

表3-13 主要技术参数

型号		TH2825	TH2825A
显示器		240×64点阵LCD显示器，5位读数分辨率	
测试参数	SCR参数	$\|Z\|$，R，X，G，B，C，L，Q，D，θ(deg)，θ(rad)	
	变压器参数	—	DCR，$DCR2$，M，N，$1/N$，LA，LB
测试频率		50Hz，60Hz，100Hz，120Hz，1kHz，10kHz，20kHz，40kHz，50kHz，100kHz，共10点	
测试电平		10mVrms～1.0Vrms，1mV步进<200mV，10mV步进≥200mV	
信号源内阻		25Ω，100Ω，25Ω/100Ω，C.V.（恒压）	
DC偏置电流（≥1kHz）		—	当100Ω内阻时，±50mA max 当25Ω内阻时，±200mA max
基本测量准确度		0.1%	
显示范围		$\|Z\|$，R，X	0.01mΩ～99.99MΩ
		G，B	0.0001μS～999.99S
		C	0.001pF～1.9999F
		L	0.001μH～99.9999kH
		Q	0.0001～9999
		D	0.0001～9999
		θ(deg)	−180.00°～180.00°
		θ(rad)	−3.1415～3.1415
		Δ%	−999.99%～999.99%
		—	Turns Ratio：0.001～9999.9
		—	DCR：0.1mΩ～99.99MΩ
		—	M，L2：0.001μH～99.99kH

续表

型号	TH2825	TH2825A
测量速度(≥100Hz)	快速：15ms①，中速：66ms，慢速：500ms	
等效电路	串联，并联	
量程方式	自动，保持/手动切换	
触发方式	内部，手动，外部，总线	
平均次数	1～255	
校准功能	开路，短路，负载校正	
测量端	5 端	
显示方式	直读，ΔABS，Δ%，V/I(电压/电流监示)，档号及档计数	
列表扫描	4 点频率，电平列表扫描测试	
比较器功能	九档(八档合格，一档不合格)	
	上超/合格/下超比较器	
存储器	12 组内部仪器设定供存储/调用	
接口	RS—232C，HANDLER，GPIB(选件)	

注：①快速测试时间包括 A/D、计算、主/副参数小字符显示比较判别。若包括测试参数大字符显示，最快测试时间另加 5ms。

3. TH1951/TH1961 5 1/2 位、6 1/2 位台式数字多用表

TH1951/TH1961 型 5 1/2 位、6 1/2 位数字多用表是一种快速、精确的电压/电流/电阻测试仪器，仪器提供 1200000 字最大读数，1000 次/秒的最快读数速率，0.0035%的直流电压准确度等一系列优良的性能和经济的价格为广大客户提供最优的选择。

TH1951/TH1961 简洁的前面板设计便于快捷地得到所需测量功能，大字符高亮度 VFD 显示器使测试观察一目了然，如图 3-58 所示。仪器具备 12 种测量功能，包括直流电压/电流、交流电压/电流、2 线/4 线电阻、频率/周期、导通、二极管测量、dB/dBm 功能，涵盖了基本的电量测试需求。

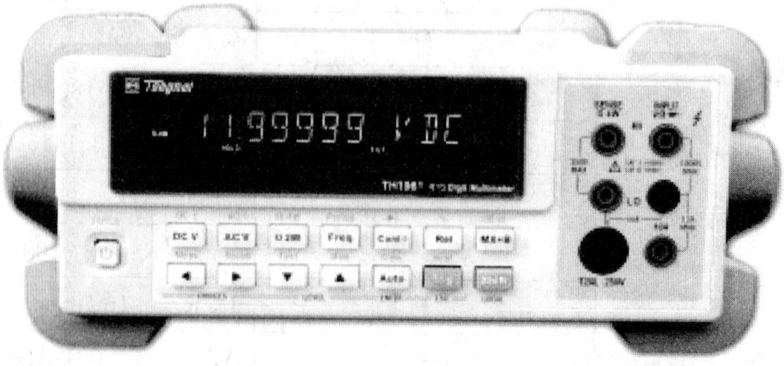

图 3-58 TH1951/TH1961 型数字多用表正面图

该仪器采用多项新技术，如高速低噪声的 26 位 A/D 转换技术，使该表具备很好的线性度和低噪声特性，快速伺服响应放大器、浮动电源及低漂移缓冲放大器构成伺服前端，达到消除传统衰减、减小零点漂移、提高测量速度的目的。机内采用 SMD 器件以减小整机密度，降低体积。

专门的输入过载保护电路，使输入端到地可承受1500V 的高压，且一旦过载后可快速恢复，从而保证仪器的安全性及可靠性。TH1951/TH1961 配备标准的 USB RS232C 和 GPIB 接口，同时可提供通用的通信软件以满足用户与计算机通讯、数据分析、统计，构建自动测试系统的需要。仪器接受 SCPI(可编程仪器的标准命令)命令，以保证通讯软件的兼容性。

1）性能特点

（1）TH1951 5 1/2 位显示(119999 字)；TH1961 6 1/2 位显示(1199999 字)。

（2）DCV/ACV、DCI/ACI、Ω2W/Ω4W、频率/周期、二极管、导通、dB/dBm 等 12 种测量功能。

（3）高亮度真空荧光管 VFD 显示。

（4）真有效值交流电压和电流测量，频宽高达 100kHz/300kHz。

（5）DCV 测量准确度高达 0.0035%，分辨率达 0.1μV。

（6）最高测试速率达 1000 次/秒。

（7）等精度频率测试高达 1MHz 以上。

（8）零点偏移(REL)测试模式消除残余读数。

（9）2 线(2W)、4 线(4W)电阻测试模式选择。

（10）内置 mX+b,%，dB，dBm 等数学运算功能。

（11）可存储 512 个读数，并执行 MAX/MIN/AVER/STD 统计。

（12）最高可存储 30000 个读数。

（13）极限功能(HI/IN/LO)用于快速测试分选。

（14）USB GPIB RS-232C 接口提供方便的系统通讯方式。

（15）非开盖校准。

（16）提供 10 组仪器状态供存储/调用。

2）技术参数

技术参数见表 3-14。

表 3-14　主要技术参数

测量功能	
测试参数	直流电压，交流电压，直流电流，交流电流，两线电阻，四线电阻，频率，周期，导通，二极管
数学功能	mX+b,%，dB，dBm，REL
量程	自动，手动

续表

显示器	全符号 VFD
触发方式	INT/MAN/BUS/EXT
可编程延时	0～6000ms
读数存储与统计	可储存 2 到 512 个读数并调用、统计； 统计类型：最大值，最小值，平均值，标准偏差
读数保持	在设定误差范围内对给定测试个数的数据块逐块寻找最佳稳定读数
极限测量	可进行 HI、IN、LO 状态的判别并显示，并可设置在任何状态下发出 ALARM 讯响(可开/关)
设置保存	10 组仪器状态供存储/调用
校准	仪器测量准确度的校准，使用 Fluke5520A 及 TH1951/TH1961 校准软件(选件)
通讯接口	USB、SCPI 命令编程支持，GPIB(选件)，RS232C(选件)

性能参数 不确定度的表示：±(读数的%+满度的%)

满度读数及读数速率(读数/秒)

读数速率		慢速		中速	快速
		TH1951	TH1961		
满度读数(字)		119999	1119999	119999	11999
读数速率(读数/秒)	DCV、DCI	4	2	16	57
	ACV、ACI	3	1.5	4	25
	Ω—2W	4	2	16	47

直流电压(DCV)

—	量程	最小分辨率	最高不确定度(1 年)
TH1951	100mV～1000V	1μV	0.010%+0.004%
TH1961	100mV～1000V	0.1μV	0.0035%+0.0005%

直流电流(DCI)

—	量程	最小分辨率	最高不确定度(1 年)
TH1951	10mA～10A	100nA	0.050%+0.004%
TH1961	10mA～10A	10nA	0.050%+0.004%

交流电压(ACV)(1kHz)

—	频宽	量程	最小分辨率	最高不确定度(1 年)
TH1951	10Hz～100kHz	100mV～750V	1μV	0.10%+0.10%
TH1961	5Hz～300KHz	100mV～750V	0.1μV	0.05%+0.03%

续表

交流电流(ACI)				
—	频宽	量程	最小分辨率	最高不确定度(1年)
TH1951	10Hz～10kHz	10mA～10A	100nA	0.25%+0.08%
TH1961	5Hz～10kHz	10mA～10A	10nA	0.10%+0.03%
电阻(Ω—2W/Ω—4W)				
—	量程	测试电流	最小分辨率	最高不确定度(1年)
TH1951	100Ω～100MΩ	0.7μA～1mA	1mΩ	0.030%+0.004%
TH1961	100Ω～100MΩ	0.7μA～1mA	100μΩ	0.01%+0.001%
频率(Frequency)				
—	测试范围	电压灵敏度	最小分辨率	最高不确定度(1年)
TH1951	5Hz～1.1MHz	40mV rms	10μHz	0.005%+0.002%
TH1961	5Hz～1.1MHz	40mV rms	1μHz	0.005%+0.002%

第4章

直流电路实验

工科专业的学生对直流电的知识已不再陌生，应该早在中学的物理课中就已接触到。进入大学后，在大学物理课中又加强了学习，并做了些简单的实验。在《电工学》中已是第3次学习这部分内容，当然，这次不再是简单的重复，而是全面、系统、深入地学习和实践。本章主要学习直流电阻电路实验的操作技能和测试方法，共有3个验证性实验，通过实验使学生进一步掌握电路定理等基本知识，同时让学生掌握常用测量仪器仪表的操作使用方法，学会电路的故障检查及参数测量。

4.1 基本组件的参数及其伏安特性的测试

4.1.1 实验目的

(1) 学习万用表和直流毫安表的使用方法。

(2) 练习用万用表、伏安法测量电阻值。

(3) 学习测量电压、电流的基本方法。

(4) 掌握线性电阻和非线性电阻的概念；掌握理想电压源和实际电压源的概念。

4.1.2 原理

电阻有专门制作的电阻组件，还有寄生电阻(或称固有电阻)，如导线、电灯泡、电机、电感线圈、仪表壳等都具有电阻，只不过有大有小而已。小于1欧的电阻称为小电阻，如导线的电阻，我们使用的电子沙盘上的插孔与导线的接触电阻，仅有几个毫欧；大于1欧姆小于0.1兆欧的称为中值电阻，这种电阻在工作中遇到的机会较多，如电灯泡、镇流器、一般的电阻器、电位器、小电机绕组，还有电流表、电压表测量线圈的电阻；大于0.1兆欧的电阻称为大电阻，如导线的外皮、接线柱的外壳、绕制变压器和电机绕组的漆包线上的绝缘漆、仪表的外壳、电子沙盘的基板。根据其特性又可分为线性电阻和非线性电阻。如常用的电阻器、电位器都属于线性电阻；二极管、晶体管、电灯泡的电阻值不是常数，可被抽象为非线性电阻。

由于电阻值相差很大，其测量工具及测量方法也有所不同，在物理学实验中已有详细介绍。在此，用直接测量法和间接测量法练习中值电阻的测量。

什么是直接测量法呢？顾名思义就是直接测量要测的那个物理量。测量电阻所用的工具有欧姆表、万用表、电桥。在这里只练习用万用表测电阻的方法，如果使用的是指针式万用表，应先选好倍率档位，再作欧姆调零：将两只表笔短接，转动调零电位器，使指针指向 0Ω 刻度，即可测试。被测电阻的阻值等于表针指出的刻度数乘以所选档位的倍数。以后，每更换一个档位都要重新调零。如果所用的是数字万用表，在表内电池电压正常的情况下方可测量电阻，在选好欧姆档位后先将两只表笔短接，表头所显示的数值为欧姆表的内阻，应将其记录下，然后测量被测器件的电阻，液晶屏上显示的数值减去欧姆表的内阻后方为被测电阻的阻值。

间接测量法，就是先测出其他物理量，再通过计算来获得所要的物理量。在此，我们给电阻两端加上电压，然后测出电阻两端的电压和流过电阻的电流，根据欧姆定律 $R=U/I$ 即可算出其阻值。这种测量法叫伏安法。

1. 组件的伏安特性

电阻器与电位器的伏安特性是以施加在它两端的电压 U 及流过该组件的电流 I 之间的关系来表征的。常以伏安特性 $U=f(I)$ 或 $I=f(U)$ 来表示。

线性电阻的阻值是常数，它两端的电压与流过的电流成正比，电阻器与电位器属于线性电阻。伏安特性曲线是一条通过原点的直线，如图 4-1 所示。它表明了线性电阻的 U、I 的比值 R 是一个常数，其大小与 U、I 的大小及方向无关。这说明线性电阻对不同方向的电流或不同极性的电压其性能是一样的，这种性质称为双向导电性。

非线性电阻的阻值不是常数，如电灯泡、二极管、稳压二极管等都可以抽象为一个非线性电阻组件，它们的伏安特性曲线不是直线而是曲线，如图 4-2 所示。本实验中加入非线性电阻的测试，仅仅为了与线性电阻相比较，以说明非线性的概念，实验对象选择了二极管，并不是为了研究它的完整特性，所以，只测其正向特性以说明问题。

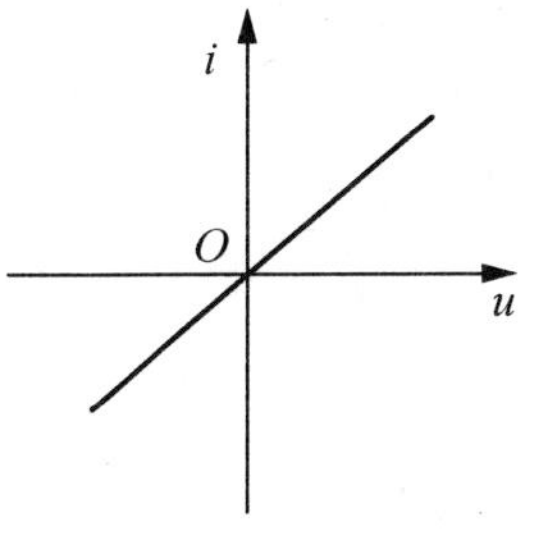

图 4-1　线性电阻伏安特性曲线

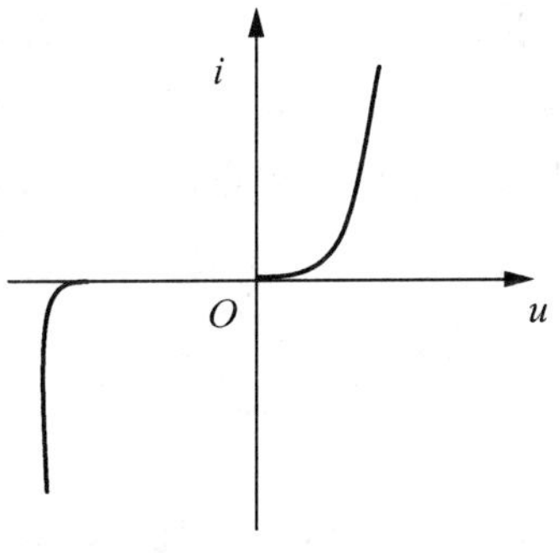

图 4-2　非线性电阻的伏安特性曲线

理想电压源的伏安特性：其端电压是固定的数值，无论负荷怎样变化，端电压保持一定，与通过它的电流无关。直流理想电压源的伏安特性曲线如图 4－3 所示。新的干电池或充满电的蓄电池，实验室里使用的稳压电源，在一定范围内具有这种特性。

实际电压源的伏安特性：在电路分析中，常把它用一个理想电压源与一个电阻串联的电路模型来描述，它的伏安特性曲线如图 4－4 所示。用了的干电池、蓄电池，还有身边的录放机使用的小电源，其伏安特性就是这样的。

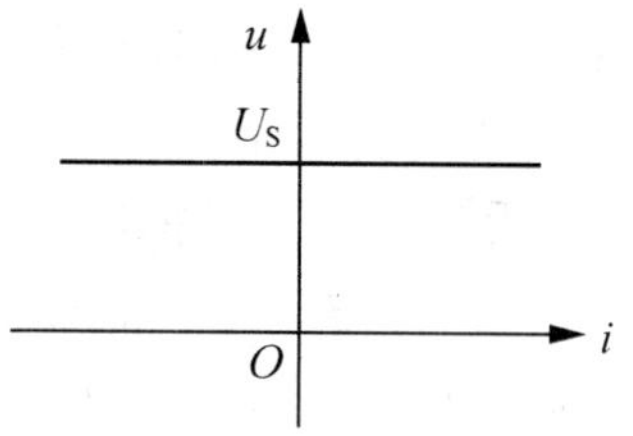

图 4－3 理想电压源的伏安特性曲线

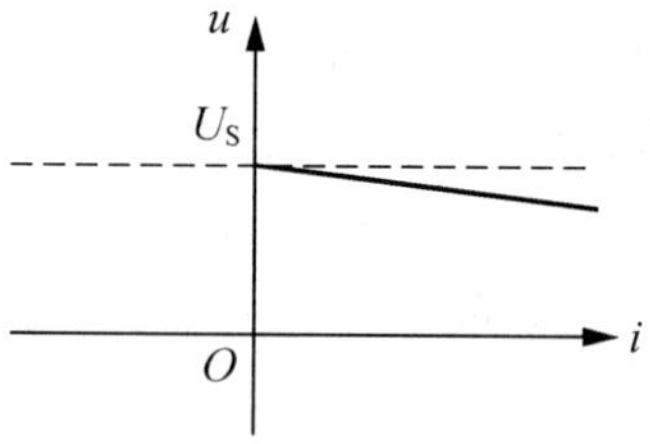

图 4－4 实际电压源的特性曲线

2. 电压与电流的测量

在本实验中的电量都是直流量。直流电压是有极性的，直流电流是有方向性的，直流测量仪表也是有极性的。在此，用万用表测电压，用毫安表测电流。

用万用表测量直流电压，首先调节万用表的旋钮指向 DC－V 的合适的档位(即选择量程)，这时万用表相当于一只直流电压表，测量时通过两只表针临时并联在被测电路的两端，红表笔一端为正极，要接高电位一侧，黑表笔一端为负极，要连到低电位一侧，连接反了指针式电表表针会反偏，应将两表笔对调后重测，但应记为负值；数字式电表则直接显示负值。

测量电流的毫安表是通过电流插头、插座串联在被测电路中的，要保证电流从毫安表的正极流入，负极流出，否则，表针反偏。毫安表是在测量时临时串入电路的，不是固定接入的，这样可一表多用。在 DZ－I 型电子沙盘上有 4 个电流插口(电流插口在电路中的表示符号如图 4－5 所示)，在需要测量电流的每条支路中要各串入一个电流插口。测量电流时，将电流插头插入电流插孔内，电流表就串入电路中了。电流插头是用双面覆铜板做的，涂红色标记的一侧焊接了一条红线，接到毫安表的正极测量端子上，另一侧的导线接到负极测量端子上，如图 4－6 所示。插入电流插口后若表针反偏时，拔出插头反过来再插入即可。由此，还可以确定电流在电路中的实际方向。

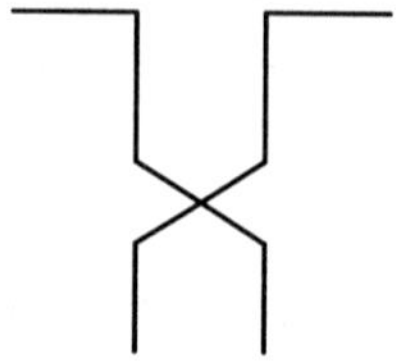

图 4－5 电流插口

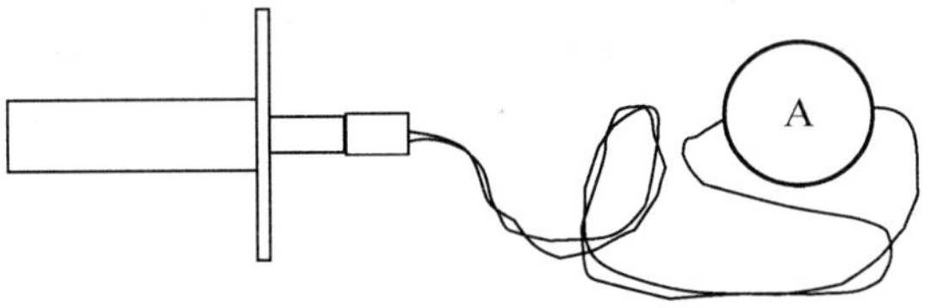

图 4-6 电流插头

4.1.3 实验内容及步骤

1. 电阻的测量

(1) 练习用万用表测量组件的电阻：测量表 4-1 中列出的元器件的阻值(每测完一个器件，作下记录，将器件放回原处，再找出另一个测试)。

表 4-1 各组件的阻值

元器件	电泡灯	镇流器	日光灯灯丝		三相交流电动机绕组		
阻值/Ω							

(2) 从组件盒里取两个电阻并测出它们的阻值，然后在“DZ-I”型电子沙盘上把它们做串联连接，用万用表测出串联后的总电阻。串联电路的原理图如图 4-7(a)所示(要串入一个电流插口)。把测量值记入表 4-2。

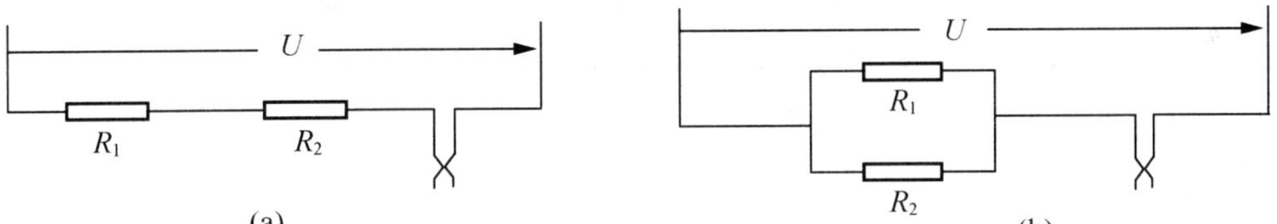

(a) (b)

图 4-7 电阻的串联、并联电路

(a)电阻的串联电路；(b)电阻的并联电路

表 4-2 直接测量的结果

组件	R_1	R_2	串联	并联
阻值/Ω				

(3) 用伏安法测量串联电阻。在串联电路两端接上 3V 的电压(用干电池或稳压电源)，然后用毫安表测量串联电路中的电流，用万用表测量电压。测量值记入表 4-3 中。

(4) 把两个电阻改为并联连接，如图 4-7(b)所示，用万用表测出并联电阻值。记入表 4-2 中。

(5) 在并联电路两端接上 3V 的电压，测量其电流、电压，记入表 4-3 中。计算阻值。

表 4-3　用伏安法测量的结果

	串联	并联
电压/V		
电流/mA		
电阻/Ω		

2. 组件伏安特性的测量

1）测量线性电阻的伏安特性

取 R=200Ω 的电阻作为被测组件，2.2kΩ 的电位器作分压器。按图 4-8 接好线路（实验用直流电源可用直流稳压电源，也可用干电池组）。根据表 4-4 中给定的参考电压值，测出对应的电流值并记录。

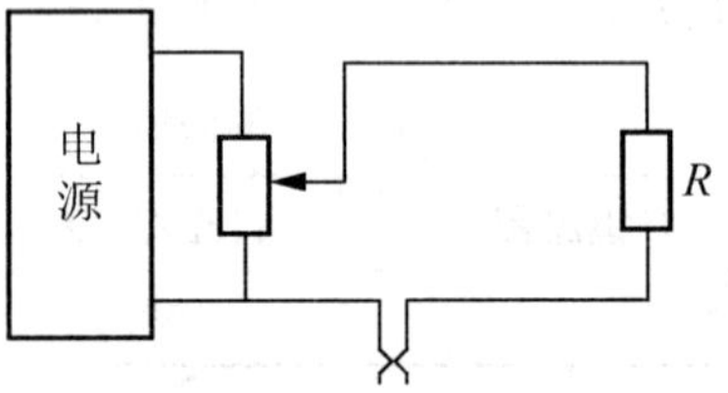

图 4-8　测量电阻伏安特性的电路

表 4-4　电阻的伏安特性的测量结果

U/V	0.5	1	2	3	4	5
I/mA						

2）测量二极管的正向伏安特性

取硅二极管一只，200Ω 限流电阻一只，按图 4-9 接线。

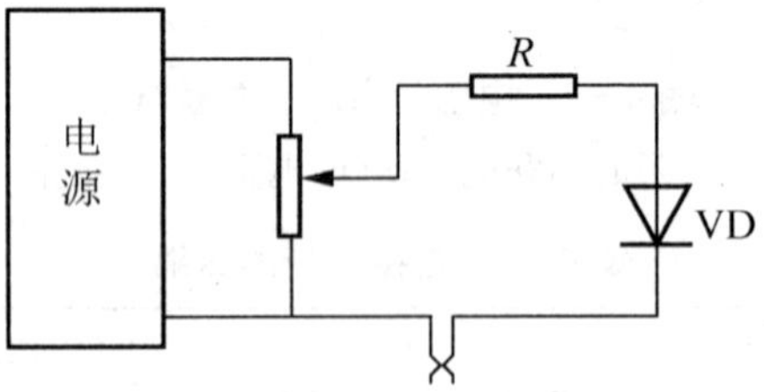

图 4-9　测二极管伏安特性的电路

根据表 4-5 中给定的电压值，测出对应的电流值并记录。

表 4-5　二极管的伏安特性的测量结果

U/V	0.1	0.2	0.3	0.4	0.5	0.6	0.65	0.7
I/mA								

3）测量稳压电源（或新干电池）的伏安特性

把实验室用的稳压电源作为理想电压源，也可用 4 节新的干电池组。取限流电阻 $R_1=200\Omega$，可变电阻 $R_2=2.2\text{k}\Omega$。R_1 的作用是在 R_2 调为零时防止电源短路的；R_2 是作为可变负载用于调节电源输出电流的。按图 4-10 接线。调节稳压电源的输出电压 $U_O=6\text{V}$（空载）。根据表 4-6 中给定的电流值，测出对应的电压值并记录。

表 4-6　理想电压源的伏安特性的测量结果

I/mA	0	5	10	15	20	25	30
U/V							

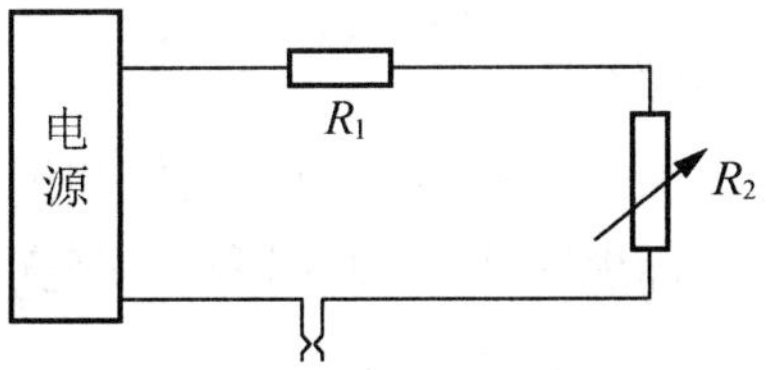

图 4-10　测量电源伏安特性的电路

4）测量实际电压源的伏安特性

如果有小电源，可带来作为被测电源。如果没有，可选用实验室为用户准备的干电池作被测对象。实验电路与图 4-10 相同，只要把稳压电源拆去，接上实际电源（用户带来的小电源）即可。根据表 4-7 中给定的电流值测出对应的电压值。如果被测对象不能提供表中给定的较大的电流，用户可另选几个电流值进行测试。

表 4-7　实际电压源的伏安特性的测量结果

I/mA	0	5	10	15	20	25	30
U/V							

4.1.4　实验设备及器件

多路稳压电源或干电池盒	两只
直流毫安表	一只
万用表	一只
电子沙盘	一只
电流电阻组件	二只
电位器	一只
电流插头	一只
导线	若干

4.1.5 实验报告要求

(1) 参考序言中关于编写实验报告的规则及要求，结合本实验的要求书写实验报告。

(2) 根据实验中所得数据，在坐标纸上绘制线性电阻、二极管、理想电压源、实际电压源的伏安特性曲线。

(3) 分析实验结果，并得出相应的结论。

4.1.6 预习要求

(1) 阅读本次实验项目的内容。

(2) 阅读实验项目中与《电工学》教科书中相关的知识，实验前应写出预习报告。

(3) 在预习报告的电路图中标出电压表(万用表)、毫安表接入电路时的极性。

4.2 电位的测量

4.2.1 实验目的

(1) 掌握测量电路中各点电位的方法，并通过对电路中各点电位的测量来加深电位、电压及它们之间的关系的理解。

(2) 继续练习万用表、直流毫安表的使用。

4.2.2 原理与说明

(1) 如果在电路中取某一点作为电位的参考点，并令参考点的电位为零伏，则电路中其他各点的电位就是这一点到参考点之间的电位差。电位是一个相对物理量。如果参考点选择不同，某点电位的数值也不同，但每两点之间的电位差是不变的。

(2) 在一电路中，由参考点开始沿某一回路循环，每经过通有电流的电阻，则电位就逐步下降(当循行方向和电流方向一致时)或逐步上升(当循行方向和电流方向相反时)。电位下降或上升的数值就等于经过的这一段电阻上的电压降；每经过一个电源，电位也会升高(当循行方向和电势方向一致时)或降低(当循行方向和电势方向相反时)。其电位升高或降低的数值等于该电源的端电压。同时在任一闭合回路中，从某点出发绕回路一周回到该点，各段电位差的代数和等于零。

（3）在一个电路中可能有电位相同的点。如果在两个同电位点之间存在有一条支路，将这条支路断开或短接，电路的工作状态不会改变。

4.2.3 实验电路

实验电路如图 4－11、图 4－12 所示。

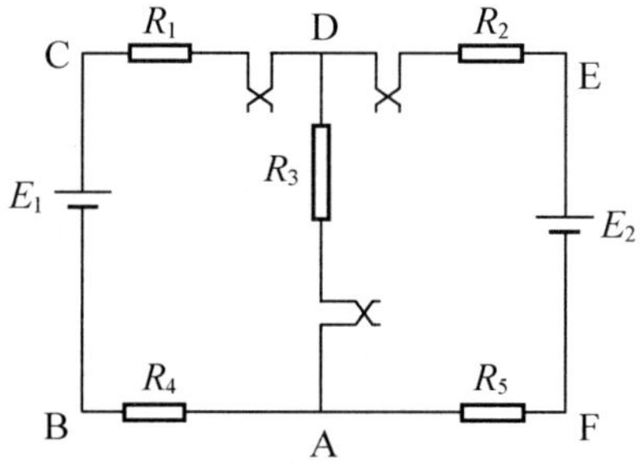

图 4－11 步骤 1、2 的实验电路

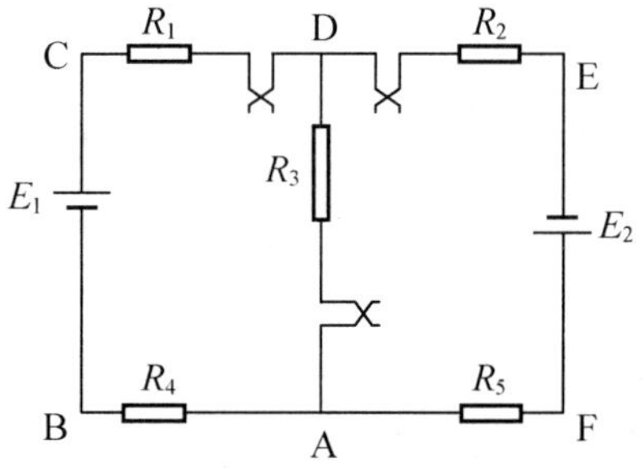

图 4－12 步骤 3、4 的实验电路

4.2.4 实验步骤

（1）按图 4－11 接线，选 A 点为参考点，测量 A、B、D、E、F 各点的电位 V_A、V_B、V_C、V_D、V_E、V_F 及各段电压 U_{AB}、U_{BC}、U_{CD}、U_{DE}、U_{EF}、U_{FA}，并记录于表 4－8 中。（提醒：注意电位及电压的正负。）

（2）选 E 点为参考点，重测 V_A、V_B、V_C、V_D、V_E、V_F 及各段电压 U_{AB}、U_{BC}、U_{CD}、U_{DE}、U_{EF}、U_{FA}，并记录。

表 4－8 实验数据记录表

	V_A /V	V_B /V	V_C /V	V_D /V	V_E /V	V_F /V	U_{AB} /V	U_{BC} /V	U_{CD} /V	U_{DE} /V	U_{EF} /V	U_{FA} /V	I/mA
步骤 1													
步骤 2													
步骤 3													
步骤 4													
步骤 5													

（3）把电路改为图 4－12 所示的结构，研究等电位点的有关知识。选 D 点作参考点，测量表中各量，找出等电位点。测量等电位点之间那条支路的电流。

（4）把等电位点之间的支路断开，再测表中各量。

（5）短接等电位点(不要把电流插口短接)，再测各点的电位及各个电压、电流。

4.2.5 实验设备

(1) DZ－1型电子沙盘 1个
(2) 稳压电源 1台
(或干电池组两组)
(3) 电阻组件 5只
(4) 万用表 1只
(5) 直流毫安表 1只
(6) 电流插头 1只
(7) 鳄鱼夹线 4条

4.2.6 对实验报告的要求

(1) 根据从实验步骤1、2中测得的数据，总结对电位及电压的概念、相关理论的理解、认识。

(2) 根据步骤1测得的数据，计算回路CDABC的总电位差。这个计算可用来验证哪条电路定律？计算结果是否符合电路定律？若有差别，解释原因。

(3) 根据步骤3、5测得的电流结果，解释为何电流为零。

(4) 在步骤4、5中对电路结构改变后，为何不影响电路的工作状态？

4.3 直流二端网络参数的测定

4.3.1 实验目的

(1) 学习直流网络参数的测量方法。

(2) 通过对含源二端网络端口特性及其等效电路端口特性的测试、比较，加深对“等效”概念的理解。

(3) 学习测量等效电路参数的基本方法。

(4) 进一步熟悉万用表、直流毫安表、稳压电源的使用方法。

4.3.2 原理及说明

直流网络：常用的有单端口网络和双端口网络，如图4－13所示。这两种网络都有无源网络和有源网络两种类型，还可以根据网络的特性，分为线性网络和非线性网络。本实验只研究直流线性单端口网络。

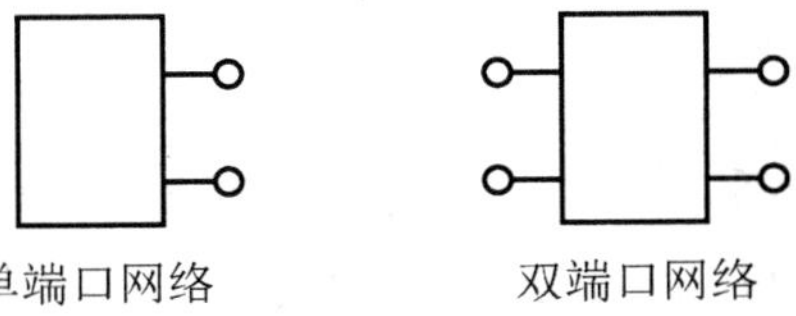

图 4-13　直流网络

单端口网络又称二端网络，是一个具有两个接线端的部分电路。直流线性无源二端网络是由若干线性电阻连成的电路，它可以被简化成一个等值电阻 R——称为该网络的输入电阻或入端电阻，用 R_i 表示。如图 4-14 所示。端口 AB 左边为研究对象，右边为外接负载。

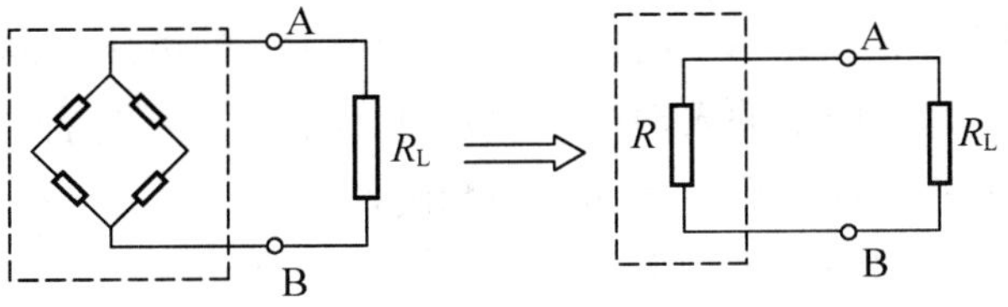

图 4-14　无源网络及其等效电路

有源二端网络是由线性无源二端网络和电源组成的网络。在此只研究含有独立电源的网络。任何一个由线性电阻和独立电源组成的含源二端网络，对外电路而言有两种等效电路。其一是电压源一电阻 以串联模式组成的戴维宁等效电路；其二是电流源一电阻 以并联模式组成的诺顿等效电路。如图 4-15 所示，端口 CD 左边为研究对象，右边为外接负载。

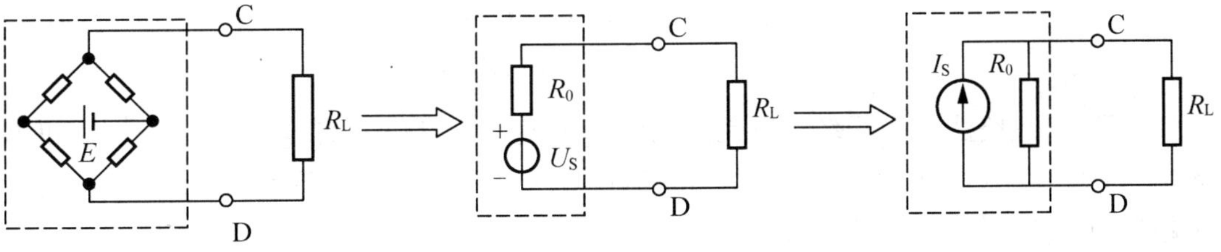

图 4-15　有源二端网络及其等效电路

1. 无源二端网络参数的测定方法

一个无源二端网络的结构和其中的各个组件参数都已知的条件下可通过理论计算确定其参数；如果不清楚的话，可用实验的方法测取它的参数。无源二端网络参数——R_i 的测定实际归结为对一个电阻的测定，这已不是新问题，在实验一中曾练习了用万用表、伏安法测量电阻及其串、并联电路的电阻值，那实际上就是无源二端网络，只是简单而已。在

本实验中测量 R_i 时，首先根据戴维南定理的内容，将电压源拆除并将其端口短路，再测 CD 端口的开路时的电阻即为 R_i。

2. 有源二端网络参数的测定

一个有源二端网络的结构和其中的各个组件参数都已知的条件下可通过理论计算确定其参数；如果不清楚的话，可用实验的方法测取它的参数。有源二端网络的参数包括等效电压源的源电压 U_S、等效电流源的源电流 I_S 及等值内阻(也称输出电阻)R_o。等效源电压 U_S 等于二端网络的开路电压 U_{oC}，等效源电流 I_S 等于二端网络的短路电流 I_{SC}，而输出电阻 $R_o = U_{oC}/I_{SC}$。因此，确定一个有源二端网络的等效电路的关键是获取其开路电压 U_{oC} 和短路电流 I_{SC}、输出电阻 R_o。下面介绍取得有源二端网络参数的几种实验测取法。

(1) 半偏法。如图 4－16 所示，先调节可变电阻 R 为零欧姆，读取此时的电流值；再调节 R 使电流表的读数等于 R 为零时的读数的一半，则，此时 R 的阻值即为所求的入端电阻 R_i。也可改为用电压表测取 R 两端的电压。调节 R，使电压表的读数等于电源电压的一半，此时，R 的阻值即为所求的入端电阻的阻值。(自己分析这种方法的原理。)

以上各种方法虽然都不如使用电桥测量的精确，但是，只要选择精确度高的测量仪表及合理的测量电路，也能够满足工程上的要求。

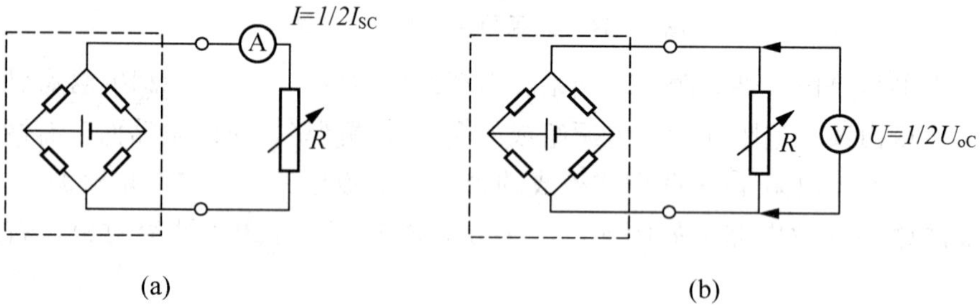

图 4－16　半偏法测量电路

(a)电流法；(b)电压法

(2) 开路-短路法。在网络端口允许短路的情况下，可用开路-短路法测量 U_{oC} 和 I_{SC}，如图 4－17 所示。(这种方法的使用是有限制的，只使用于等效内阻 R_o 较大，而且短路电流不超过额定值的情况，否则有损坏电源的危险。)

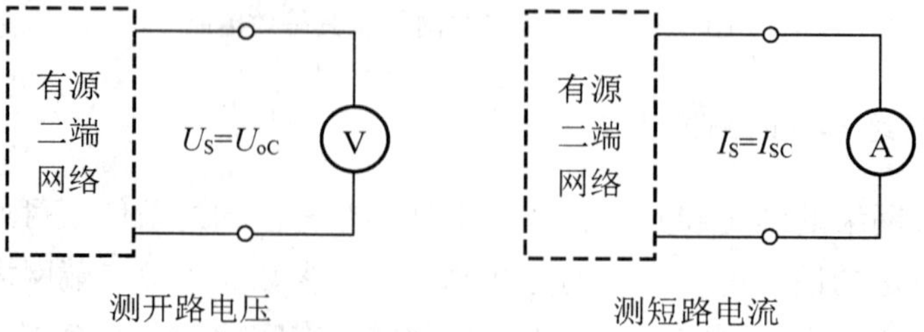

图 4－17　开路-短路法

(3) 直线延长法。在网络不允许短路的情况下可用“直线延长法”测量，其原理如图 4-18 所示。先测得网络的开路电压 U_{oC}，再接上一负载 R，测得此时的端电压 U 及端电流 I。在坐标上连接这两点(U_{oC}，0)，(U，I)并延长连接线至横轴交于点(0，I_{sc})，可求得 $I_S = I_{SC}$，于是，有源二端网络的参数为 $U_S = U_{oC}$；$I_S = \frac{U_{oC}}{U_{oC}-U}I$；$R_S = \frac{U_{oC}-U}{I}$。

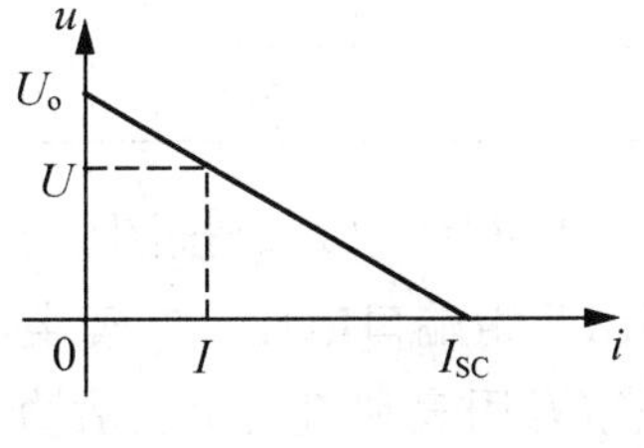

图 4-18　直线延长线法

(4) 两次电压法。如果图 4-16(a)中的 R 采用高精度的标准电阻，则可省去电流表，先测得开路电压 U_{oC}，再接上标准电阻 R，测得标准电阻两端的电压 U，如下取得 $U_S = U_{oC}$；$I_S = \frac{U}{R_L}\frac{1}{1-U/U_{oC}}$；$R_o = (\frac{U_{oC}}{U}-1)R_L$，于是直线延长法就归结为电压的精确测量法。

在此提醒，即使采用精度很高的普通电压表，因其内阻总不会无限大，必然会由分流作用带来测量误差，特别是测量开路电压 U_{oC} 所产生的误差更显着。若要精确测量开路电压，可用补偿法和直流电位差计法。

除以上列出的方法外，还有其他方法。不论采用哪种方法，只要测得了有源二端网络的开路电压 U_{oC} 和等效电阻 R_o，便可确定出有源二端网络的戴维南等效电路。调节稳压电源，使其输出电压等于 U_{oC}；再取一个电位器，调节其电阻等于 R_o。将两者串联起来，便构成了有源二端网络的等效电路。

4.3.3　实验任务

(1) 测定一个无源二端网络的入端电阻。

(2) 测定一个含源二端网络端口的伏安特性。

(3) 测定该含源二端网络的戴维宁等效电路参数，并测试其等效电路端口的伏安特性。

4.3.4　实验内容与步骤

(1) 用半偏法测量无源二端网络的参数 R_i。先按图 4-16(a)的电路测试。在沙盘上搭接好被测电路(串接电流表的位置接入电流插口)，用多圈电位器作可变电阻 R，稳压电源接入前，先调为6V，关闭电源，接入电路中。将 R 调为0，测取短路电流。再调节 R，使电流表指示到短路电流读数的一半。关闭电源，将 R 与电路断开，测取其阻值即是二端网络的入端电阻 R_i，记入表 4-9。

按图 4－16(b)的电路测试。接好线路，用电压表核准电源电压为 6V，调节 R，同时测试其两端的电压，为 3V 时，关闭电源，测取 R 的阻值即为 R_i，记入表 4－9。

表 4－9　半偏法测量结果

	$R_o = R_i$	R_i(入端)
半电流		
半电压		

(2) 测量有源二端网络的外特性 $U=f(I)$。按图 4－15 接线，在端口 ab 上接入可调负载电阻，改变负载的阻值，测出几组端口电压、端口电流，并记入表 4－10 中。开路电压 U_{oc} 与短路电流 I_S 可分别用数字万用表和直流毫安表直接测试，因万用表内阻的分流作用及毫安表内阻的分压作用造成的测量误差可忽略不计。

(3) 测量等效电压源的外特性 $U'=f(I')$。由步骤 1、2 取得有源二端网络的开路电压 U_{oc} 及输出电阻 R_o(步骤 1 中取得的入端电阻就是有源二端网络输出电阻 R_o)。将稳压电源的输出电压调为 U_{oc} 值，关闭电源，待用。

(4) 按图 4－19(a)接线，调节电位器，使 ab 间的电阻等于 R_o。按图 4－19(b)接线，由 U_{oc} 与 R_o 组成一个新的电压源，它就是图 4－15 电路中有源二端网络的戴维南等效电源。调节负载电阻，测出几组端口电压、端电流，并记入表 4－10 中。开路电压、短路电流的测量参照步骤 2 进行。

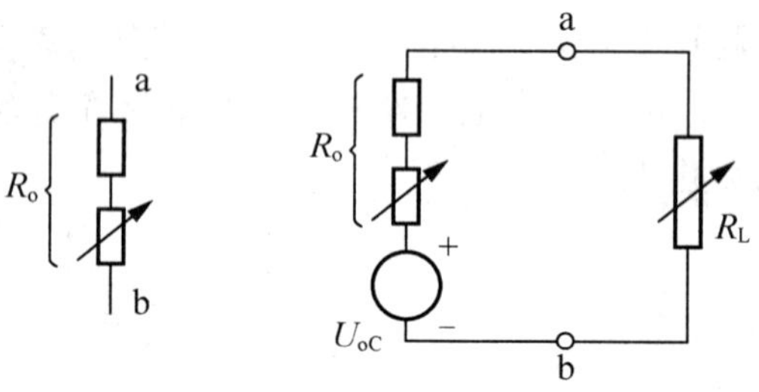

(a)　　(b)

图 4－19　戴维南等效电路的测试

(a)部分电路；(b)全部电路

表 4－10　外特性测量结果

	R/Ω	0	10	50	100	500	1k	5k	10k	50k	∞
有源二端网络	U/V										
	I/mA										
等效电路	U'/V										
	I'/mA										

4.3.5 实验仪器、器件

(1) 直流稳压电源	一台
(2) 万用表	一块
(3) 直流毫安表	一块
(4) DZ－I型电子沙盘	一块
(5) 电阻	5支
(6) 电位器	一只
(7) 导线	若干

4.3.6 预习要求

(1) 阅读本节所介绍的内容和与本次实验有关的其他内容。

(2) 实验前应写出实验报告，做好实验记录表格。

4.3.7 实验报告要求

(1) 整理实验数据，画出有源二端网络的外特性曲线。

(2) 分析“半偏法”测量无源二端网络入端电阻的原理。

(3) 回答：有源二端网络的参数是什么？本节介绍了哪几种取得有源二端网络参数的方法？这些方法的使用有无限制？

第5章

交流电路实验

作用在电路中的电源是正弦交流电，电路中各部分的电压和电流也是正弦交流的，电压没有正极和负极之分，电流的方向时刻在变化，与直流电的性质完全不同；使用的测量仪表也是没有极性的。交流电路中的组件有电阻、电感、电容，它们的性质截然不同。当其中两种或三种组件同时存在于同一电路中时，电路的工作状态是丰富多采的，电压、电流、功率间的关系也是复杂、微妙的。

同学们在实验中可能产生的疑问是“总电流怎么还不如某个支路电流大?”，这是因为忘记了交流电路的规律，用直流电路的规律来度量交流电路，当然对自己的测量结果会产生怀疑。如果做好预习就不会闹出这种笑话。

交流电路的实验有4个，电源是工频正弦交流电源，直接取自市电电网的50Hz的正弦交流电源。通过这一部分的实验，不仅可以使同学们加深对交流电路理论的认识，学会常用交流测量仪表的使用方法，还能学到安全用电常识，并能解决日常用电中出现的故障。

5.1 RLC串并联电路及功率因数的提高

5.1.1 实验目的

（1）学习交流电压表、交流电流表及功率表的使用方法。

（2）学习交流参数测量仪的使用方法。

（3）研究正弦交流电路中电压、电流相量之间的关系。

（4）了解提高感性负载功率因数的方法及意义。

（5）了解日光灯电路的工作原理。

5.1.2 原理与说明

正弦交流电是具有大小和相位的量，称为“相量”，以区别于“标量”、“矢量”。交流电的相位问题，必须特别注意。正弦交流电路的电压、电流、电势的大小和方向随时间周期性地变化，因此测量它们的瞬时值没有什么意义。在对正弦电路进行测量时，只要反映各电压、电流的大小和相位关系就可以了。实际中，用交流电压表、交流电流表分别测得正弦交流电路中的电压、电流的有效值，以反映电压、电流的大小；用相位表测得相位。也可利用相量运算求得各正弦量的大小和相位。

相量法的计算只限于正弦交流电路，不适用于非正弦交流电路。

在正弦交流电路中的任一闭合回路中，测得的各部分电压有效值的代数和一般是不满足基尔霍夫电压定律的，除非各部分电压的相位是相同的；同时测得汇集于任一节点的各电流有效值的代数和也是不满足基尔霍夫电流定律的，除非各个电流是同相位的。

图 5-1(a)所示的电路中，电流的参考方向如图中所示，若用电流表测得 $I_C=0.6\text{A}$，$I_R=0.8\text{A}$，如果认为 $I=0.6\text{A}+0.8\text{A}=1.4\text{A}$，那就错了。由于 $\dot{I}_C$、$\dot{I}_R$ 的相位不同，不应将有效值相加，而应是相量相加。如图 5-1(b)所示总电流有效值是$\sqrt{I_C^2+I_R^2}=1$。

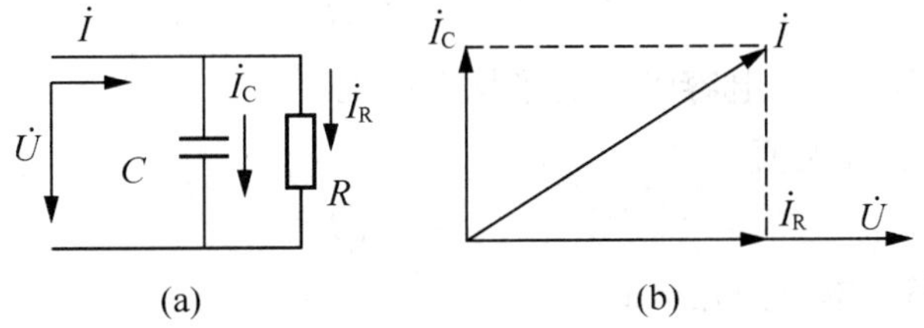

图 5-1 RC 并联电路与相量图

(a)电路；(b)相量图

同样的道理，用电压表测量图 5-2(a)所示电路中的电压时，如果测得 $U_L=6\text{V}$，$U_R=8\text{V}$，总电压 U 并不等于 14V，而应当按图 5-2(b)所示的相量关系计算，总电压的有效值 $U=\sqrt{U_L^2+U_R^2}=10\text{V}$。

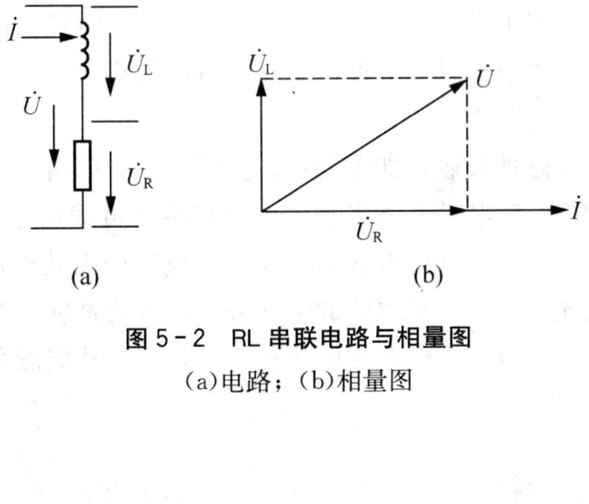

图 5-2 RL 串联电路与相量图

(a)电路；(b)相量图

以上说明，在交流电路的测量过程中，要时刻注意各电压、电流的相位问题，不要将交流电路与直流电路一样看待。

交流电路的等效参数为电阻、电感、电容。实际组件并非是理想组件，每种组件呈现出不止一个参数，但在一定的条件下，电路中的每一个组件可用一定的等效参数来表示。

(1) 电阻组件。在低频时可略去其寄生电感和分布电容看成纯电阻。在正弦交流电源的激励下，电阻两端电压 $\dot{U}$ 与其中的电流 $\dot{I}$ 的关系为

$$\dot{U}=\dot{I}R \qquad U=IR$$

U 与 I 同相，电阻消耗的平均功率为

$$P=UI=I^2R$$

(2) 电容器。有一定的漏电电阻存在，容量大的还有一定的电感，一个实际电容器的等效参数是电阻与电容的并联电路串联一个小电感，但在低频电路中，电感及漏电阻的影响可以略去，作为纯电容 C 处理。在正弦交流情况下，电容两端电压 $\dot{U}_C$ 与电流 $\dot{I}$ 的关系为

$$\dot{U}_C=-jX_C\dot{I}=-j\frac{1}{\omega C}\dot{I}=\frac{1}{\omega C}\dot{I}\angle -90^\circ$$

$$U_C=IX_C=I\frac{1}{\omega C}$$

电容电压落后电流 90°，电容吸收的平均功率为零。

电容的瞬时功率的最大值为

$$Q_C=U_CI=X_CI^2$$

Q_C 称为无功功率，单位为乏(var)。

(3) 电感器。实际的电感线圈不仅有电感，还有电阻和匝间分布电容。在工频正弦电路中，电感线圈的分布电容可以略去，但线圈的电阻一般不能忽略。在低频应用情况下，电感线圈可以用电阻和电感这两个参数表示，电路模型为二者的串联电路。在正弦交流电源激励的情况下，电感线圈的复阻抗为

$$Z=R_L+jX_L=R_L+j\omega L=\sqrt{R_L^2+(\omega L)^2}\angle\varphi$$

在电力系统中，当负载的有功功率一定，电源电压一定时，功率因数越小，供电线路中的电流越大，在供电线路上的功率损耗(称为线损)越大，线路上的压降越大，从而降低了电能的传输效率，影响供电质量，也使电源容量得不到充分利用。因此，提高功率因数具有重大的经济意义。

用电设备多数都是电感性负载，如电动机、变压器、电风扇、洗衣机等都是功率因数较低的感性负载，可用 R、L 串联电路来表示。提高感性负载功率因数的方法是在 R、L 电路两端并联电容器。其实质是利用电容器中超前于电压的无功电流去补偿 R、L 支路中的滞后于电压的无功电流，以减小总电流的无功分量，也就是利用容性无功功率去补偿感性负载中的感性无功功率，以减小电源提供的总无功功率。从能量角度看，并联电容后使

电场能量与部分磁场能量相互交换，从而减小电源与负载间的能量交换。由此可见，提高功率因数的结果，减轻了电源所负担的无功电流和无功功率。整个电路对电源来说，功率因数提高了，但，R、L 支路的电流、功率因数、有功功率并没有变化。

负载的功率因数可用三表法测出 U、I、P 后，按公式 $\cos\varphi=\frac{P}{UI}$ 计算得到。也可用功率因数表或交流参数测量仪直接测得。

5.1.3　实验线路

实验线路如图 5－3 所示。

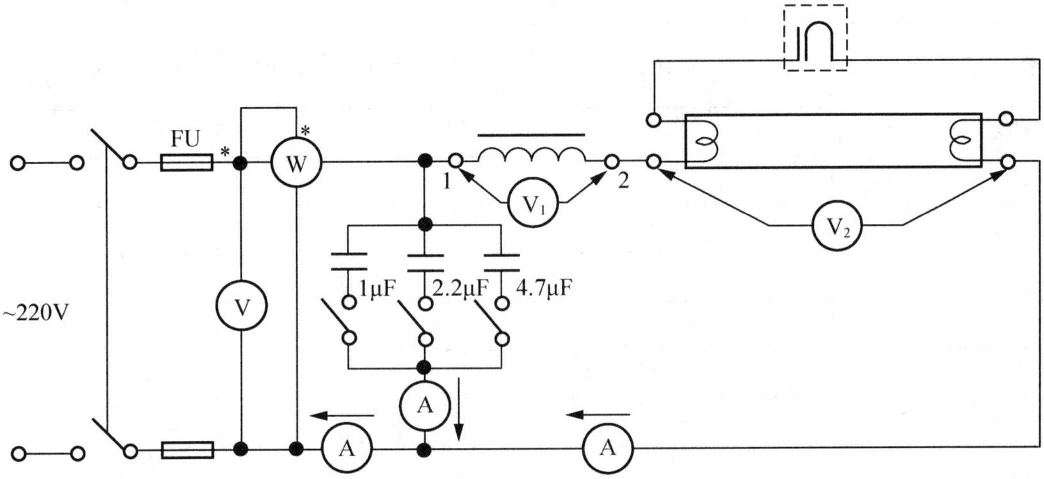

图 5－3　实验线路图

本实验线路选用了日光灯电路，主要组成部件有灯管、启辉器、镇流器等。

工作原理：日光灯管内壁上涂有荧光物质，管内抽成真空，并充入少量的水银蒸汽。灯管的两端各有一个灯丝串联在电路中，灯管的起辉电压在 400～500V 之间，起辉后管降压约为 100V 左右（30W 日光灯的管压降），所以日光灯不能直接在 220V 的电压上使用。启辉器是一个小型氖泡，相当于一个自动开关。它有两个靠得很近的电极，其中一个电极是双金属片制成，在电路不通电和日光灯正常工作时，两电极是断开的。电路接通电源时，220V 交流电压全部加在启辉器两端，使两电极之间产生辉光放电，双金属片电极热膨胀后，使两电极接通，此时灯丝也被通电加热。当两电极接通后，两电极放电现象消失，双金属片因降温后而收缩，使两极分开，电流消失。镇流器是一个带有铁芯的大电感线圈，在两极断开，电流消失的瞬间，镇流器将产生很高的自感电压，该自感电压和电源电压一起加到灯管两端，使灯丝之间产生弧光放电并射出紫外线，激发涂在管壁上的荧光粉发出可见光。当灯管起辉后，镇流器又起着降压、限流的作用。

5.1.4 实验任务

（1）了解日光灯的各部件及工作原理。

（2）按图 5－3 接线，经指导老师复查后，再接通电源。

（3）在老师的指导下点亮日光灯(图中的启辉器用一开关代替)，并注意观察日光灯的点亮过程。(提醒：因日光灯的启动电流比较大，日光灯点亮之前，不可把电流表插头插入电流插口内，以免烧坏电流表。)

（4）完成表 5－1 所列项目的测试任务。

表 5－1 实验数据记录表

电容 C/μF	U/V	U_L/V	U_R/V	I_R/mA	I_C/mA	I/mA	P/W	cosφ（计算）
不接								
1								
2.2								
3.2								
4.7								
5.7								
6.9								
7.9								

5.1.5 实验设备及器件

交流电压表	一块	电容箱	一只
交流电流表	一块	电流插口	三只
功率表	一块	电流插头	一只
交流参数测量仪	一台	起辉器座	一只
日光灯管(20W)	一只	电压测试棒	一副
日光灯管座	两只		

5.1.6 思考题

（1）若日光灯通电后，灯管两端发红或发白，但始终不能点亮，试解释故障原因。

（2）并联电容器后，对日光灯支路的电流、功率、功率因数有无影响？

（3）并联电容器后，电路中受影响的量有哪几个？

（4）并联电容器后，如何从电流的变化，判断功率因数的增减？

5.1.7　对实验报告的要求

（1）根据在实验中测得的数据，求出日光灯电阻、镇流器电阻、镇流器电感。

（2）根据测得的数据，计算出并联不同电容时的总负载的功率因数。

（3）计算出总负载功率因数等于1时需并联的电容值。

（4）解答思考题。

5.1.8　预习要求

（1）认真阅读实验内容，复习教科书相关知识。

（2）写出预习报告。

5.2　互感电路观测

5.2.1　实验目的

（1）观察两个线圈互感耦合受哪些因素的影响。

（2）判别两个线圈的同名端。

（3）学会互感系数以及耦合系数的测定方法。

5.2.2　原理说明

（1）图5－4(a)给出两个有磁耦合的线圈，设电流i_1从1号线圈的a流入，电流i_2从2号线圈的c流入，由产生而交链于2号线圈的互感磁通链为ψ_{21}，i_2产生的自感磁通链为为ψ_{22}，当ψ_{21}与ψ_{22}方向一致时，互感系数(互感)M_{21}为正，则称1号线圈的端钮a和2号线圈的端钮c(或b和d)为同名端，若ψ_{21}与ψ_{22}方向不一致，如图5－4(b)所示，则称端钮a和端钮c(或b和d)为异名端(即a、d或b、c为同名端)。同名端常用“＊”表示。

决于两个线圈各自的实际绕向以及它们之间的相对位置。

（2）判断偶号线圈的同名端早理论分析和工程实际中都具有很重要的意义。例如，变压器、电动机的各相绕组、LC振荡电路中的振荡线圈等都要根据同名端的极性进行连接。对于具有耦合关系的线圈，若其绕向和相对位置无法判别时，可以根据同名端的定义，用实验方法加以确定。

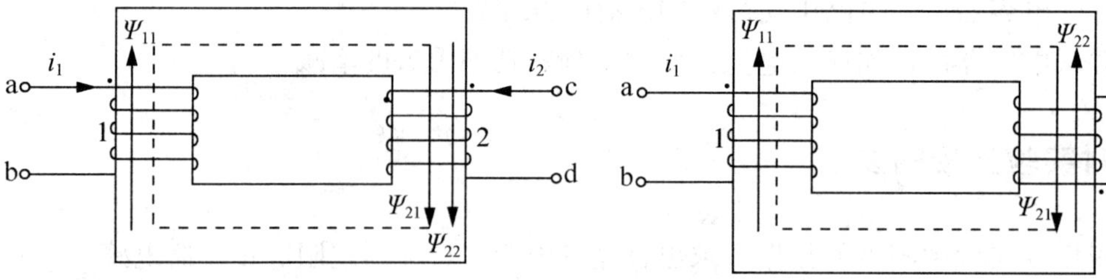

(a)　　　　(b)

图 5－4　两个线圈的耦合

(a)方向一致；(b)方向不一致

① 直流通断法。如图 5－5 所示，把线圈 1 通过开关 K 接到直流电源，把一个直流电压表或直流电流表接在线圈 2 的两端。在开关 K 闭合瞬间，线圈 2 的两端将产生一个互感电势，电表的指针就会偏转。若指针正向偏转，则与直流电源正极相连的端钮 a 和与电表正极相连的端钮 c 为同名端；若指针反向偏转，则 a、c 端钮为异名端。

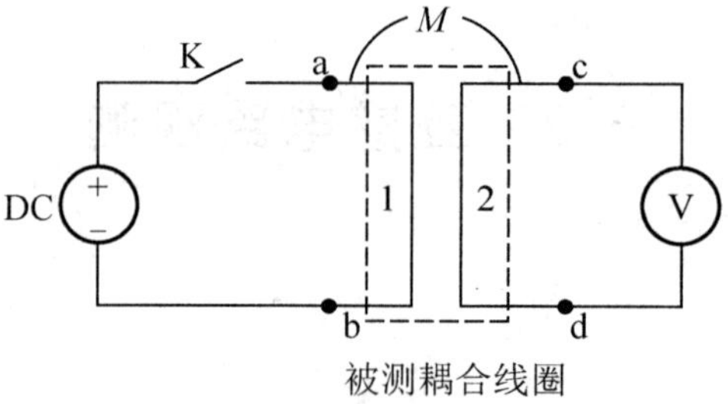

图 5－5　直流通断法

② 等效电感法。设两个耦合线圈的自感分别为 L_1 和 L_2，它们之间的互感为 M。若将连个线圈的非同名端相连，如图 5－6(a)所示，称为正向串联，则其等效电感为 $L_{正}=L_1+L_2+2M$。若将连个线圈的同名端相连，如图 5－6(b)所示，称为反向串联，则其等效电感为 $L_{反}=L_1+L_2-2M$，显然等效电抗 $X_{正}>X_{反}$。

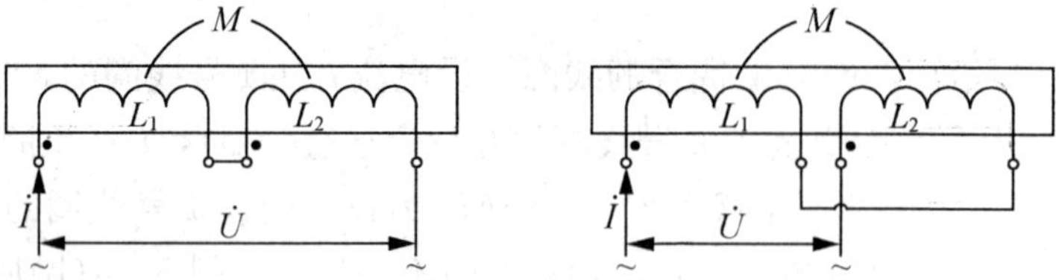

(a)　　　　(b)

图 5－6　两个线圈的串联

(a)正向串联；(b)反向串联

利用这种关系，在两个线圈串接方式不同时，加上相同的正弦电压，则正向串联时电流小，反向串联时电流大。同样地，若流过相同的电流，则正向串联时端口电压高，反向串联时端口电压低。据此，即可判断出两线圈的同名端。

（3）互感 M 的测量方法如下。

① 等效电感法。用三表法测出两个耦合线圈正向串联和反向串联 U、I 和 P，并计算出等效电感 $L_{正}$ 和 $L_{反}$，则互感 $M=(L_{正}-L_{反})/4$。

这种方法测得的互感一般准确度不高，特别是当 $L_{正}$ 和 $L_{反}$ 的数值比较接近时，误差更大。

② 互感电势法。在图 5-7(a)的 N_1 侧施加低压交流电压 U_1，测出 I_1 及 U_2。根据互感电势 $E_{2M}\approx U_{20}=\omega MI_1$，可算得互感系数为 $M=U_2/\omega I_1$。

③ 耦合系数 k 的测定。两个互感线圈耦合松紧的程度可用耦合系数 k 来表示：

$$k=M/\sqrt{L_1L_2}$$

图 5-7(b)所示，先在 N_1 侧加低压交流电压 U_1，测出 N_2 侧开路时的电流 I_1；然后再在 N_2 侧加电压 U_2，测出 N_1 侧开路时的电流 I_2，求出各自的自感 L_1 和 L_2，即可算得 k 值。

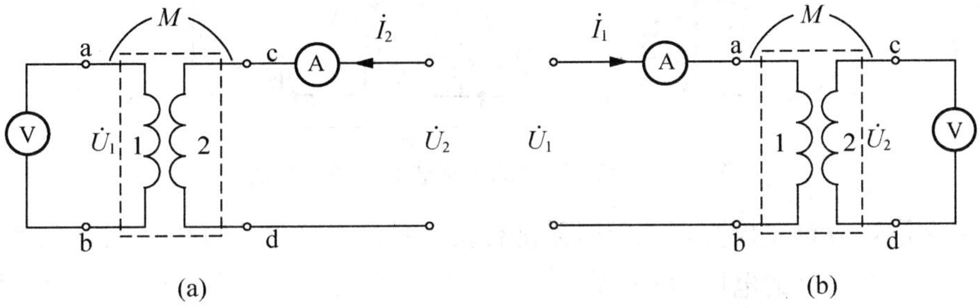

图 5-7　互感电势法

(a)互感系数 M；(b)耦合系数 k

5.2.3　实验设备

序号	名称	型号与规格	数量	备注
1	数字直流电压表	0～200V	1	
2	数字直流电流表	0～2000mA	1	
3	交流电压表	0～500V	1	
4	交流电流表	0～5A	1	
5	空心互感线圈	N_1 为大线圈、N_2 为小线圈	1 对	
6	自耦调压器		1	
7	直流稳压电源	0～30V	1	
8	粗、细铁棒、铝棒		各 1	
9	变压器	36V/220V	1	DDZ-20

5.2.4 实验内容

按照图 5-8 连接实验电路。

(1) 用交流法测定互感线圈的同名端。

本方法中，由于加在 N_1 上的电压较低，直接用屏内调压器很难调节，因此采用图 5-8 的线路来扩展调压器的调节范围。将 N_2 放入 N_1 中，并插入铁棒。A 为 2.5A 以上量程的电流表，N_2 侧开路。

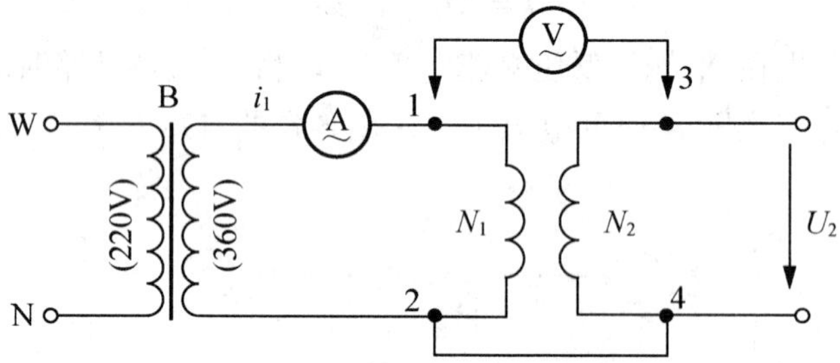

图 5-8　用交流法测定互感线圈的同名端

接通电源前，应首先检查自耦调压器是否调至零位，确认后方可接通交流电源，令自耦调压器输出一个很低的电压(约 12V 左右)，使流过电流表的电流小于 1.2A，然后用交流电压表测量 U_{13}，U_{12}，U_{34}，判定同名端。

拆去 2、4 连线，并将 2、3 相接，重复上述步骤，判定同名端。

(2) 拆除 2、3 连线，测 U_1，I_1，U_2，计算出 M。

(3) 将低压交流加在 N_2 侧，使流过 N_2 侧电流小于 1A，N_1 侧开路，按步骤 2 测出 U_2、I_2、U_1。

(4) 用万用表的 R×1 档分别测出 N_1 和 N_2 线圈的电阻值 R_1 和 R_2，计算 k 值。

(5) 观察互感现象。在图 5-8 的 N_2 侧接入交流电压表。

① 将铁棒慢慢地从两线圈中抽出和插入，观察交流电压表的变化，记录现象。

② 将两线圈改为并排放置，并改变其间距，以及分别或同时插入铁棒，观察交流电压表的变化及仪表读数。

③ 改用铝棒替代铁棒，重复①、②的步骤，观察交流电压表变化，记录现象。

5.2.5 实验注意事项

(1) 测定同名端及其他测量数据的实验中，都应将小线圈 N_2 套在大线圈 N_1 中，并插入铁芯。

(2) 作交流试验前，首先要检查自耦调压器，要保证手柄置在零位。因实验时加在

N_1上的电压只有2～3V，因此调节时要特别仔细、小心，要随时观察电流表的读数，不得超过规定值。调压时边观察电表边调压，不得超过电表规定的数值。

5.2.6　预习思考题

(1) 判断同名端有何作用?

(2) 怎么测定L的参数，简单设计出实验原理图。

5.2.7　实验报告

(1) 从实验观察所知，两线圈间的互感大小与哪些因素有关，为什么?

(2) 自拟测试数据表格，完成计算任务。

(3) 解释实验中观察到的互感现象。

(4) 心得体会及其他。

5.3　三相交流电路

5.3.1　实验目的

(1) 练习电阻性三相负载的各种连接方法。

(2) 认识三相四线制供电系统的中线的作用。

(3) 学习三相交流电源的安全使用常识。

(4) 研究三相负载在对称及不对称情况下的线电压与相电压、线电流与相电流之间的关系及测量方法。

(5) 比较三相供电方式中的三线制和四线制的特点。

5.3.2　实验原理及说明

1. 三相交流电源

工业和生活用的交流电源通常都是三相四线制低压电源，这是目前电力系统的主要供电方式。三相四线制中有三根相线，大家习惯称为火线，过去用A、B、C表示，现在用L_1(U)、L_2(V)、L_3(W)表示；还有一根中线，常称为零线，过去用0表示，现在记为N。

任意两根相线之间的电压称之为线电压，为 380V，线电压之间相位互差 120°，任意一根相线与中线之间的电压称作相电压，为 220V，线电压为相电压的$\sqrt{3}$倍，并且线电压的相位超前相应相电压 30°。三根相线由三相开关（如三刀开关、空气开关——又称空气断路器）控制通断。电源总开关用空气开关，分路开关用容量小一点的空气开关或刀开关，刀开关的动触点一般在下方，经过 3 根保险丝（熔断器）接至负载，定触点在上方，接向电源，如图 5－9 所示（参看实验室的配电盘）。中线（零线）不经任何开关控制，也不允许接保险丝。电源的中点与大地相接，因此有人把零线称为地线，但严格说来是有区别的。

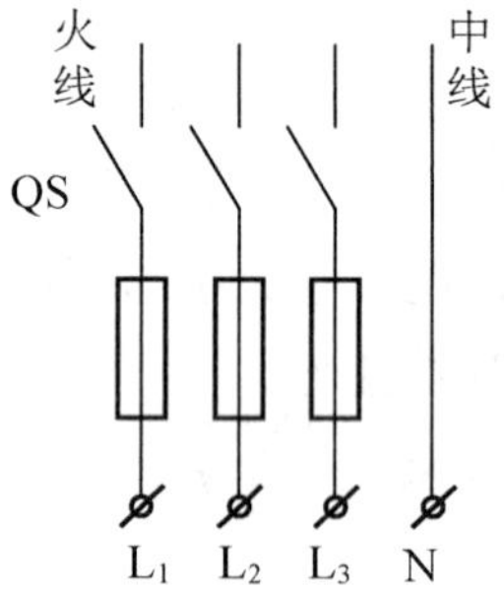

图 5－9　实验台供电示意图

常用电器设备及家用电器多数使用额定电压为 220V 的电源，应接在一根火线与零线之间。使用单相电器设备在接电源时，一定要区分清楚哪根是火线哪根是零线，开关和保险丝一定要接在火线上，决不能接在零线上。可用试电笔区分相线和零线，当用试电笔触及相线时，笔中的氖灯就会发光，触及中线时不会发光。同理，当人体站在地上触及一根相线时就会有电流通过人体流入大地，这就是单相触电，当电流超过 50mA 时，就有生命危险。因此，要注意安全用电，常用的安全措施有如下几方面。

（1）用电设备外壳保护性“接地”或“接零”。一般固定性设备外壳与大地相接，称为接地。移动性的设备可将外壳与零线相接，称为接零。如图 5－10 所示，标准的单相用电器的电缆和插头应是三芯的，分为火线、零线、地线三根。地线是与设备外壳接在一起的。相应的电源插座也应是三芯的，标记为⏚的一只孔是地线，接于室内地线上，若没地线，也可接于接地良好的自来水管道或深埋于地下的金属管道上，但切勿接到煤气管道上。标记为 L 的那个孔接火线，标记为 N 的那个孔接零线。

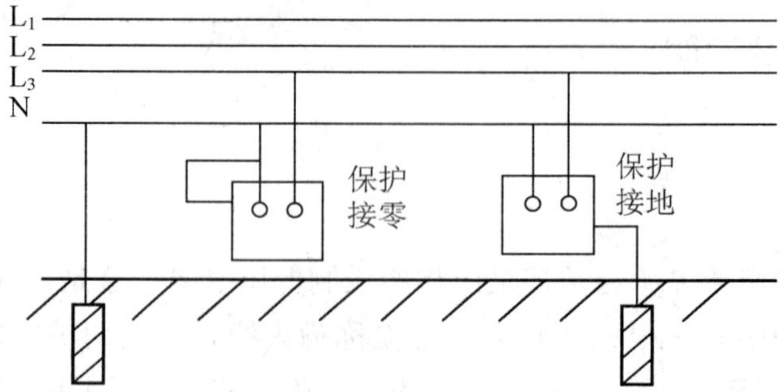

图 5－10　接零保护和接地保护示意图

注意：对于电子测量仪器的接地，要根据具体情况，审慎从事。

（2）采取隔离措施，增大人体对地的绝缘电阻；对于各种电子测量仪器可用隔离变压器将其与市电电网隔离开来(实验台的电源就是加了隔离变压器的)。在电气人员工作的地上铺设木板或橡胶绝缘垫，以增大对地的绝缘电阻。

2. 负载的星形(Y)连接

当负载的额定电压等于电源的相电压时，应采用星形连接。星形连接的负载如图 5-11 所示。

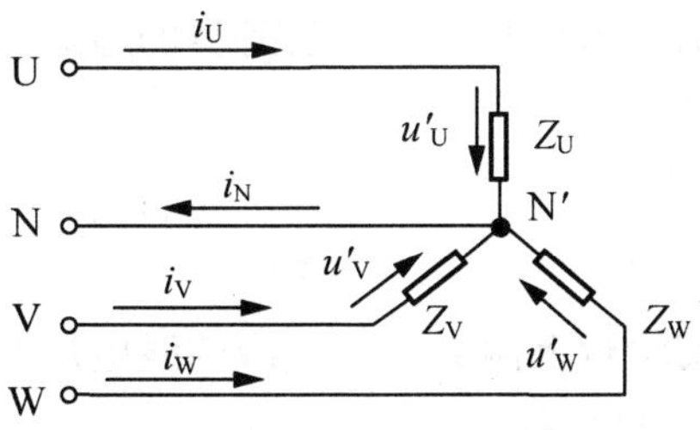

图 5-11　三相负载的星形连接示意图

三相对称负载可以不接中线即采用三相三线制供电(如三相交流电动机)；三相不对称负载必须接中线—采用三相四线制供电。

不论负载对称还是不对称，只要有中线，各相电压、线电压都是对称的，并且都存在 $U_L=\sqrt{3}U_P$ 的关系。不同的是，负载对称时，中线电流 $I_N=0$；负载不对称时，中线电流 $I_N\neq 0$。

负载对称，去掉中线，负载中点 N′电位不会偏移，与电源中点 N 之间没有电位差，中点电压 $U_{N'N}=0$，各相电压、线电压保持对称，仍存在 $U_L=\sqrt{3}U_P$ 的关系。

负载不对称，去掉中线，负载中点电位发生偏移，$U_{N'N}\neq 0$，有的负载相电压可能偏高，超过额定电压；有的负载相电压偏低，负载不能正常工作，负载的相电压不再对称，不存在 $U_L=\sqrt{3}U_P$ 的关系(这种情况在实际供电系统中是决不允许出现的)。

3. 负载的三角形(Δ)连接

当负载的额定电压等于电源的线电压时，应采用三角形连接，原理图如图 5-12 所示。无论负载对称还是不对称，各相负载电压总是对称的。不同的是，负载对称时，各相电流对称、线电流也对称，并且线电流为相电流的$\sqrt{3}$倍，即 $I_L=I_P\sqrt{3}$，线电流滞后相电流 30°；如果负载不对称，线电流与相电流不再有$\sqrt{3}$倍的关系，应根据基尔霍夫电流定律列方程求解，即

$$\dot{I}_U=\dot{I}_{UV}-\dot{I}_{WU},\ \dot{I}_V=\dot{I}_{VW}-\dot{I}_{UV},\ \dot{I}_W=\dot{I}_{WU}-\dot{I}_{VW}$$

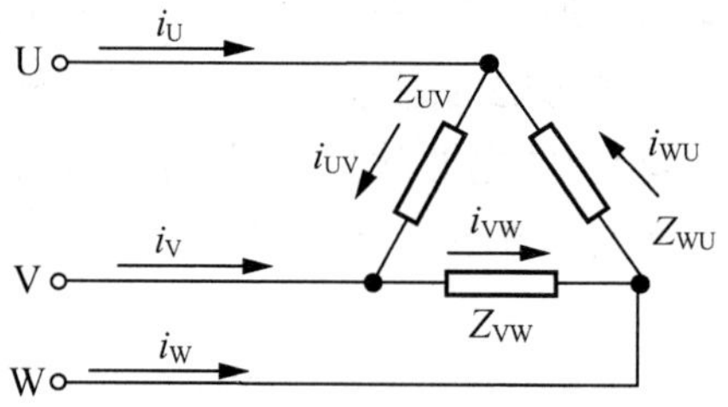

图 5-12　三相负载的三角形连接示意图

提醒：三相电路的实验线路比较复杂，要求对实验中出现的故障，能够从分析现象入手，先判断出故障的大致范围，再用交流电压表有目的地进行查找。

5.3.3　实验任务与步骤

(1) 用交流电压表测量实验台上两套三相电源的线电压及相电压。

(2) 做负载 Y 型连接时的实验有如下步骤。

① 用 9 只额定电压为 220V、25 瓦的灯泡作负载，每相 3 只灯泡，作星形连接，在各相及中线上串入电流插座，其中两相的每只灯泡各接入一只开关。使用 220V 的交流电源。(说明：为了安全，采取降压措施进行实验。提示：先确定好三相负载的 3 个始端 U、V、W，将负载的 3 个末端相连即为负载中点 N′。)

② 测量有中线、对称负载(灯全亮)时的各个线电压、相电压、线电流、中线电流。测量结果记入表 5-2 中。

③ 做无中线时的测量，观察灯泡亮度有无变化，测量各个线电压、相电压、中点电压、线电流。测量结果记入表 5-2 中。

④ 做无中线、负载不对称时的测量，U 相亮一只灯，V 相亮两只，W 相全亮，观察灯泡亮度的变化，分析原因。测量各个线电压、相电压、中点电压、线电流。测量结果记入表 5-2 中。

⑤ 做有中线、负载不对称时的测量，观察灯泡亮度与未接中线时有无不同，测量各个线电压、相电压、线电流、中线电流。测量结果记入表 5-2 中。

⑥ 以上 5 步完成后，将测量结果交指导老师查看后再做下面的内容。

(3) 做负载三角形连接时的实验有如下步骤。

① 把三相负载接成三角形方式，每一条火线中接入一个电流插口，每一相负载中接入一个电流插口。(提示：确定好三相负载的 3 个始端 U、V、W，然后按首尾相接的关系连接。注意：最好将 3 个始端定在同一侧。)

② 通电源后，分析亮度的变化原因。

③ 做负载对称时的测量，参考表 5-3 的内容，并将结果记入表 5-3 中。

④ 做负载不对称时的测量，U 相、V 相、W 相分别亮 1、2、3 只灯，按表 5－3 再测各量。

⑤ 在负载对称情况下，断开一相负载，按表 5－3 测量并记录各量。

⑥ 在负载对称情况下，断开一条相线，按表 5－3 测量并记录各量。

表 5－2 负载星形连接实验的数据记录表

负载	中线	线电压/V			相电压/V			中点电压/V	线电流/mA			中线电流/mA
		U_{UV}	U_{VW}	U_{WU}	U_U	U_V	U_W	$U_{N'N}$	I_U	I_V	I_W	I_0
对称	有											
	无											
不对称	有											
	无											

表 5－3 负载三角形连接实验的数据记录表

负载	线电压/V			线电流/mA			相电流/mA		
	U_{UV}	U_{VW}	U_{WU}	I_U	I_V	I_W	I_{UV}	I_{VW}	I_{WU}
对称									
不对称									
一相断开									
一线断开									

5.3.4 实验设备及仪表

(1) 交流电压表 1 块
(2) 交流电流表 1 块
(3) 交流参数测量仪 1 台
(4) 电流插口 6 只
(5) 开关盒 2 只
(6) 电流插头 1 只
(7) 电压测试棒 1 副
(8) 灯泡盒 3 只

5.3.5 预习要求

(1) 复习三相电路的理论知识。

(2) 分别画出负载星形连接和三角形连接的实验电路图(要标出电源电压、文字符号)。电流插座、开关都要画到电路图中。

(3) 阅读本实验中所用仪表的使用说明。

5.3.6 思考题

（1）负载作星形连接时，接入中线能起什么作用？为什么中线不允许接保险丝或开关？

（2）怎样测量中点电压 $U_{N'N}$？有中线时 $U_{N'N}=$？

（3）负载不对称，星形连接，有中线时各灯泡的亮度是否一样？断开中线后各灯泡亮度是否还一样？不知你注意到没有，在不接中线的情况下，当开关某一相负载的开关时，另一相的灯的亮度也跟着变化，你能解释这一现象吗？

（4）分析题：在负载对称的情况下，星形连接，无中线，如果有一相负载发生短路或断路故障时，对其余两相负载的影响如何？灯泡亮度如何变化？

（5）分析题：负载对称，三角形连接。如果有一根火线发生断路故障时对各相负载的影响如何？灯泡亮度如何变化？

5.3.7 注意事项

（1）本次实验，电路连线较多，线路复杂。为防止错误，避免故障和事故的发生，器件的排列应整齐有序，同一相的器件要卡装到一条卡轨上，并仔细检查，经教师允许后方可接通电源。

（2）实验时，首先要将电源插头的两根连线接在电流表上不要拆下，以免误将电压测试棒接在电流表上去测电压，而烧坏电流表。

（3）实验中如果发生故障，要冷静分析故障原因，在教师指导下尽快找出故障点并与以处理，要不断提高分析故障与排除故障的能力。电路出现的故障有如下几点。

① 短路故障。最严重的是负载短路，这种情况将立即使电源短路，烧断保险丝，如果电流表接在电路里，还可能把电流表烧坏。遇到这种情况，应立即断电，查明原因，排除故障。

② 断路故障。这种故障是由于电路中某个器件损坏或导线没有接好造成的。可用电压表逐点测量电位的方法查找故障点。

5.3.8 对实验报告的要求

（1）画出实验电路图。列出实验数据表格。

（2）根据实验数据，按一定比例尺分别画出对称负载星形连接和三角形连接时的电压电流相量图。

（3）从相量图上分别求出线电压、线电流的数值，并与实验的测量结果进行比较，验证对称负载星形连接和三角形连接时 U_L 与 U_P、I_L 与 I_P 之间的$\sqrt{3}$关系。

（4）根据实验的数据及观察到的现象说明三相四线制供电系统设置中线的必要性。

5.4　三相电路功率的测量

5.4.1　实验目的

(1) 掌握用一瓦计法和二瓦计法测量三相电路的有功功率。

(2) 了解测量对称三相电路无功功率的方法。

(3) 进一步熟练掌握功率表的接线和使用方法。

5.4.2　原理说明

(1) 根据电动系单相功率表的基本原理，在测量交流电路中负载所消耗的功率时，其读数 P 决定于式：

$$P=UI\cos\varphi$$

式中：U——功率表电压线圈所跨接的电压；

I——流过功率表电流线圈的电流；

φ——$\dot{U}$ 和 $\dot{I}$ 之间的相位差角。

单相功率表也可以用来测量三相电路的功率，只是各功率表应采取适当的接法。

(2) 三相四线制供电的三相星形联接的负载(即 Y 接法)，可用一只功率表测量各相的有功功率 P_A、P_B、P_C，则三相功率之和为三相负载的总有功功率值。这就是一瓦计法，如图 5－13 所示。若三相负载是对称的，则只需测（$\sum P=P_A+P_B+P_C$）即量一相的功率，再乘以 3 即得三相总的有功功率。

(3) 在三相三线制电路中，通常用两只功率表测量三相负载的功率，称为二瓦计法。如图 5－14 所示，三相负载所消耗的总有功功率 P 为两只功率表读数的代数和，即

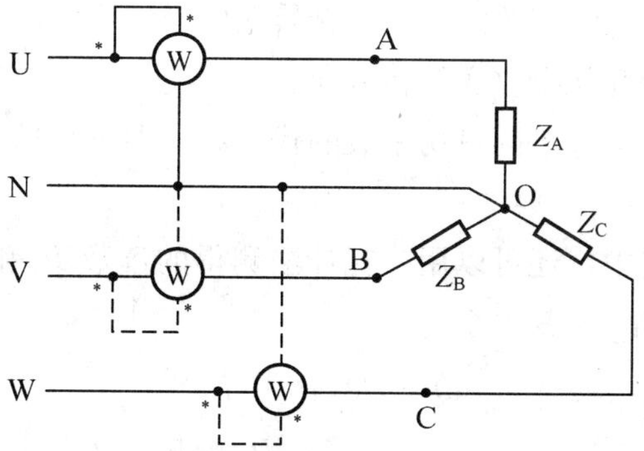

图 5－13　用一瓦计法测量三相负载的功率

$$P=P_1+P_2=U_{AC}I_A\cos\varphi_1+U_{BC}I_B\cos\varphi_2=P_A+P_B+P_C$$

式中：P_1和P_2——分别表示两只功率表的读数。

利用功率的瞬时表达式，不难推出上述结论。

（4）用二瓦计法测量测量三相功率。

① 二瓦计法适用于对称或不对称的三相三线制电路，而对于三相四线制电路一般不适用。

② 图 5－14 中只是二瓦计法的一种接线方式，而一般接线原则如下。

a. 两只功率表的电流线圈分别串接入任意两项火线，电流线圈的发动机端（ * 端）必须接在电源侧。

b. 两只功率表的电压线圈的发动机端必须各自接到电流线圈的发电机端，而两只功率表的电压线圈的非发电机端必须同时接到没有接入功率表电流线圈的第三项火线上。

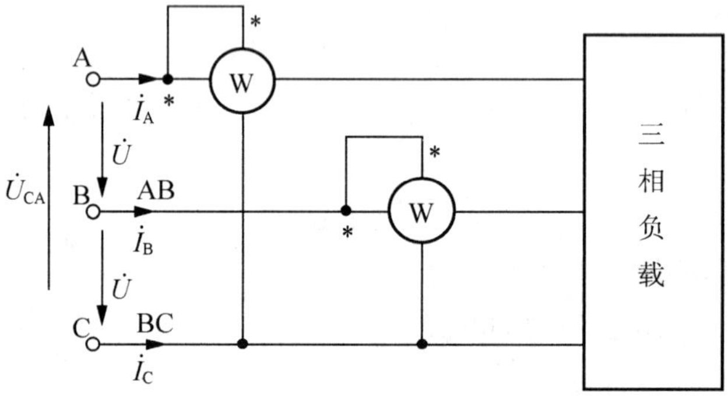

图 5－14　用二瓦计法测量三相负载的功率

③ 在对称三相电路中，两只功率表的读数与负载的功率因数之间有如下关系。

a. 负载为纯电阻(即功率因数等于 1)时，两只功率表的读数相等。

b. 负载的率因数等于大于 0.5 时，两只功率表的读数均为正。

c. 负载的率因数等于 0.5 时，某一只功率表的读数为零。

d. 负载的率因数小于 0.5 时，某一只功率表的指针会反向偏转。为了读数，应把功率表电流线圈(或电压线圈)两个端钮接线互换，使指针正向偏转，但读数为负值。有的功率表上带有专门的换向开关，将开关由“＋”转换至(－)的位置，功率表内的电压线圈被反向连接，于是功率表的指针就会改变偏转方向。

（5）三相负载的总功率等于两只功率表的代数和，即 $P=P_1+P_2$。单独一只功率表的数值没有意义。

（6）在对称三相电路中，还可以用二瓦计法测得的读数 P_1和 P_2来求出负载的无功功率 Q 和负载的功率因数角 φ，其关系为

$$Q=\sqrt{3}(P_1-P_2)$$

$$\varphi=\arctan\sqrt{3}\left(\frac{P_1-P_2}{P_1+P_2}\right)$$

（7）对称三相电路中的无功功率还可以用一只功率表来测量。将功率表的电流线圈串接于任一项火线，而电压线圈跨接到另外两项火线之间，如图 5－15 所示，则有 $Q=\sqrt{3}P$

式中：P——功率表的读数。

当负载为感性时，功率表正向偏转；负载为容性时，功率表反向偏转(读数取负值)。

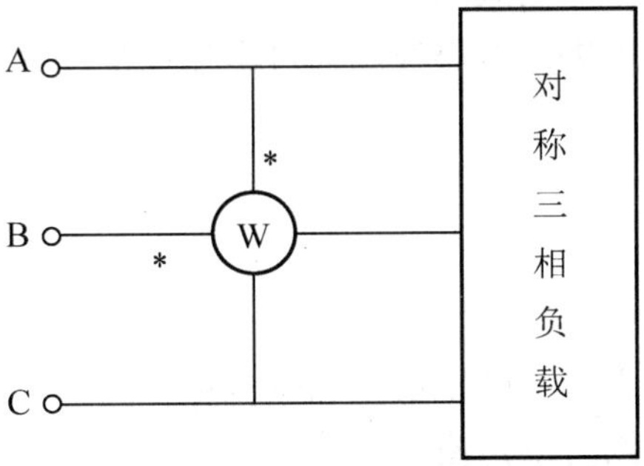

图 5－15　对称三相电路中无功功率的测量

5.4.3　实验内容

1. 测量三相四线制电路中负载所消耗的有功功率

（1）用一瓦计法和二瓦计法测量对称电阻性负载的有功功率，数据记入表 5－4、表 5－5中。

（2）用一瓦计法测量不对称电阻性负载的有功功率，然后再按二瓦计法接线和测量，并与一瓦计法测得的结果相比较。

表 5－4　一瓦计法测量数据记录表

负载情况	开灯盏数			测量数据			计算值
	A 相	B 相	C 相	P_A/W	P_B/W	P_C/W	$\sum P$/W
Y 接对称负载	3	3	3				
Y 接不对称负载	1	2	3				

表 5－5　二瓦计法测量数据记录表

负载情况	开灯盏数			测量数据		计算值
	A 相	B 相	C 相	P_1/W	P_2/W	$\sum P$/W
Y 接对称负载	3	3	3			
Y 不对称负载	1	2	3			

2. 测量三相三线制电路中负载所消耗的有功功率和吸收的无功功率

(1) 用二瓦计法测量对称感性或容性负载的有功功率；用一只功率表测量三相负载吸收的无功功率，并与用二瓦计法测量值计算得出的无功功率相比较。

(2) 用二瓦计法测量不对称负载的有功功率(选做实验)。

使用功率表测量时，功率表的电流线圈通过电流插头接入电路，电压线圈通过测试表笔接到被测点。

5.4.4 注意事项

(1) 注意功率表的接线方式、电压量程和电流量程的选择，以及功率表的读数方法。

(2) 负载端线电压不得超过给定值。

5.4.5 实验设备

序号	名称	型号与规格	数量	备注
1	交流电压表	0～500V	1	屏上
2	交流电流表	0～5A	1	屏上
3	单相功率表		1	屏上
4	万用表		1	自备
5	三相交流电源		1	屏上
6	三相灯组负载	220V/25W 白炽灯	6	DDZ-14
7	电容	1μF、2.2μF、4.7μF/500V	若干	DDZ-13

5.4.6 实验注意事项

每次改变接线，均需断开三相电源，以确保人身安全。

5.4.7 预习思考题

(1) 复习一瓦计法测量三相对称负载功率的原理。

(2) 测量功率时为什么在线路中通常都接有电流表和电压表?

5.4.8 实验报告

（1）总结、分析三相电路功率测量的方法与结果。

（2）心得体会及其他。

第6章

谐振电路和瞬态过程实验

含有电容、电感等储能元件的电路称为动态电路。在已经做过的实验中所测得的数据都是电路的稳态值，而这部分实验研究电路的过渡过程，由于电路中的电压、电流是随着时间变化而变化的，要用示波器才能观察到整个变化过程。对于只有电容或电感与电阻组成的一阶电路，当时间常数大的时候，可用示波器观测到单次接通直流电压时的过渡过程，而小时间常数的电路的过渡过程非常短暂，单次接通直流难以观测，因为开关的动作、直流输入等的时间相对于电路的时间常数大得多，在示波器上只能看到它们的稳态值，要在示波器上观察到瞬态过程的波形，必须使其周期性的重复出现。为此，可用能快速通断的电子开关给电路通断直流，实验中使用函数信号发生器产生的方波电压，利用它的前沿替代单次接通的直流电压或阶跃电压，但方波电压的半个周期必须大于被测电路时间常数的3～5倍，这样，在方波的半个周期内就能完成一次瞬态过程，用示波器观测到的结果是完全与单次的变化过程相同的。

同时具有电容和电感的RLC电路称为二阶电路，当激励信号与线路固有频率一致时，电路发生谐振。一方面谐振现象得到广泛的应用，另一方面在某些情况下发生谐振又会破坏正常工作，因此对于谐振现象的研究具有重要的实际意义。

6.1 一阶电路的过渡过程

6.1.1 实验目的

（1）学习用示波器观察和分析电路的过渡过程。

（2）学习用示波器测定RC电路的过渡过程的时间常数的方法。

（3）研究时间常数对微分电路和积分电路输出波形的影响。

（4）学习示波器和函数信号发生器的使用。

（5）学习使用万用表测试大容量电解电容器的方法。

6.1.2 实验原理

从电路接通电源到电压、电流处于稳定状态需要一段时间的，这一阶段称电路的过渡过程(瞬变过程)，也称时域特性，是由于电路中存在惯性储能组件而引起的。电路的瞬变过程的应用可推广到各种电的和非电的工程控制系统中。诚然，描绘工程系统的过渡过程的数学形式往往比较复杂，但常常可以把它们分解为若干简单的典型环节。如比例、积分、微分、一阶惯性和二阶惯性等环节。除比例环节不含惯性储能组件外，一般只含一个或两个储能组件，可以用一个电路来模拟。因此，测量简单的电路过渡过程的方法可以很方便地推广到工程系统动态过程的测定中加以应用。这部分内容只安排了对一阶电路瞬变过程的研究。为研究方便，我们选取了 RC 一阶电路作为本次的实验电路。

为了研究瞬态电路的测试方法，首先了解一下典型系统的瞬态过程的时间常数。以电容器的充、放电过程来说，其输出电压为

$$u_c(t)=u_c(\infty)+[u_c(0^+)-u_c(\infty)]\,e^{-\frac{t}{\tau}}$$

充、放电曲线为指数曲线，如图 6－1 所示。曲线的形状主要取决于时间常数 τ，它是系统的输出量 $u_c(t)$ 由初始值 $u_c(0^+)$ 变化到稳态值 $u_c(\infty)$ 的 63.2％所需的时间，RC 电路的充、放电过程理论上需要无穷长的时间才能结束，从工程应用角度考虑，可以认为当 $t=(3\sim5)\tau$ 的时间基本结束。简单电路中，$\tau=RC$，取决于电路参数。

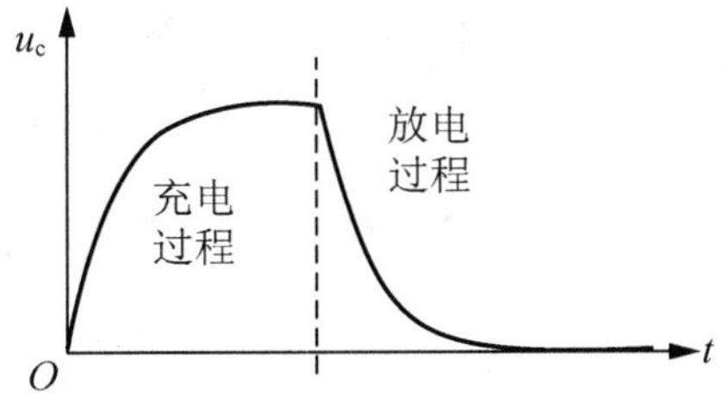

图 6－1 冲、放电曲线

1. 微分电路

将 RC 电路的电阻 R 两端作为输出端，输入端加方波电压，适当选择 RC 电路参数，使之满足 $\tau\ll t_p$，则输出电压 u_R 近似地与输入电压对时间的微分成正比，故称微分电路。电路与波形如图 6－2 所示。输出脉冲波实际上反映了输入信号的跃变部分。

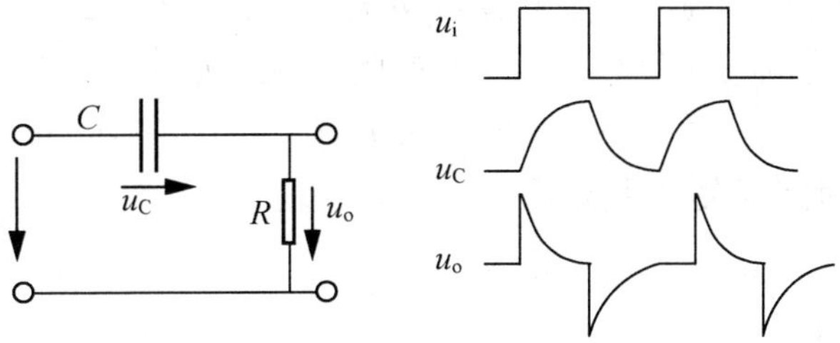

图 6－2 微分电路及波形

2. 积分电路

将 RC 电路的电容的两端作输出端，输入端加方波电压，适当选择 RC 电路参数使之满足 $\tau \gg t_p$，则输出电压近似正比于输入电压对时间的积分，故此电路成为积分电路。电路与波形如图 6-3 所示。

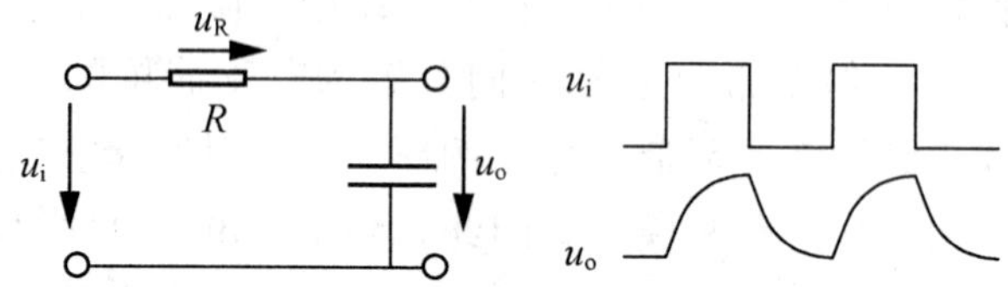

图 6-3 积分电路及波形

3. 耦合电路

电路结构与微分电路相同，不同的是时间常数要满足 $\tau \gg t_p$，则电阻两端的电压不再是尖脉冲，而与输入电压很近似，这就是放大电路中所使用的级间耦合电路。电路与波形如图 6-4 所示。

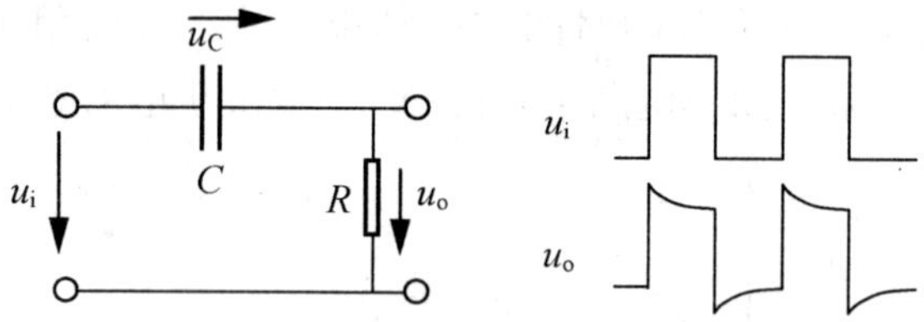

图 6-4 耦合电路与波形

4. 时间常数 τ 的测量

将信号电压接到 RC 电路输入端，用示波器(Y 轴输入开关置于 DC 位置)观察电路的输入电压 $u_i(t)$、电阻电压 $u_R(t)$和电容电压 $u_c(t)$的波形。用 $u_c(t)$的波形测定电路的时间常数为例进行说明，测试电路按图 6-5 连接。

用标尺法测定时间常数 τ 值(就是测定两点间的水平距离)，其测定方法如图 6-6 所示。调节 X、Y 轴位移，使 $u_c(t)$的波形处于适当位置，再根据波形是否便于读测，适当调节扫描时间和 Y 轴衰减，从屏幕上测得电容电压的最大值 U_{CM}对应的格数：$a(\text{cm})=U_{CM}$。$t=\tau$ 时，电容电压(P 点)对应的格数：$b(\text{cm})=0.6329a(\text{cm})$。

此时，时间轴对应的格数为 $C(\text{cm})$，则时间常数 τ 为

$$\tau=S(\text{ms/cm})\times C(\text{cm})$$

式中：S——“扫描时间开关”指示值，(ms/cm)。

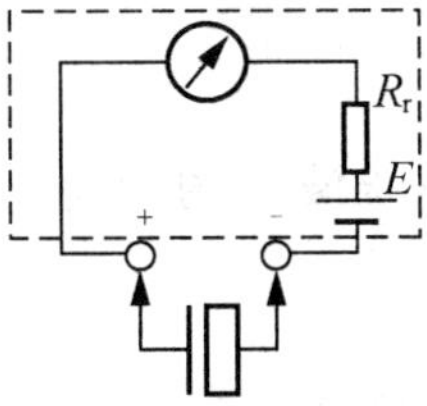

图 6-5　万用表测电容的原理图

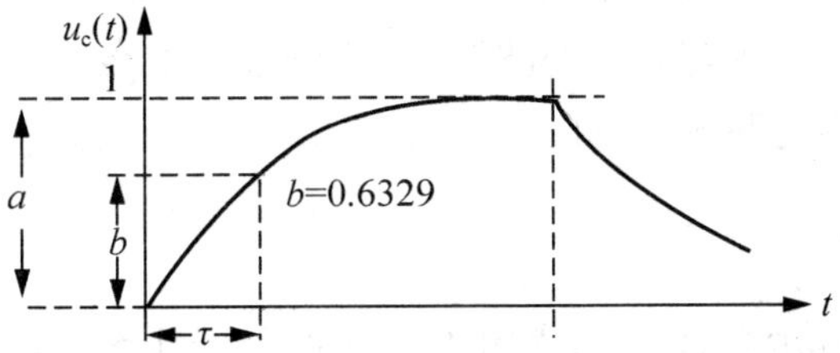

图 6-6　测定时间常用 τ 的示意图

5. 大时间常数的测量

大时间常数通常是指秒级的，首先用 MF—47 型指针式万用表的欧姆档判断电解电容的好坏，并用秒表(可用具有秒功能的手表或实验台电源控制面板上的定时器)测试由此构成的 RC 一阶电路的时间常数。原理说明如下。

测试电路如图 6-5 所示。图中 R_r 为万用表某欧姆档的中心阻值，E 为表内电池。先将电容充分放电，选择万用表的 R×100Ω、R×1kΩ 两档测试。黑表棒(电池正极一侧)连电容正极，红表棒(电池负极一侧)连电容的负极，可定性观察表头指针摆动的快慢及最终停留的位置，由此判断组件的好坏。比较 R×100Ω、R×1kΩ 两档测量中有什么不同。

将电容放完电后，再选一电阻，参照图 6-3 的电路结构在电子沙盘上连接成 RC 电路，输入端接入 10V 的直流电压，用示波器观察在阶跃电压激历时电容器上的电压的变化轨迹。注意示波器要选在慢扫描状态，当扫描光点刚从荧屏左端出现时，接通电源开关，观察光迹，若不能观看到整个过程，调整光点在荧屏上的上下位置或扫描时间。

6.1.3　实验内容与步骤

1. 观测 RC 微分电路输入、输出信号的波形

取 $R=20\text{k}\Omega$、$C=0.01\mu\text{F}$ 在 DZ-I 型电子沙盘上按图 6-2 连接成微分电路，在输入端施加 5V、频率为 500Hz 的方波信号电压，观察电路的输入电压 $U_i(t)$ 和输出电压 $U_O(t)$ 的波形。测取 τ 值并描绘波形图。

2. 观测耦合电路的输入、输出电压波形

改变电路参数，观察电路输出电压波形的变化。将微分电路的电容 C 更换为 10μF，输入信号同上，测绘输出波形。

3. 观测 RC 积分电路的输入、输出信号电压的波形

把 RC 电路改为图 6－3 所示的积分电路，在输入端施加 5V、频率为 500Hz 的方波信号电压，观察电路的输出电压 $U_O(t)$ 的波形。测取 τ 值并描绘波形图。

改变电路参数，观察电路输出电压波形的变化。

4. 大时间常数 RC 电路的观测

取电解电容 C=1000μF/15V，将万用表放置在 R×1kΩ 档的位置上测试电容，注意最终停留的位置及所需的时间。把电容器放电后，再用 R×100Ω 档测试。

把电容器放电后，取一阻值为 1kΩ 的电阻，在电子沙盘上连接成 RC 电路，输入端接 10V 直流电压，用示波器观察在阶跃电压激励下，电容器电压的变化轨迹。

6.1.4 实验设备、仪器

(1) DZ－I 型电子沙盘	1 块
(2) 长余辉示波器	1 台
(3) 函数信号发生器	1 台
(4) 万用表	1 只

6.1.5 预习要求

(1) 阅读教材中有关 RC 电路过渡过程及其应用的内容。

(2) 阅读关于示波器、函数发生器的使用方法及相关知识。

(3) 根据实验中使用的方波电压的频率及给定的 R、C 值，预先计算出方波信号的宽度 t_p、微分、积分电路的时间常数。

6.1.6 对实验报告的要求

(1) 整理实验数据，画出各个电路的输入、输出波形图。标明各个特征值。

(2) 分析电路参数对输出波形的影响。

(3) 根据实验结果说明 RC 电路用做微分电路和积分电路的条件。

（4）说明用示波器测定时间常数的方法，将所测得的数值与计算数值比较，分析误差原因。

（5）总结时间常数对 RC 电路瞬变过程的影响。

6.2　RLC 串联谐振电路的研究

6.2.1　实验目的

（1）观察 RLC 串联电路谐振时的特殊现象。

（2）学习测量 RLC 串联电路的频率特性曲线。

（3）研究谐振现象和电路参数对谐振特性的影响。

（4）学习毫伏表、信号发生器、示波器的使用方法。

6.2.2　实验原理

含有电感和电容组件的电路，在一定条件下可以呈现电阻性，即整个电路的总电压与总电流同相位，这种现象称为谐振。由于电路结构不同，谐振现象可以分为串联谐振和并联谐振。

谐振现象在测量仪器和无线电通信领域得到广泛的应用，而在电力供电系统中如果出现谐振又会发生危及系统正常工作的情况，所以对谐振现象的研究，有重要的实用意义。

（1）RLC 串联电路如图 6-7 所示，这种电路产生的谐振称为串联谐振，条件是 $2\pi fL=1/2\pi fC$，这说明电路是否产生谐振决定于电路的参数和电源的频率。当电路的参数一定时，适当调节电源的频率，可使电路发生谐振；当电源的频率一定时，改变电路的参数 L 或 C 的数值也可使电路发生谐振。

电路谐振时的角频率为 $\omega_0=\dfrac{1}{\sqrt{LC}}$，频率为 $f_0=\dfrac{1}{2\pi\sqrt{LC}}$。

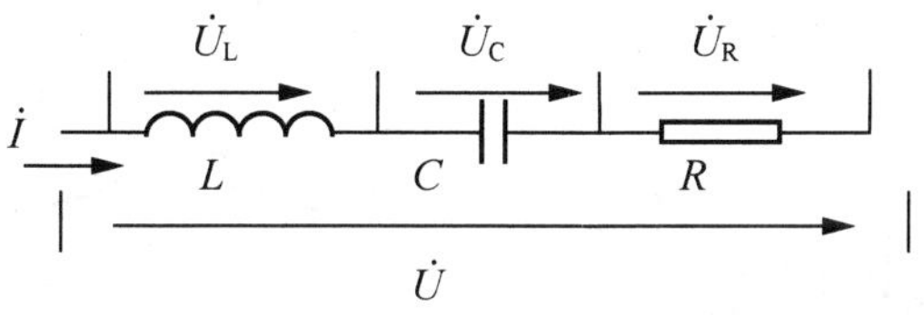

图 6-7　RLC 串联电路

串联谐振电路具有以下几方面的主要特征。

① 由于 RLC 串联电路发生谐振时，电路的电抗等于零，所以谐振时电路的复阻抗

$Z=R+\mathrm{j}X=R$，此时阻抗值最小，电路对外呈现纯电阻性。

② 谐振时电路中的电流有效值为 $I_0=\dfrac{U}{R}$，若电源电压 U 保持不变，发生谐振时电路的电流达到最大值，这是串联谐振电路一个重要特征。

③ 谐振时电路的电抗为零，但电路的感抗和容抗还是存在的，两者大小相等，对外的作用相互抵消。谐振时的感抗和容抗的数值称电路的特性阻抗，用 ρ 表示，即

$$\rho=\omega_0 L=\frac{1}{\omega_0 C}=\sqrt{\frac{L}{C}}$$

电路的特性阻抗和电阻的比值称电路的品质因数(或称共振系数)，用 Q 表示，即

$$Q=\frac{\rho}{R}=\frac{\omega_0 L}{R}=\frac{1}{\omega_0 CR}=\frac{1}{R}\sqrt{\frac{L}{C}}$$

电路的品质因数 Q 的大小完全取决于电路的参数，Q 值的大小是标志谐振电路质量优劣的一个重要指标。

④ 电路谐振时，电感和电容上的电压分别为

$$\dot{U}_{\mathrm{L0}}=\mathrm{j}\omega_0 L\dot{I}_0=\mathrm{j}\omega_0 L\frac{\dot{U}}{R}=\mathrm{j}Q\dot{U}$$

$$\dot{U}_{\mathrm{C0}}=\frac{1}{\mathrm{j}\omega_0 C}\dot{I}_0=-\mathrm{j}\frac{\dot{U}}{\omega_0 CR}=-\mathrm{j}Q\dot{U}$$

谐振时电感上的电压和电容上的电压大小相等，相位相反，它们的数值都是电源电压的 Q 倍，当电路的 Q 值远大于 1 时，电感和电容上的电压将很大，因此串联谐振也称电压谐振。

⑤ 电路谐振时，不再与电源间进行能量交换，电容中的电场能和电感的磁场能相互交换。

RLC 串联电路的电流为 $I=\dfrac{U}{\sqrt{R^2+(\omega L-\frac{1}{\omega C})^2}}$。

当电源电压和电路参数 R、L、C 保持不变时，电路的电流是电源频率的函数。电源频率等于谐振频率时，电路的电流达到最大值，电源频率偏离谐振频率时，称为“失谐”，电路中的电流变小，逐渐改变电源的频率，可以作出电流随频率变化的曲线，如图 6-8(a) 所示。表示电流随频率变化的关系曲线称电流谐振曲线。

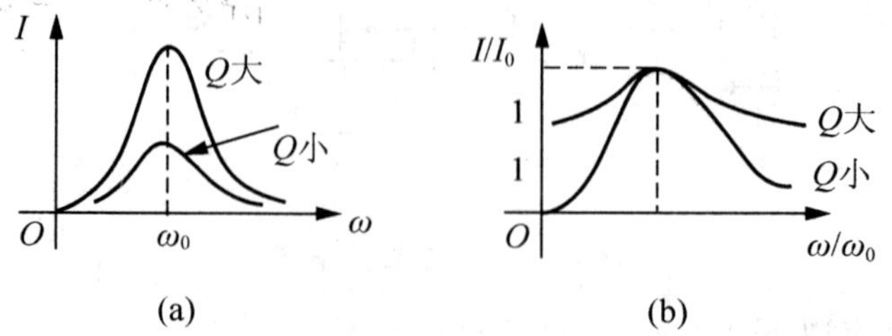

图 6-8　电流谐振曲线

为了方便的研究电流和频率的关系，X 轴用$\frac{\omega}{\omega_0}$之比刻度，Y 轴用$\frac{I}{I_0}$来刻度，也就是将谐振时的数值当作 1 来分析其他频率时电流的百分比，这种方法称为归一化，这种刻度画出的曲线称为“归一化谐振曲线”。其变化规律为

$$\frac{I}{I_0}=\frac{1}{\sqrt{1+\frac{1}{R^2}\left(\omega L-\frac{1}{\omega C}\right)^2}}=\frac{1}{\sqrt{1+Q^2\left(\frac{\omega}{\omega_0}-\frac{\omega_0}{\omega}\right)^2}}$$

上式也就是串联谐振的幅频特性，根据上式可画出不同 Q 值时的幅频特性曲线，如图 6－8(b)所示。由图可知，串联谐振电路对不同频率的信号有不同的响应，这种性能在无线电技术中称为选频特性，电路的 Q 值越高，选频特性越好。即选用 Q 值较高的电路有利于从许多不同频率的信号中选择出所需频率的信号，抑制其他信号。

通频带。应用谐振电路传递信号时，应完整地传送信号中所包含的各个不同频率的分量，保证输出信号不致产生失真，这一技术指标可用通频带来反映，习惯上把幅频特性曲线上$\frac{I}{I_0}\geqslant 0.707$ 所包含的频率范围定义为电路的通频带，即幅值之比下将到最大值的 70.7%时所对应的两个频率之差，一端频率高于 f_0 记作 f_2，另一端频率低于 f_0 记作 f_1，二者分别称作上三分贝、下三分贝频率，通频带用 B 表示，即

$$B=f_2-f_1 \quad 或 \quad B=\frac{f_0}{Q}$$

图 6－9 所示，电路的通频带大于信号的频带宽度时，对信号不失真有利，但选频特性差。电路的 Q 值越高，通频带越窄。

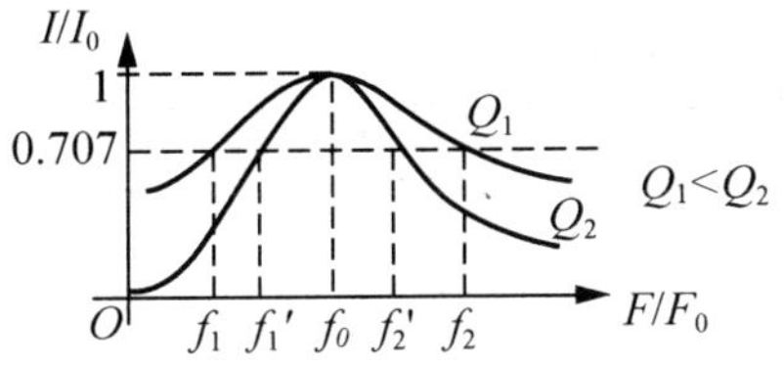

图 6－9　谐振曲线的通频带

串联谐振电路的测试。主要测试内容：当电路的参数固定时确定电路的谐振频率；电源频率一定时，电感大小一定，确定电路发生谐振时的电容数值；改变电源的频率，测试电流谐振曲线；比较不同 Q 值电路谐振曲线的不同特点；等等。

谐振频率 f_0 的测试方法常用以下几种。

① 改变信号源的频率，但信号源输出的电压幅值应保持不变，用晶体管毫伏表测量电阻两端的电压 U_R，电路中的电流最大时，U_R 也最大，此时信号的频率就是谐振频率 f_0，反复多次调节以求测试的准确。

② 通过测试电感、电容上的电压判断谐振，由于谐振时 $\dot{U}_L=-\dot{U}_C$，两者大小相等相位相反，但实际的电感线圈总有一定的电阻，因此随着电源频率的改变，当 U_L 略大于 U_C

时，或U_{LC}近似为零时，电路发生谐振，此时信号的频率即为电路的谐振频率 f_0。

③ 用双踪示波器同时观察信号电压 u 与电阻两端的电压 u_R 的波形判断谐振。因为 u_R 与 i 同相位，所以 u_R 的波形可以反映电流 i 的波形。逐渐改变信号源的频率，当 u 与 u_R 的波形相位相同时，电路发生谐振，此时信号的频率即为谐振频率。

电流谐振曲线的测绘。从谐振点开始，逐渐增大或减小信号的频率，选取若干取样点，用毫伏表测量每个频点对应的 u_R 值，再将 u_R 换算成电流值，根据测试的结果便可绘出电流谐振曲线。选择取样点时，在谐振点附近要取得密一些，每改变一次信号频率，都应校正一次信号电压，使其幅值保持不变。

改变电路的电阻 R 的阻值，可得到不同 Q 值时的电流谐振曲线。

为了使谐振电路具有良好的选频能力，与串联谐振电路相接的信号源，必须具有低的内阻。

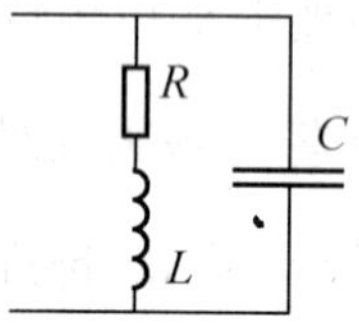

图 6-10 并联谐振电路

(2) 并联谐振电路(选做内容)*。并联谐振电路有电阻、电感线圈、电容并联电路及电感线圈与电容并联的电路。本实验用后一种电路，如图 6-10 所示，图中电阻 R 为线圈本身的固有电阻。

电路发生并联谐振的条件是$\frac{\omega L}{R^2+(\omega L)^2}=\omega C$。

谐振频率为 $\omega_0=\frac{1}{\sqrt{LC}}\sqrt{1-\frac{CR^2}{L}}$或 $f_0=\frac{1}{2\pi\sqrt{LC}}\sqrt{1-\frac{CR^2}{L}}$。

由以上表达式可以看出，电路的谐振频率完全由电路的参数来决定。

并联电路的品质因数为 $Q=\frac{1}{R}\sqrt{\frac{L}{C}}$。

谐振频率写为 $\omega_0=\frac{1}{\sqrt{LC}}\sqrt{1-\frac{1}{Q^2}}$或 $f_0=\frac{1}{2\pi\sqrt{LC}}\sqrt{1-\frac{1}{Q^2}}$。

可见，当 Q 值较高时 $Q^2\gg 1$ 时，则谐振频率为

$$\omega_0=\frac{1}{\sqrt{LC}},\quad f_0=\frac{1}{2\pi\sqrt{LC}}$$

并联电路的主要特征有以下几方面。

① 总电压与总电流相位相同，整个电路相当于一个电阻，此时，电路的阻抗 Z_0 等于 R_0，即

$$Z_0=R_0=\frac{R^2+(\omega_0 L)^2}{R}=\frac{L}{RC}$$

谐振时的电流接近最小，即 $I_0=\frac{RC}{L}U$。

② 并联谐振时，电感支路和电容支路的电流等于总电流的 Q 倍，故称电流谐振，$I_{L_0}=(1-jQ)I_0$，$I_{C_0}=jQI_0$。

当 Q 值较高时，可认为 $I_{L_0}=I_{C_0}=QI_0$。

并联电路的测试。测试电路如图 6－11 所示，图中 R_1 是用来测电流的附加电阻，先测得电阻 R_1 上的电压 U_1，再转换成电流 $I=\frac{U_1}{R_1}$。

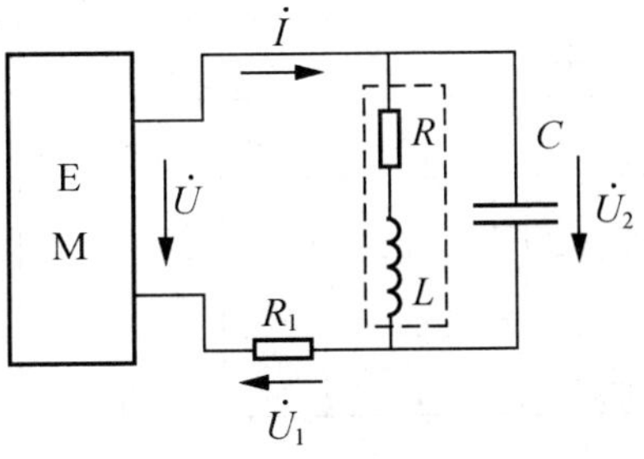

图 6－11　并联谐振电路

① 并联谐振频率的测定。逐渐改变信号源的频率，同时注意保持信号电压的数值不变，当电路的电流达到最小值时，即 U_1 达到最小值，可认为电路发生谐振，此时，信号的频率等于谐振频率。为了使测得的谐振频率更准确，再用双踪示波器同时观察 u 和 u_1 的波形，通过微调信号的频率，使 u 和 u_1 达到同相位，此时，信号源的频率就是电路的谐振频率 f_0。

② 并联谐振曲线的测绘。先调节信号源的频率使电路处于谐振状态，再调节信号电压，使电流为某一值，即使 U_1 为某一值(一般取 1～2V)，用毫伏表测取 U_2 的值。然后，在谐振频率两侧各取若干个频点，测取每个频点对应的电压 U_2，根据测量结果，便可绘出并联谐振电路的电压谐振曲线。实验过程中，要始终保持 U_2 的数值为初始值。

6.2.3　实验任务及步骤

(1) 把领取的 R、L、C 组件在 DZ－1 型电子沙盘上按图 6－7 连接电路。用所给的测量仪表，应用两种方法判断电路是否发生谐振。根据表 6－1 所给出的条件，测取表中各量的数值，并填入表中。

表 6－1　谐振时实验数据记录表

项目 \ 条件		f_0	U_{R_0}	U_{C_0}	U_{L_0}	U_{LC_0}	I_0	Q
$U=1V$ $R=10\Omega$	计算值							
	测量值							
$U=1V$ $R=47\Omega$	计算值							
	测量值							

(2) 参考表 6－2，测绘不同 Q 值时的电流谐振曲线。在 f_0 附近取点要密一些。实验中改变信号频率时，注意保持输出电压数值不变。

(3) 测量图 6-11 所示电路的并联谐振频率 f_0，并测绘电压谐振曲线。再给电感线圈串入一个 10Ω 的电阻，改变电路的 Q 值，再测出 Q 值时的电压谐振曲线。

参考表 6-2 自拟数据记录表格。

表 6-2 串联谐振电路实验数据记录表

条件 \ 次数		1	2	3	4	5	6	7	8	9	10	11	12	13	14	15
U=1V	U_R															
R=10Ω	I															
U=1V	U_R															
R=47Ω	I															

注：表中的电流 I 为计算值。

6.2.4 设备仪表及元器件

(1) 晶体管毫伏表　1 台
(2) 函数信号发生器　1 台
(3) 双踪示波器　1 台
(4) DZ-I 型电子沙盘　1 块
(5) 电阻器　2 只
(6) 电感组件　1 只
(7) 电容器　1 只

6.2.5 预习要求

(1) 阅读关于示波器、函数信号发生器、毫伏表使用方法的说明。

(2) 根据给定的实际组件参数，计算出图 6-7、图 6-10 所示电路的谐振频率 f_0，计算出表 6-1 中的各计算值，并填写在预习报告中。

(3) 作出实验步骤(3)所需要的数据测试记录表格。

6.2.6 对实验报告的要求

(1) 根据测试结果，绘出不同 Q 值时的串联谐振电路的电流谐振曲线。分析 Q 值的大小对谐振曲线的影响，总结串联谐振电路谐振时的特征。

(2) 根据测试结果，绘出串联谐振电路的电压谐振曲线。总结串联谐振时的特征。

(3) 由绘得的各谐振曲线确定电路的通频带、Q 值、f_0，与计算结果相比较，分析误差原因。

(4) 在实验中，当 RLC 串联电路发生谐振时，是否有 $U_R=U$ 和 $U_L=U_C$？若关系不成立，试分析其原因。可以用哪些方法判别电路处于谐振状态？

第7章 电机及继电接触控制实验

不管是从事电气工程还是其他工程，总离不开仪器设备，设备面板上往往装有各种功能的按钮，有按钮就有控制电路，有的简单，有的复杂。这里给出了几个最基本的控制电路的接线和读图。读图就是分析一个电路的结构、工作原理、实现的功能以及使用的电器、接入的电源等。连接电路、检查电路、分析电路都是离不开电路图的，否则，将无法处理电路的问题。在以前的教学中，就发现总有个别人偏偏忘了电路图，只对着一个个的电器、一条条的导线低着头发愁，不知道手中的那根导线该接到哪个接点上去。其实，图上的每一个符号与实物是一一对应的，接线要按电路图进行，不能按自己的主观意愿，要切记这一点。

只要熟练掌握了这些基本控制电路的读图、接线、查找故障的技术，对处理那些复杂一些的控制电路的问题也不困难了，因为再复杂的控制电路都是基于这些基本控制单元电路的。

在这里将会认识生产中常用到的各种控制电器，并学会怎样用它们连接成具有某种控制功能的控制电路。研究这部分内容的思想方法与其他部分是完全不同的。以前使用过的元器件结构都是很简单的，在这里所接触的电器，必须详细地了解它的结构、每个机构的动作原理以及与其他电器怎样配合，否则，就不知道怎样使用它们。一只电器上有好多个不同的部件，在电路中担负不同的任务，分布在电路的不同的部位，但它们的名称(或称标识符)是相同的，这是识别它们的标记。

7.1 异步电动机的点动、连续控制电路

7.1.1 实验目的

(1) 了解交流接触器、热继电器、控制按钮的结构、使用方法。

(2) 练习几种典型控制电路的接线。

（3）训练检查、排除电路故障的能力。

（4）加深理解几种典型控制电路的工作原理及各环节的作用。

（5）学习交流电动机的正确使用方法。

7.1.2 原理与说明

（1）三相交流异步电动机的使用常识。电动机在使用之前都要做一些检查工作，如机械机构检查、绝缘电阻检查。初次使用电动机时，还要仔细辨认名牌上的数据及连接方式所对应的电压。

（2）电动机出厂时将三相绕组的始、末端已引致接线盒的接线端子上，供作 Δ 形或 Y 形连接用。3 个始端的标记分别为 U_1、V_1、W_1；3 个末端分别为 U_2、V_2、W_2。为实验时接线方便，实验室把两台电动机安装到了一辆小车上，其中一台驱动一套传动机构。安装传动装置的那台电动机已作 Y 形连接，只把 3 个始端从接线盒里连到了接线端子板上，标记为 U、V、W，另一台电机的端子全部引到了接线板上，标记为 U_1、V_1、W_1 和 U_2、V_2、W_2。

（3）由继电器、接触器和按钮等控制电器实现的对电机的控制，称为继电接触控制。任何复杂的控制线路，都是由一些基本的电路组成的。鼠笼式电动机的直接启动控制电路是最基本的控制电路，该线路在实现对电机的起、停控制的同时，还具有短路保护、过载保护和零压保护作用。该线路是电动机控制线路的基础，一台乃至多台电动机的各种功能的控制线路都可以由它演变出来。

（4）控制电器的安装与固定：现在生产的控制电器(除按钮外)，多数都具有安装固定的机构，仔细观察电器的底部，就会发现一边有槽沟，另一边有可以伸缩的舌簧，这就是用来固定的机构。在电器控制柜瑞安装上卡轨，控制电器就卡装到卡轨上。在实验台上就装有工业用的两种卡规，中间的两条是 C45 型卡规，顶部和底部那两条是 D1 型的。接触器只能卡装到 C45 型的卡轨上，接线板(见电机车上的)只能卡装到 D1 型卡轨上。有的电器没有卡装机构，我们实验室设计制作了一种两用卡座，把没有卡装机构的电器或印刷电路板安装上卡座，即可以固定在 D1 型卡轨上，又可以固定在 C45 型卡轨上，使用很方便。这种卡座也可以用于工业上。

（5）导线连接技术：在生产中，只有原理图是不行的，还要有安装图(或称施工图)。安装图标明了每个电器的安装位置以及导线的布线状态。在原理图和安装图上所有的导线都编了号码，相通的导线(或同一节点上的导线)，其编号应是一样的。导线的连接与查验就是根据导线号码识别的。在电气工程中，导线端头套上号码管，用冷压钳压上冷压端头，再固定到电器端子上。我们在实验室里只套号码管，不压冷压端头，但是，要把导线的金属丝螺旋状地绕在自身的线皮上，然后固定到电器上。

7.1.3　实验任务

（1）观察 B9 型接触器的外形，找出线圈、主触头的接线位置。轻轻用手按压动骨架，观看各触头的动作。

（2）检查接触器的线圈额定电压是否与本实验线路电压一致。用万用表电阻档检查接触器、热继电器、按钮的触点通断状况是否良好。

（3）接线(导线长短要合理搭配)。先接主电路，后接控制电路，先接串联电路，后接并联电路。要求在任一连接点上不超过两根导线以保证接线的牢靠、安全。同一连接点上的两根线可套同一个号码管。

（4）按图 7－1 连接点动控制电路。连接完毕，复查无误，再经老师认可，便可通电操作。

（5）拆除点动控制电路，按图 7－2 连接直接启动控制电路。

（6）第 5 步做完后，记住电机转向，断电，将接电机的 3 根线中的任意两根对调，通电，重新启动电机，观察电机转向是否改变。

（7）连接两台电机的顺序控制电路。*（考虑第二台电动机的六个端子怎样连接?）

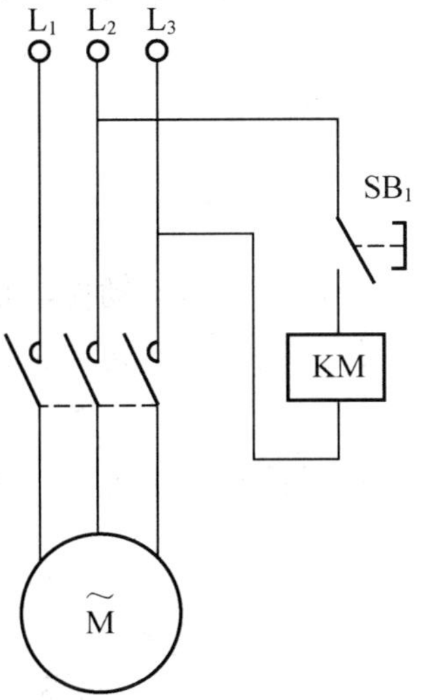

图 7－1　点动控制电路

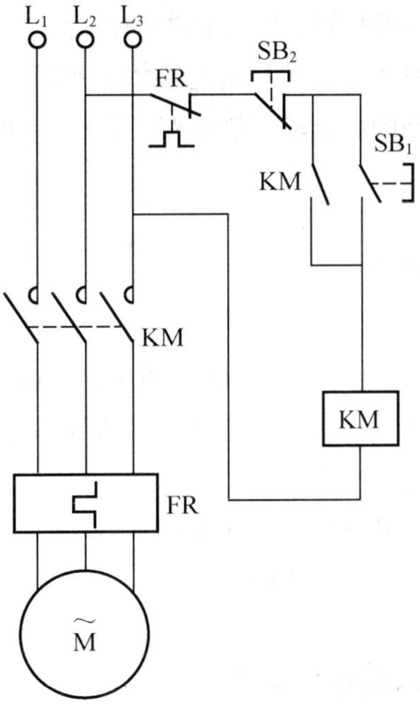

图 7－2　连续控制电路

7.1.4　注意事项

（1）短时间内启动不可太频繁。按下启动按钮时，听接触器吸合的声音、看电动机的转动是否正常，若发现电机转速很慢或只是嗡嗡振动而不转，这是缺相状态，要立即断电，检查线路和电源，排除故障再通电实验。

（2）远离转动部分，以免发生人身或设备事故。

7.1.5 实验设备与仪器

（1）电机车	1 辆	（4）按钮	1 套
（2）交流接触器	2 只	（5）万用表	1 只
（3）热继电器	1 只		

7.1.6 预习要求

（1）了解三相异步电动机名牌数据的意义。

（2）查找三相电动机 3 个绕组的 6 个端子在接线盒内的排列方式图。

（3）复习本实验中用到的控制电器的结构、用途、工作原理。

（4）复习三相电动机直接启动控制电路的工作原理，并理解自锁及点动的概念，以及短路保护、过载保护、零压保护的概念。

（5）复习顺序启动控制电路的工作原理。

（6）分别画出点动控制电路、直接启动控制电路、顺序启动控制电路的主电路和控制电路。

7.1.7 思考题

（1）接线完毕，检查过后给电路上电，按下启动按钮，接触器不动作，是主电路有故障还是控制电路有故障？如果按启动按钮后，接触器动作，但电机不转，又是哪个电路有故障？

（2）热继电器用于过载保护作用，是否可以用于短路保护？为什么？

（3）零压保护是如何实现的？

7.1.8 对实验报告的要求

（1）画出本次实验的控制电路图，说明各环节的作用。

（2）回答思考题。

7.2　异步电动机的正反转控制电路

7.2.1　实验目的

（1）进一步掌握常用控制电器的结构、动作原理、使用方法。
（2）学习复式按钮的连接方法、所起的作用。
（3）加深理解三相电动机的正反转控制电路的工作原理。
（4）明确正反转控制电路中两只接触器互锁的必要性。

7.2.2　实验简述

1．正反转

有许多生产机械，如吊车、刨床等都需要上下、左右两个方向的运动，早期是用机械装置实现的，后来通过改变电动机的旋转方向实现两个方向的运动，这就有了正反转控制电路。由三相异步电动机的工作原理可知，只要改变通入电动机定子绕组的三相电源的相序，就可改变电动机的转向，具体实现是调换接向电动机的三根相线中任意两根的接线位置。在上次实验中大家已经试验过了。在控制电路中，是用接触器改变相序的，如图 7－3 所示，在主电路中，当正转接触器KM_1 的主触点闭合时，接入电动机 3 个始端 U、V、W 的相线分别是 L_1、L_2、L_3，当反转接触器KM_2 的主触点闭合时，接向 U、V、W 的相线分别是 L_3、L_2、L_1 相，接入定子绕组的相序变了，电机的转向也就变了。

2．自锁与互锁

控制电路中与启动按钮相并联的 KM_1、KM_2 为自锁触点，自锁触点的应用在上次实验中已做过了，回忆一下它的作用是什么？

与启动按钮相串联的 KM_1、KM_2 为互锁触点。KM_1 作用是保证电动机正转时，断开反转接触器线圈的通路；KM_2 作用是保证反转时，断开正转接触器线圈的通路，以防止两接触器同时动作使主电路发生短路事故。

7.2.3　实验电路图

实验电路图如图 7－3 所示。

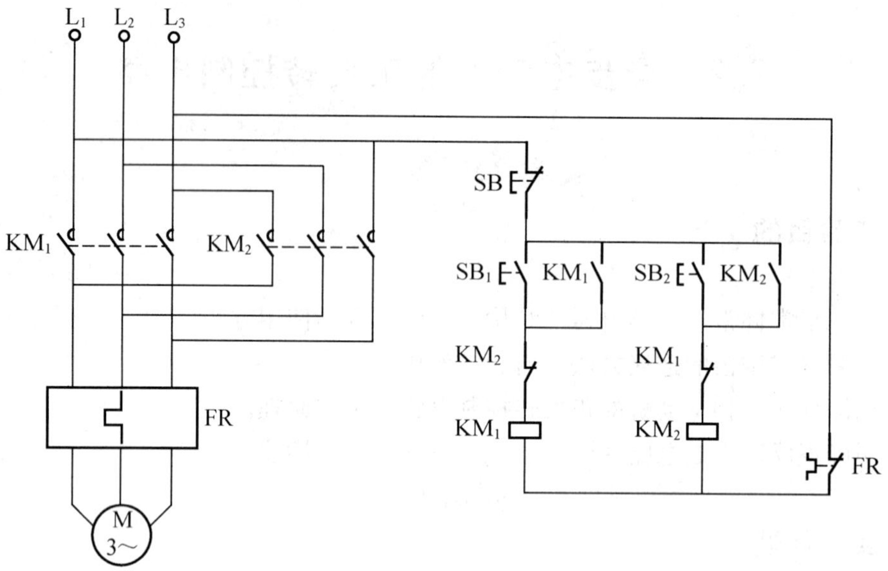

图 7-3　异步电动机正反转控制电路

7.2.4　实验步骤

(1) 观察 B9 型接触器的辅助触点模块 CA7—01 型的结构和固定辅助触点模块的动骨架，琢磨辅助触点模块是怎样卡装到动骨架上去的。CA7—01 触点的两个接线位置的编号是什么。未弄清辅助触点模块的卡装方法时，不可鲁莽行事，以免弄坏模块或骨架。

(2) 辅助触点模块装上后，轻轻按压动骨架，看动作是否灵活，若卡住不动或不灵活要重新卡装辅助触点模块。

(3) 将电器卡装到卡规上，位置要合理，以方便接线为原则。

(4) 接线。先接主电路(暂不接电动机)，后接辅助电路，先接串联电路，后接并联电路，同一个接点上有多个接点相连时，以最近点相连为宜。导线长短搭配要合理。

(5) 电路的调试。接完线后先自查，认为无误再让老师复查。通电试验：按下正转启动按钮 SB_1，看正转接触器KM_1 是否吸合，按下停止按钮 SB，KM_1 是否释放；按下反转启动按钮 SB_2，看反转接触器KM_2 是否吸合，按下停止按钮 SB，KM_2 是否释放。

(6) 上述动作无误后，断电，接上电动机，通电，实验。

7.2.5　实验设备

(1) 接触器	2 只	(3) 热继电器	2 只
(2) 按钮	1 套	(4) 电机车	1 辆

7.2.6　预习要求

（1）复习三相电动机正反转控制电路的工作原理，弄清楚各控制组件的动作过程。

（2）为什么必须保证两个接触器不能同时工作？采取什么措施可以解决这一问题？

7.2.7　对实验报告的要求

（1）画出三相电动机正反转的控制线路图。

（2）说明接触器KM_1、KM_2不能同时工作的原因以及它们的互锁触点的作用。

第8章 模拟电路实验

这部分所研究的电路是各种模拟电路，所谓模拟电路是指输入量与输出量之间具有某种形式的比例关系的电路。模拟电路有用分立组件组成的又有用集成电路组成的。现在放大电路基本都是用集成电路组成的，不得已时才使用分立组件。这部分电路相对于以前的电路称为弱电电路，因为施加到电路上的电压一般在±15V以内。组成放大电路的核心组件有晶体三极管、场效应管、运算放大器，这些器件都属于有源器件；而电阻、电容、电感、二极管都属于无源器件，直接把信号电压施加在由这些无源器件组成的电路的输入端，在输出端就可得到所需要的信号电压。而有源器件则不这么简单，要它们将信号从输入端传输到输出端，必须有直流电源的支持，例如，通常把三极管的集电极、场效应管的漏极通过电阻接到电源上，将发射极、源极接地，集成电路都有专门接电源、接地的端子，接正电源的端子标记有 E_C、U_{CC}、U_{DD}、V_{CC}、V_{DD}；接负电源的端子标记有 U_{SS}、V_{SS}；接地的端子标记为GND。在实际应用中，有时也将 U_{SS}、V_{SS} 接电源的地。因此，做电子电路的实验时，不仅接信号源，还必须先接上直流电源，请务必记住这个规则。

在这部分实验中，将接触许多新鲜的东西，从理论知识、分立组件、集成电路、实验电路插板到实验仪器等。在这里将学会怎样把一个个的电子组件连接成一个能处理信号的放大电路或具有运算功能的运算放大电路，实验室里已经准备好了许多电子元器件，还有插接组件的电子沙盘、仪器仪表，但是必须做好预习工作，实验才能做得成功。

8.1 单管交流放大电路

8.1.1 实验目的

（1）学习用万用表判别晶体管的类型和引脚。

（2）学习单级放大电路的调整、测试方法。

（3）观察电路参数的变化对放大电路静态工作点、电压放大倍数、输出波形的影响。

（4）理解旁路电容、负载电阻对电压放大器性能的影响。

（5）学习直流稳压电源、示波器、函数信号发生器、毫伏表的综合应用。

8.1.2 原理与说明

（1）在生产和生活中，以各种设施获取的微弱的电压信号必须用电压放大器加以放大后用于推动后级电路工作，常用的单管放大电路如图 8－1 所示，采用了分压式、电流负反馈偏置电路，这种偏置电路具有自动调节工作点的能力，当环境温度变化或更换管子时静态工作点基本保持不变。放大电路的参数 E_C、R_C、R_E、R_{B2} 往往是固定的，用改变 R_{B1} 中的电位器 R_W 的阻值的方法来调整放大器静态工作点 Q。当 R_W 阻值过大时，Q 点过低，放大器出现截止失真；R_W 阻值过小时，Q 点过高，出现饱和失真。适当调整 R_W 的阻值，使 Q 点在合适的位置，就可使输出的电压的非线性失真减到最小。

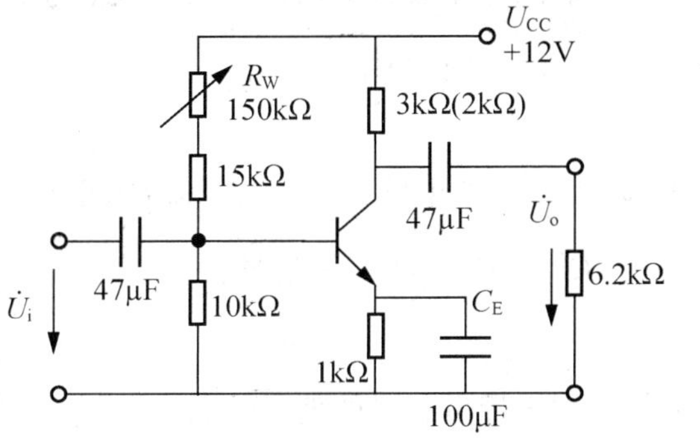

图 8－1 单管放大电路

为了得到最大不失真的输出电压，静态工作点应选在交流负载线的中点，例如：收音机的功放级(甲类)。并非都要调到中点，如果输入信号较小，在不失真的前提下，为了减少管子的功耗和噪声，工作点可选得低一点，如：收音机的高放级和中放级。

要调整最大不失真输出电压，方法是在放大电路的输入端加一个 1kHz 的正弦小信号（3mV），用示波器观察输出波形，逐渐加大输入信号幅度，直到输出波形出现失真为止，若出现上下波形失真对称，则说明静态工作点处在交流负载线的中点，出现上下波形失真对称的原因是信号幅度太大。若出现某个半波失真，可调节 R_W 使波形不失真，然后继续加大输入信号幅度，直到再次出现失真为止，于是，再次调节 R_W，使失真消除，如此往复，直至出现上下波形不失真对称为止，达到最大不失真输出。

最大不失真输出调好后，R_W 就不能再动了，此时把输入信号降为 0mV，测出晶体管各极对地的电压(分别为 U_{BQ}、U_{CQ}、U_{EQ})，就可以计算出放大器的静态工作点的电压为

$$U_{CEQ}=U_{CQ}-U_{EQ}$$

$$I_{CQ}\approx I_{EQ}=\frac{U_{EQ}}{R_E}$$

$$U_{BEQ}=U_{BQ}-U_{EQ}$$

如果知道管子的电流放大系数 β，即可求出 I_{BQ}。

如果为小信号放大电路，则在上面调节的基础上，再调节 R_W，使 Q 点上移或下移，达到所需要求。在调整过程中，以及在以后的测量中，为了避免机壳间的干扰，所有仪器的接地端都要连接在一起。

在调节静态工作点的过程中，可以看到静态工作点对输出波形的影响，当 R_W 阻值过大时，静态工作点过低，放大电路出现截止失真，在失真不严重时，将看不到削波现象，只是波形正半周变钝，这是由于晶体管的非线性所造成的(起始段弯曲)，为了看到削波现象，可适当加大输入信号的幅度。当 R_W 阻值过小时，静态工作点过高，放大电路出现饱和失真，波形负半周顶被削，输出正弦波的电压相量 $\dot{U}_O$ 与输入正弦波的相量 $\dot{U}_i$ 之比，即电压放大倍数。

(2) 电压放大倍数。放大器的电压放大倍数，是指输入信号 u_i 为正弦波时，有

$$\dot{A}=\frac{\dot{U}_O}{\dot{U}_i}=A\angle\varphi$$

式中：A——输出电压与输入电压有效值的比值(即电压放大倍数)。

本实验电路，$A=\frac{\beta R'_L}{r_{be}}$，$R'_L=R_O//R_L$。$\varphi$ 角是输出电压的正弦波与输入电压的正弦波之间的相位差，在中频段，$\varphi=-180°$。从这里可以看出，电压放大倍数 A 与负载电阻有关，开路时的电压放大倍数大于带负载时的放大倍数。

若不加旁路电容 C_E，则放大倍数为

$$A=\frac{\beta R'_L}{r_{be}+(\beta+1)R_E}$$

显然，不加旁路电容，电压放大倍数减小了，这是由于负反馈所引起的。

由于 $r_{be}=200\Omega+(\beta+1)\frac{26}{I_{EQ}}\Omega$，因而当 β 和 R'_L 保持不变时，改变射极静态电流 I_{EQ}，r_{be}就要改变，因而电压放大倍数就要改变，可见电压放大倍数与静态工作点有关。

测量电压放大倍数，其方法是在放大电路的输入端加一个信号电压，测出输出电压和输入电压，两者之比即为电压放大倍数。测量时要用示波器观察输出波形，要在波形不失真的情况下进行测量。

电路中的放大组件是晶体管，当不知道晶体管的 3 个引脚分别对应哪一个极，又没有晶体管手册可查时，可用万用表来识别晶体管的类型和引脚。

由于基极 B 和集电极 C、发射极 E 分别是两个 PN 接，它们的正向电阻都很小，反向电阻都很大，根据这个特点，可以先判定晶体管的基极，方法如下。

使用指针式万用表判别：把万用表置于欧姆挡，一支表笔接到某一引脚上，另一表笔分别和其余两个引脚相接。如果测出的电阻都很大(或都很小)，然后将两支表笔对换，再

重复上述测量，测出的电阻都很小(或都很大)，则那个固定的引脚就是基极。否则，可另换引脚，重复上述操作，直到找出基极为止。

管型：当红表笔(即电池的负极)和基极相接，黑表笔(电池的正极)分别于集电极C、发射极E相接时，测出的电阻都是低阻值时，被测管子为PNP型。同理，如果黑表笔与基极相接，红表笔分别与另外两个引脚相接时，测出电阻均为低阻值时被测管子为NPN型。

辨别集电极C和发射极E：利用测量晶体管电流放大倍数β的大小可以判断集电极C和发射极E。如果万用表上有测量β(hFE)档位，可假定出集电极C和发射极E，把晶体管插入测试插座上对应的E、B、C插孔内(注意管型)，测出β值，交换C、E引脚，重新插入插座内测出β，β值大的那次插入插孔的引脚极性与插孔的标记相对应。如果表上没有β(hFE)测试档，可用万用表欧姆档测量C、E之间电阻的方法，估测β值辨别集电极与发射极。先假定出集电极和发射极，在基极与集电极之间连接一支电阻，黑表笔(电池正极)接集电极，红表笔(电池负极)接发射极，记下表针的偏转位置；交换假定的集电极与发射极再测，比较两次表针的偏转位置，偏转大的那次的假定是正确的。测试中使用的电阻也可用人体电阻代替，一只手捏住接集电极的黑表笔，用舌尖碰触基极，看表针的偏转角度，再换另一引脚重试，偏转角度大的那次，接黑表笔的为集电极。

对于PNP型的管子，红表笔接集电极，黑表笔接发射极时，表针偏转角度大，反之则小。

测量时，一般用100Ω或1kΩ欧姆档，不要用高阻档，因表内高阻档用的是高压电池，以免将PN结击穿。也不要用低阻档，防止因电流过大烧坏管子。

用数字万用表测试晶体管：数字万用表的红表笔为正电极，黑表笔为负极，与指针式万用表相反。将量程旋转开关置于"—▷|—"档，黑表笔插入"COM"插孔，红表笔插入"VΩ"插孔，红表笔接某一引脚，黑表笔分别接另外两个引脚，若两次测得的读数都为二极管的正向压降(硅管为750mV左右；锗管为250mV左右)，交换两只表笔再重复测量，测得的读数都为1(开路状态或超量程状态)，那只被固定测试的引脚为基极。红表笔接基极测试的读数为正向压降时，管子是硅管；黑表笔接基极测得的读数为正向压降时，管子是锗管。管型确定后再用以上介绍的测β(hFE)的方法确定集电极与发射极。

本实验电路的每一个组件都由同学插到实验板上，组件布置要合理，便于检查和测试。

8.1.3 实验任务与步骤

(1) 用万用表测量晶体管判定引脚和类型。

(2) 调整放大电路的静态工作点。按图8-1在电子沙盘上把电路插接好(插完后最好画出组件布置图)，不接R_L，接上12V的直流电压E_C，在输入端接上1kHz、3mV的正弦信号，按照“原理与说明”中介绍的方法调整电路使之达到最大不失真输出。

用万用表测量静态工作点。拆掉放大电路输入端的信号线，用万用表直流电压档测量此时晶体管各电极电位 U_{CQ}、U_{BQ} 和 U_{EQ}，记入表 8-1 中。

用示波器测量静态工作点。将示波器选择开关拨到直流测试档(DC)，记住基准线位置(输入为零时的扫描线位置)衰减微调旋钮置校准位置。选择适当的衰减档，测 U_{CQ}、U_{BQ} 和 U_{EQ} 的数值，记入表 8-1 中，并与万用表测量值相比较。为计算 I_{BQ}，把晶体管的 β 值记到表上。

(3) 测量放大电路的电压放大倍数。保持原来最佳静态工作点不变，将 10mV、1kHZ 的正弦信号加到放大电路的输入端，用毫伏表和示波器分别测量在改变 R_C 和 R_L(见表 8-2)时的输出电压 U_O 的数值，计算电压放大倍数，记入表 8-2 中。了解 R_C、R_L 变化对电压放大倍数的影响，并学会用示波器测量交流电压的方法。

用示波器测量交流电压时，要把选择开关拨到交流测试档(AC)，衰减微调旋钮置校准位置。选择合适的衰减档，测量交流波形的峰-峰值 U_{p-p}，则交流电压的有效值为 $U=\dfrac{U_{p-p}}{2\sqrt{2}}$。

表 8-1　静态工作点测量数据记录表

仪器 \ 项目	测量值			计算值		
	U_{CQ}/V	U_{BQ}/V	U_{EQ}/V	$U_{CEQ}=U_{CQ}-U_{EQ}$	$I_{CQ}=\dfrac{U_{CC}-U_{CQ}}{R_C}$	$I_{BQ}=\dfrac{I_{CQ}}{\beta}$
万用表						
示波器						

电压的峰-峰值 U_{p-p} 可按下式计算：

$$U_{p-p}=H(\mathrm{div})\times V/\mathrm{div}$$

式中：H——正负波峰垂直距离所占的格数，(div)；

V——灵敏度开关指示的每格所代表的电压值，(div)。

如果采用“衰减”10 倍的探头，电压的峰-峰值则为

$$U_{p-p}=H(\mathrm{div})\times V/\mathrm{div}\times 10$$

表 8-2　电压放大倍数测量数据记录表(保持 $U_i=10$mV，$f=1$kHz 不变)

R_L 值	R_C 值	输出电压 U_O/V				计算放大倍数 $\lvert A_u \rvert$
		毫伏表测量值		示波器测量值		
$RL=\infty$	$R_C=2\text{k}\Omega$					
	$R_C=3\text{k}\Omega$					
$RL=2\text{k}\Omega$	$RC=2\text{k}\Omega$					

(4) 静态工作点的位置对输出波形非线性失真的影响。

① 保持 U_i=10mV 不变，按表 8-3 前 3 项条件调 R_W 改变 R_{B1} 值，用示波器观察并描绘输出电压 u_o 的波形，同时用万用表测量相应的 U_{CE} 值，记入表 8-3 中。

② 仍取 U_i=10mV，按表 8-3 第 4 项条件调 R_{B1} 使 u_o 的波形恢复到失真状态。然后逐渐加大输入信号的幅度(注意：信号幅度过大会损坏晶体管)，直到 u_o 的波形产生饱和失真与截止失真为止。描绘波形并测量 U_{CE} 值，填入表 8-3 中。

表 8-3 静态工作点的位置对输出波形非线性失真的影响

工作点的设置	U_{CE}/V	输出电压的波形	结论
R_{B1} 数值适中，工作点位置合适			
R_{B1} 数值太小，工作点位置偏高			
R_{B1} 数值太大，工作点位置偏低			
R_{B1} 数值适中，工作点位置合适			

(5) 观察旁路电容 C_E 对电压放大倍数的影响。输入信号为 10mV，去掉 CE，观察输出波形的变化，并测出此时的输出 U_O(V)，计算电压放大倍数，与步骤(3)的结果相比较。

8.1.4 实验仪器、仪表

(1) 直流稳压电源 1 台
(2) 函数信号发生器 1 台
(3) 示波器 1 台
(4) 毫伏表 1 块
(5) 万用表 1 块
(6) 电子沙盘 1 块
(7) 电子组件、导线 1 宗

8.1.5 预习要求

(1) 复习晶体管放大电路的有关内容及本次实验内容。

(2) 给定 R_{B1}=50kΩ，β=60，按原理图中的参数，估算静态工作点和电压放大倍数。

(3) 熟悉函数信号发生器、示波器、毫伏表、电子沙盘的用法。

8.1.6 实验报告

(1) 画出实验电路图，整理实验数据，画出波形曲线。

(2) 分析静态工作点的位置对放大电路输出电压波形的影响，以及分压式偏置电路稳定静态工作点的原理。

(3) 分析 R_C 及 R_L、旁路电容 C_E 对放大电路电压放大倍数的影响。

8.2 运算放大电路(Ⅰ)

8.2.1 实验目的

(1) 学习集成运算放大电路器件的基本使用方法。

(2) 学习使用运算放大器实现模拟量基本运算的方法。

(3) 继续学习双踪示波器、函数信号发生器的使用方法。

8.2.2 实验原理与说明

集成运算放大器简称集成运放，是一个具有高放大倍数、输入电阻极高的多级直流放大器。它有两个输入端(反相输入端和同相输入端)，一个输出端，如图 8-2 所示。一般制作成双列直插式芯片，一片芯片内有一个放大器的称为单运放，如 μA741；有两个的称为双运放，如 LM353、LM358；有 4 个的为四运放，如 LM324、5G473 等。

集成运放体积小，可靠性高，通用性强。使用这种组件首先应了解它的主要技术参数，如电源电压、最大差模输入电压 $U_{id\,max}$、最大输出电压 $U_{o\,max}$、最大共模输入电压 $U_{ic\,max}$、共模抑制比 K_{CMRR}、输入失调电压 U_{os}、输入失调电流 I_{OS}、开环增益 A_{od}、频带宽度 Δf_{sdB} 等。它们的物理意义可查阅手册或有关资料。

本实验采用 μA741 集成运算放大器，其插脚排列如图 8-3 所示，这是一种 V 封装形式，双列直插式的单运放，一般给出的是顶视图，插脚的号码是以缺口(有的是一个小圆点儿)为标志，逆时针方向数。各插脚的功能见表 8-4。

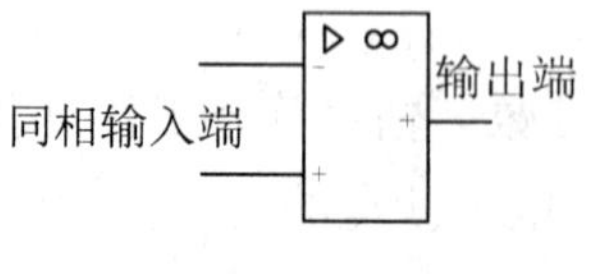

图 8-2 逻辑符号

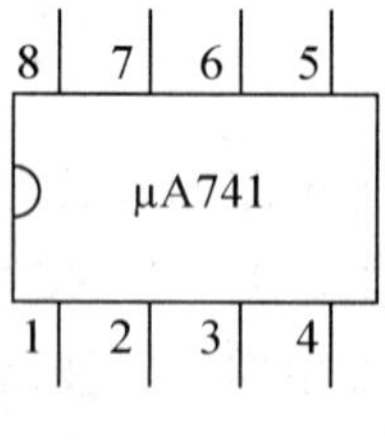

图 8-3 引脚排列图

表 8-4 μA741 各插脚的功能

功能	反相输入端	同相输入端	输出端	正电源端 U_{CC}	负电源端 U_{EE}	调零端	空
插脚号	2	3	6	7	4	1，5	8

μA741 的技术参数，电源电压为±15V 时，

开环增益(A_0)：200000；　　　　输入失调电压(U_{OS})：2mV；

输入电阻(R_{in})：2MΩ；　　输入失调电流(I_{OS})：20nA；

输出电阻(R_{out})：75Ω；　　输入偏流(I_B)：80nA；

电源电压(最大)：18V；　　共模抑制比(K_{CMRR})：90dB；

差分输入范围(最大)：30V；　　短路输出电流：25mA；

共模电压范围(最小)：12V；　　上升速率：0.5/s；

输出电压摆幅：14V；

本实验电路的每一个组件都由同学自己插接起来。

本实验中要用到的几个小的直流信号电压，可用图 8-4 所示的分压电路取得。这个分压电路，由同学在实验时临时在沙盘上插接出来。

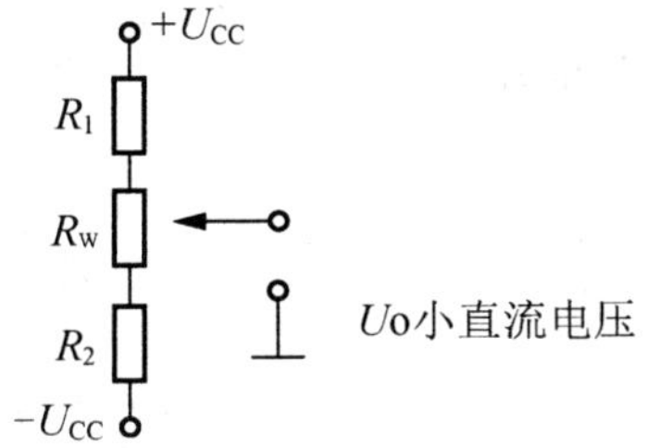

图 8-4　分压电路

本次实验研究集成运放的线性应用，即运算放大器工作在线性区的应用，因此，必须接成深度负反馈的形式。外接负反馈电路后能完成反相比例、同相比例、加法、减法、乘法、微分、积分等运算功能。

下面介绍几种运算电路。

(1) 反相比例运算：原理图如图 8-5 所示。

输入信号从反相端输入，则有 $U_O=-\frac{R_f}{R_1}U_I$。

(2) 同相比例运算：原理图如图 8-6 所示。

输入信号从同相端输入，则有 $U_O=(1+\frac{R_f}{R_1})U_I$。

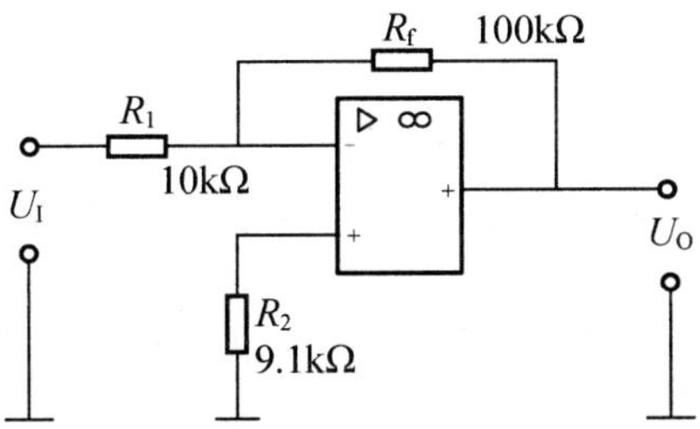

图 8-5　反相比例电路

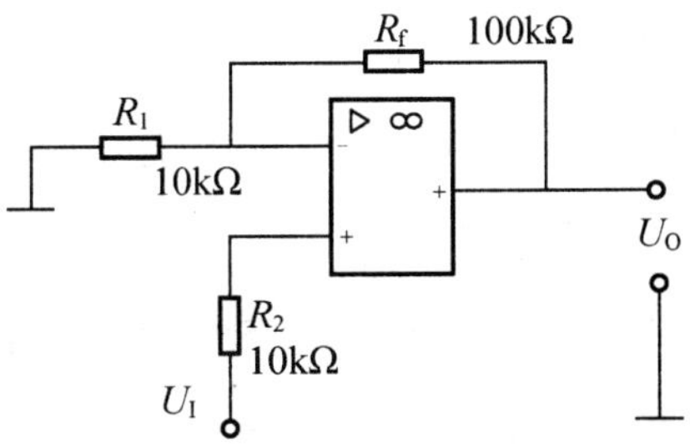

图 8-6　同相比例运算电路

(3) 反相加法运算：原理图如图 8-7 所示。

有两个信号同时从输入端输入，则有 $U_O=-\frac{R_f}{R}(U_{I1}+U_{I2})$。

(4) 积分运算：原理图如图 8-8 所示。

方波信号从反相端输入，则 $U_O = -\frac{1}{RC}\int U_I \mathrm{d}t$。

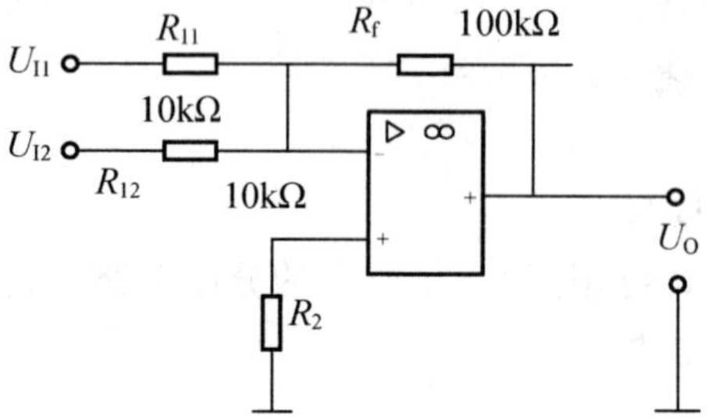

图 8-7 反相加法运算电路

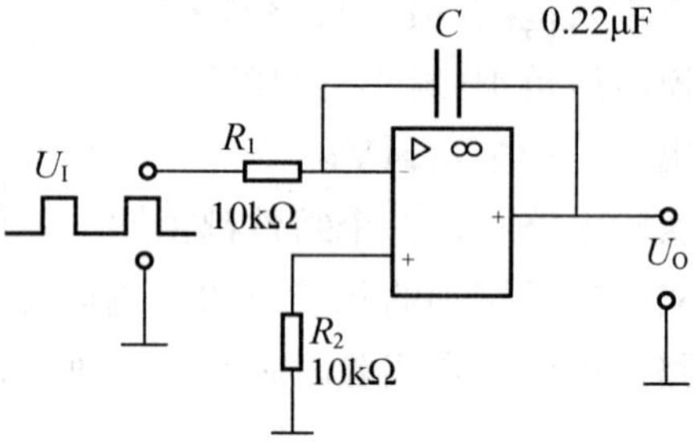

图 8-8 积分运算电路

8.2.3 实验仪器、材料

(1) 双路直流稳压电源。

(2) 数字万用表。

(3) 双踪示波器。

(4) 函数信号发生器。

(5) DZ-3 型电子沙盘。

(6) 集成运放芯片、电阻、电容。

8.2.4 实验步骤及内容

1. 反相比例运算

(1) 按图 8-5 接好电路，经教师检查无误后，接上 12V 的电源电压。

(2) 在反相端输入 U_I=0.3V 的直流电压，用万用表测出输出电压 U_O(注意极性)。计算放大倍数 A_u，与理论值进行比较。

2. 同相比例运算

(1) 关闭电源，断开信号线，把电路该为图 8-6 所示的同相运算电路，接通电源。

(2) 在同相端输入 U_I=0.3V 的直流电压，测出输出电压 U_O(注意极性)，计算电压放大倍数 A_u，与理论值进行比较。

3. 反相加法运算

(1) 关闭电源，断开信号，把电路该为图 8-7 所示的加法电路，接通直流电源。

(2) 在两输入端分别输入 U_I=0.3V，U_{I2}=−0.2V 的直流电压，测出输出电压 U_O 与理论值进行比较。

4. 积分运算

(1) 关闭电源，去掉信号源，把电路改为图 8-8 所示的积分电路，开启电源。

(2) 调节函数信号发生器的输出为 $f=250\text{Hz}$，幅值$=\pm 5\text{V}$ 的方波信号，由反向输入端输入，用示波器分别观测 U_i 与 U_o 的波形、周期。

8.2.5 实验报告要求

(1) 整理、计算实验数据。

(2) 分析产生误差的原因。

8.3 运算放大电路(Ⅱ)*

8.3.1 实验目的

(1) 了解集成运放非线性运用的条件和输出电压的特点。

(2) 学习用集成运放构成电压比较器、方波发生器和三角波发生器。

(3) 观察方波发生器和三角波发生器输出电压的波形。

(4) 进一步巩固示波器的使用。

8.3.2 原理与说明

当集成运放开环工作或加有正反馈时，其输出电压 u_o 便超出线性放大范围，u_o 与 u_i 之间不再存在线性关系，集成运放的工作状态进入非线性区。由于集成运放的开环电压放大倍数 $|A_{uo}|$ 很大，只要在两输入端之间有一个微小的电位差，输出电压 u_o 就立即超出线性范围，达到正饱和值或负饱和值。即

当 $u_+>u_-$ 时，u_o 达到正饱和值 $+U_{OM}$；

当 $u_->u_+$ 时，u_o 达到负饱和值 $-U_{OM}$；

$+U_{OM}$：接近于集成运放的正电源值；

$-U_{OM}$：接近于集成运放的负电源值。

集成运放的这种非线性特性，在数字技术和自动控制系统中得到了广泛的应用。

电压比较器是集成运放非线性应用的基本电路，它是用来将输入信号 u_i 和某一参考电压 U_R 进行比较。过零比较器是参考电压 $U_R=0$ 的情况，是最简单的比较器，如图 8-9

所示。过零比较器用于判别输入信号 u_i 是大于零还是小于零，u_i 每改变一次极性，比较器的输出 u_o 就改变一次状态。

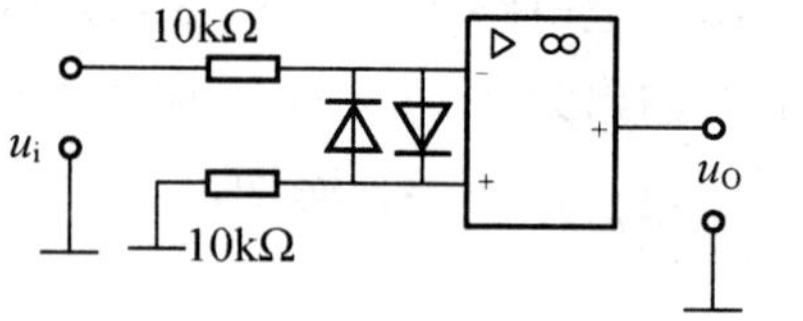

图 8-9　过零电压比较器

图 8-10 所示电路是方波发生器的实验电路，它是在电压比较器的基础上，引进正反馈实现的。电路中把正反馈电压作为比较电压 U_R，即

$$u_+ = U_R = \frac{R_2}{R_1+R_2}U_Z = FU_Z$$

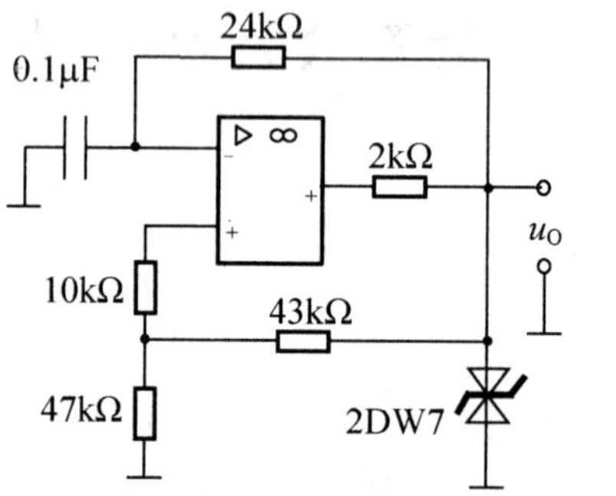

图 8-10　方波发生器原理图

而信号电压改由 R_F-C 负反馈网络来提供。该电路没有选频网络，因而输出的不是单一频率的正弦信号电压，而是含有丰富谐波成分的方波电压，所以方波发生器也称为多频振荡器。适当选择 R_1 和 R_2 之值，使正反馈系数 $F=0.47$，输出电压 u_o 的振荡频率可按下式计算

$$f_0 = \frac{1}{2R_FC}$$

8.3.3　实验仪器与设备、材料

(1) 双踪示波器
(2) 直流稳压电源
(3) 数字万用表
(4) 电子沙盘
(5) 函数信号发生器
(6) 电子器件

8.3.4　实验步骤

1. 比较器电路

按图 8-9 连接过零比较器电路，检查无误后接通集成运放的电源。

输入电压 $u_i>0(u_i=+1V)$，测量 u_o 的数值，记入表 8-5 中。输入电压 $u_i<0$ 时 $(u_i=-1V)$，测量 u_o 的数值，记入表 8-5 中。

表 8-5　过零比较器实验数据记录表

u_i/V	>0(=+1)	<0(=-1)
u_o/V		

2. 方波发生器电路

(1) 按图 8-10 连接电路，接通电源，用示波器观察输出电压 u_o 的波形，并测量 u_o 的周期与幅度，记入表 8-6 中。

(2) 调节 R_1，使 $R_1=68k\Omega$，观察波形并测量周期与幅度，记入表 8-6 中。

(3) R_1 恢复原值。调节 R2，使 $R_2=82k\Omega$。

观察波形并测量周期与幅度，记入表 8-6 中。

表 8-6　方波发生器实验数据记录表

电路参数	$R_1=43k\Omega$，$R_2=47k\Omega$，$R_F=24k\Omega$，$C=0.1\mu F$	$R_1=68k\Omega$，$R_2=47k\Omega$，$R_F=24k\Omega$，$C=0.1\mu F$	$R_1=43k\Omega$，$R_2=82k\Omega$，$R_F=24k\Omega$，$C=0.1\mu F$	$R_1=43k\Omega$，$R_2=47k\Omega$，$R_F=100k\Omega$，$C=0.1\mu F$	$R_1=43k\Omega$，$R_2=47k\Omega$，$R_F=24k\Omega$，$C=0.01\mu F$
u_o的周期					
u_o的幅度					

(4) R_2 恢复原值。调节 R_F，使 $R_F=100k\Omega$，观察波形并测量周期与幅度，记入表 8-6 中。

(5) R_F 恢复原值。调节 C，使 $C=0.01\mu F$，观察波形并测量周期与幅度，记入表 8-6 中。

8.3.5　预习要求

(1) 复习集成运放非线性运用的条件和特点。

(2) 复习电压比较器、方波发生器工作原理。

(3) 阅读相关内容，熟悉电子仪器的使用。

8.3.6　注意事项

(1) 连接线路并调节稳压电源，然后将电源与实验电路接通。

(2) 使用双踪示波器观察两个波形时，注意两个探头的使用方法。两个探头在示波器内部是共地的，使用两个探头时，为防止短路，其中一个探头的接地端要悬空不用。

（3）在实验过程中不要乱碰组件和导线，以避免烧毁集成电路。

8.3.7 实验报告

（1）画出实验电路，整理实验数据，绘出观测的波形，对实验结果进行分析总结。

（2）总结集成运放非线性运用的条件和特点。

（3）实验中遇到的问题，心得和体会。

8.4 整流、滤波、稳压电路

8.4.1 实验目的

（1）观测单相桥式整流电路的输入电压和输出电压的数值和波形。

（2）了解滤波电路的作用。

（3）了解三端集成稳压块的使用方法。

8.4.2 原理与说明

图 8－11 是直流稳压电源的组成框图和各部分电路输出电压的波形图。

电源变压器的作用是将交流电源的电压降为整流电路所需的交流电压。

整流电路是利用二极管的单向导电性，将双向交流电压变换成单方向的脉动直流电压。半波整流只能输出半个周期的波形，输出端接有直流负载时，输出直流电压 U_L 与变压器副边电压有效值 U_2 的关系为 $U_L=0.45U_2$；而桥式整流输出全波，整流效率提高一倍，U_L 与 U_2 的关系为 $U_L=0.9U_2$。

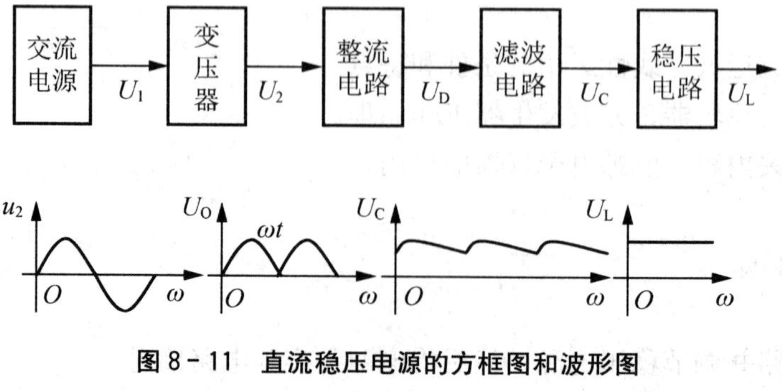

图 8－11　直流稳压电源的方框图和波形图

整流组件用二极管或整流桥块。

滤波电路是利用电容的充放电原理滤去单向脉动电压中的交流分量，使之变为较平滑的直流电压，未接负载时输出电压较高，可达$U_L=1.4U_2$。接上负载电阻R_L后U_L降低，R_L越小，U_L越低。常见的滤波电路有反Γ型滤波和Π型滤波。Π型滤波比反Γ型滤波有更好的滤波效果。

滤波电路由电容与电阻或电容与电感组合构成。

稳压电路的作用是当交流电源电压波动和负载变化时，自动保持负载电压稳定。

最简单的稳压电路是一只电阻与一只稳压二极管组成的，这种稳压电路仅用于负载电流较小的电路；稳压效果要求好一点时常用串联型或并联型稳压电路。

现在一般用**集成稳压电路**，它具有体积小、稳定性高、性能指标好等优点。集成稳压电路种类很多，按原理分类有串联调整式、并联调整式和开关调整式。目前常用的三端集成稳压器有4类：三端固定输出正稳压器、三端输出负稳压器、三端可调输出正稳压器、三端可调输出负稳压器。

1. 三端固定输出正稳压器

所谓三端是指电压输入端、电压输出端、公共接地端。输出正是指输出电压是正电压。常用产品为78××系列，目前有7805、7806、7808、7809、7810、7812、7815、7818、7824九种规格，后两位数字代表该稳压器输出的正电压数值。

按最大输出电流又分为3个分系列：78L××、78M××、78××。

(1) 78L××系列最大输出电流为100mA，外形及引脚排列如图8-12(a)、(b)所示，图8-12(a)是金属壳TO—39封装型，温度特性好，最大功耗为700mW，加散热片时可达1.4W。图8-12(b)是塑料TO—92封装型，不需加散热片，最大功耗700mW。78L××系列中，TO—92塑封型应用最普遍。

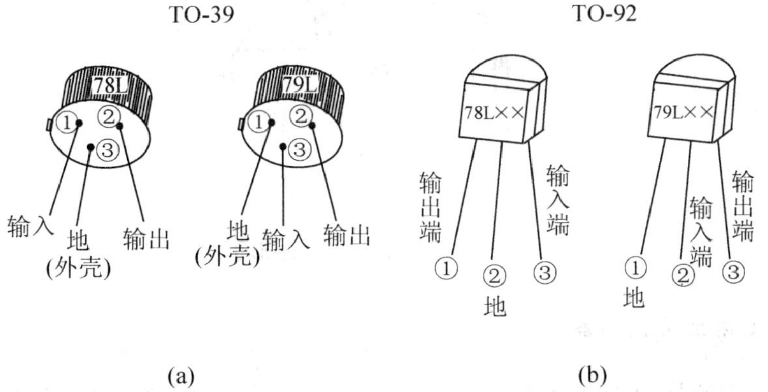

图8-12 78(9)LXX封装及引脚图

(a)TO-39；(b)TO-92

(2) 78M××系列最大输出电流为500mA，外形及引脚排列如图8-13(a)、(b)所示。图 8－13(a)是 TO—202 塑封型，图 8－13(b)是 TO—220 塑封型。不加散热片时最大功耗为 1W，加 200×200×4mm3 散热片时最大功耗可达 7.5W。

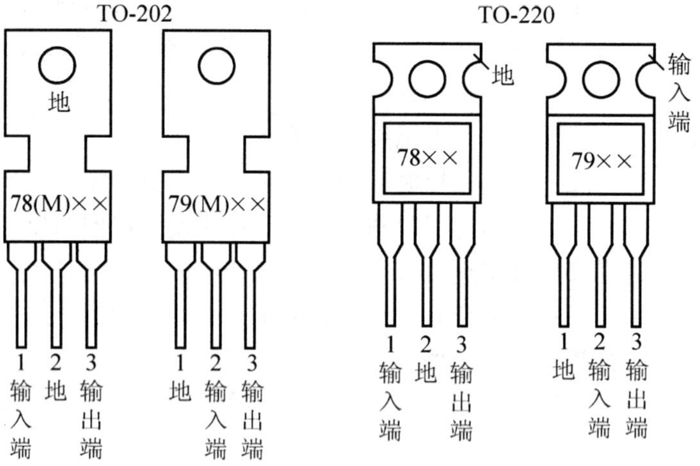

(a)　　(b)

图 8－13　78(M)XX　79(M)XX 封装及引脚图

TO－202；(b)TO－220

(3) 78××系列最大输出电流为 1.5A，外形及引脚排列如图 8－13(b)和图 8－14 所示。图 8－14 是金属壳 TO—3 封装型，不加散热片时，最大功耗可达 2W，TO—220 塑封型最大功耗为 2.5W。加 200×200×4mm^3 散热片时最大功耗可达 15W。

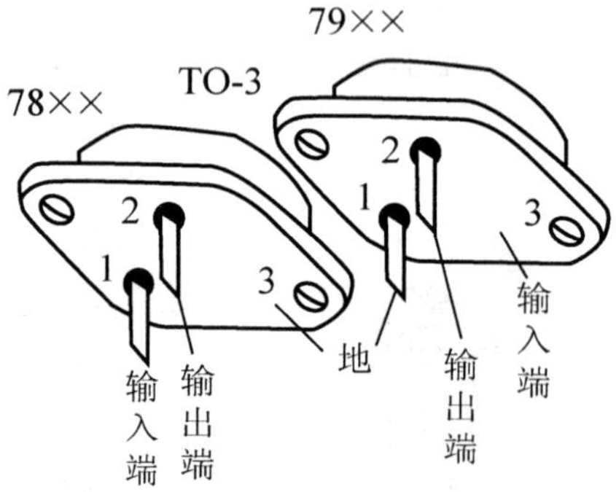

图 8－14　金属封装 78××外形引脚图

2. 三端固定输出负稳压器

目前广为使用的是 79××系列，外形及引脚排列见以上各图。除输出电压为负电压、引脚排列不同外，其他均与 78××系列相同(如图 8－15、图 8－16 所示)。

各系列芯片以塑封型应用居多。

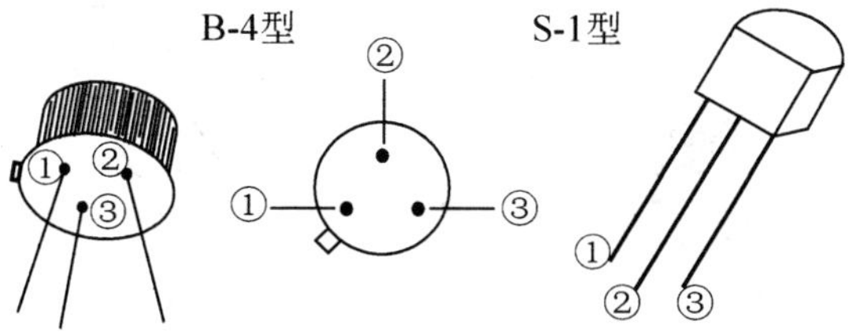

图 8-15　LM117L/LM217L/LM317L 外形示意图、引脚排列图

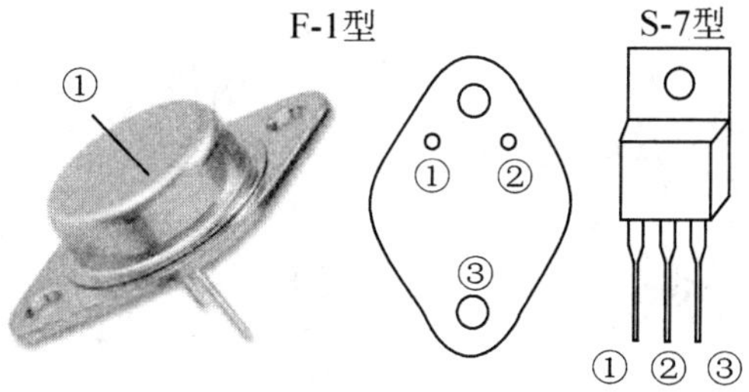

图 8-16　LM117M/LM217M/LM317M 外形示意图及引脚排列图

3. 三端输出可调正稳压器

三端指电压输入端、电压输出端、电压调整端。在电压调整端连接电位器后可对输出电压进行调节。常用芯片品种系列有 LM117 系列(LM217、LM317)、LM123 系列、LM133 系列、LM140 系列、LM150 系列等。各种封装如图 8-17～图 8-19 所示。

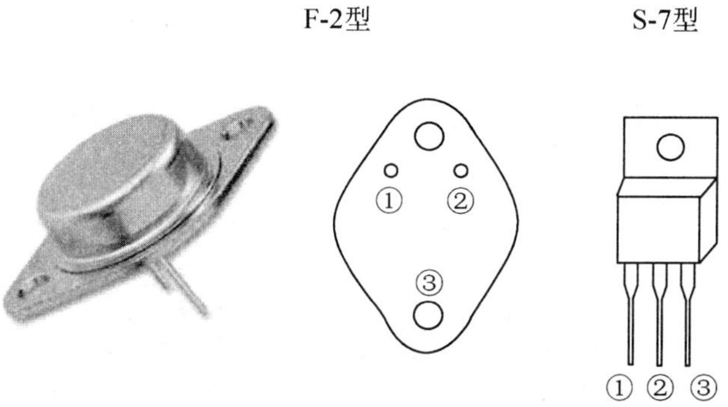

图 8-17　LM117/LM217/LM317 外形示意图及引脚排列图

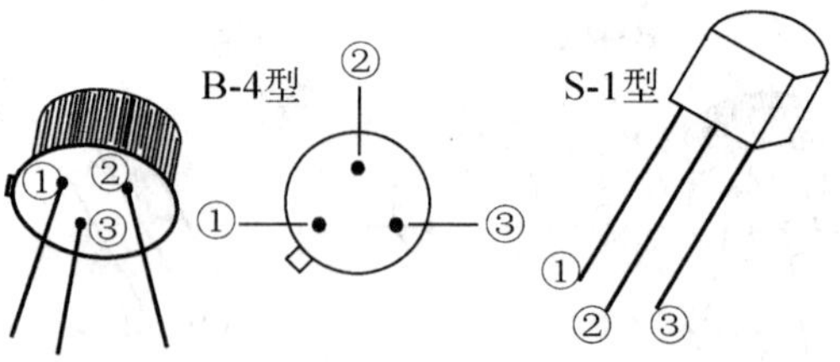

①调整端 ②输出端 ③输入端

图 8-18 LM137L/LM237L/LM337L 外形示意图及引脚排列图

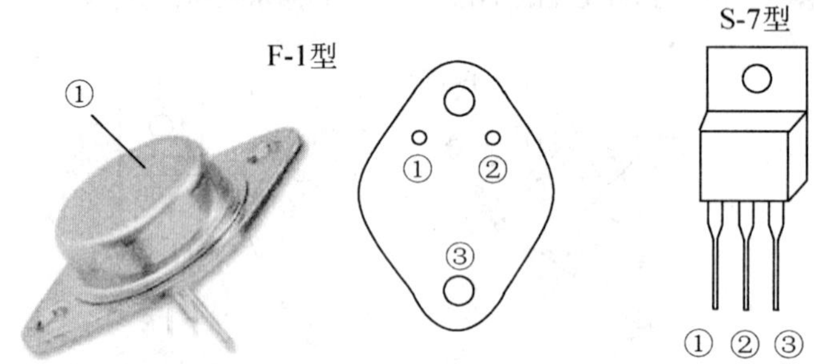

①调整端
②输出端
③输入端

①调整端
②输入端
③输出端

图 8—19 W137/W237/W337 外形示意图及引脚排列图

4. 三端可调输出负稳压器

三端可调输出负稳压器其输出电压为负电压。芯片品种有 LM137 系列(LM237、LM337)、LM123 系列、LM133 系列、LM140 系列、LM150 系列等(如图 8-20 所示)。

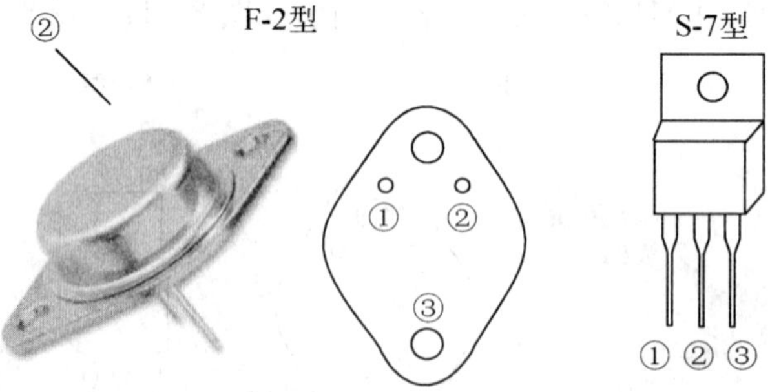

①调整端
②输入端
③输出端

①调整端
②输出端
③输入端

图 8-20 CW137/CW237/CW337 外形示意图及引脚排列图

5. 应用注意事项

由于封装形式的不同、型号规格不同，稳压器的端子排列也不同，使用中一定弄清楚。这里提醒大家注意端子编号的顺序，对于塑封形芯片一般按物理位置从左到右编号为"①、②、③"；其他封装形式参看端子排列示意图。注意有的教科书中不管端子的物理位置，而强制把"输入端"编为①，"输出端"编为③，"公共端"或"调整端"编为②，对使用者不仅没有意义，而且一方面造成混乱，另一方面，使用起来不方便，往往造成误会。

三端稳压器应用电路简单外围组件少，应用甚为方便，假若使用不当，仍有可能使稳压器件被击穿而损坏或使其稳压性能不良等，所以使用中特别要注意以下几个问题。

(1) 防止自激振荡。因稳压器件内部电路较复杂，放大级数多，开环增益高，工作于闭环深度负反馈状态，若不使用适当的补偿移相措施，在分布电容、电感的作用下，电路就很有可能产生高频寄生振荡，从而影响稳压性能，甚至损坏稳压器件。

具体措施是在输入端、输出端各并联一只无极性小电容，容量在0.1～0.33μF范围，负载电流大时选大一点，电流小时，容量取小一点。在安装时，这两个电容器要靠近稳压芯片的端子。

对于可调三端稳压器还应在调整端连接一只电容C，可有效地抑制输出端的纹波，同时，调整端到输出端要增加一个二极管VD_2，以防止C通过调整端向输出端放电而损坏稳压芯片，如图8-22所示。

输出端电压与R_1、R_P的关系：$U_o=1.25V(1+R_P/R_1)$。

(2) 要防止出现$U_o>U_i+7V$的现象而损坏芯片，出现这种现象有以下几种情况。

① 输入端对地短路；

② 输入端、输出端接反；

③ 输入端的滤波电容器断路；

④ 输入端瞬时窜入负向干扰脉冲；

⑤ 输出端误接其他高压端；

⑥ 芯片接地端接地不良。

预防措施：在输入端、输出端反向跨接一个二极管，如图8-21所示。输入电压不要超过规定值。

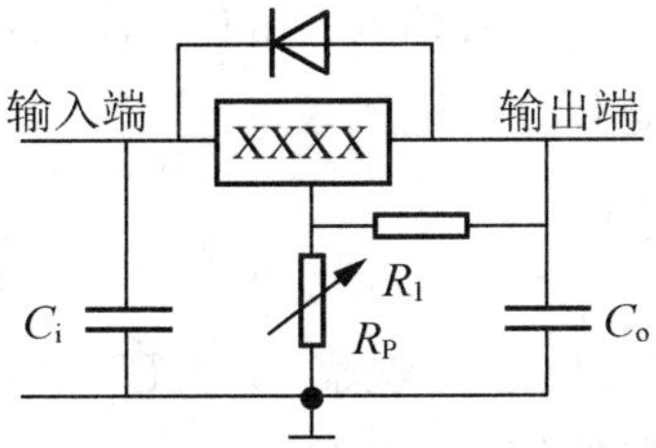

图8-21 反向跨接二极管

8.4.3　实验内容与步骤

本实验中用 78××系列三端集成稳压器 7805，其输出电压为固定+5V，其外形图及插脚排列如图 8-13 所示；实验电路如图 8-22 所示，C_1 和 C_2 用来消除高频噪声、改善负载的暂态响应。

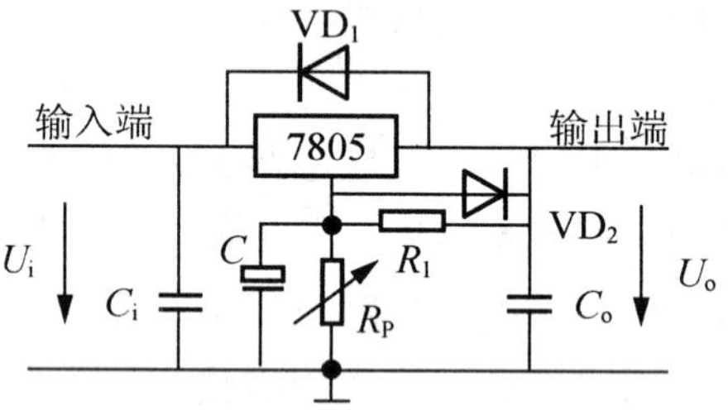

图 8-22　7805 实验电路图

稳压电路的主要技术指标有电压调整率、稳压系数、温度漂移系数、纹波系数等。本实验只观测纹波电压的大小。纹波电压是输出电压 U_L 中的交流分量，由于其有效值不便于测量，因此常常测量其峰峰值 U_{P-P}，以此来衡量输出电压的脉动程度，可采用示波器交流输入方式进行测量。

1. 单相桥式整流实验

检查二极管的好坏，并判别二极管的极性，测试电容及变压器原、副绕组的好坏。按图 8-23 连接实验电路。

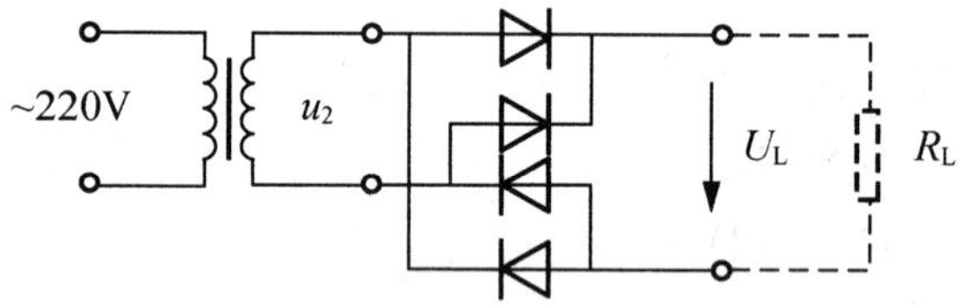

图 8-23　单相桥式整流电路

观察整流桥的输入电压 u_2 和输出电压 U_L 的波形并描记下来。分析整流桥的整流作用。

测量接入不同的负载时的 u_2 的有效值 U_2 和 U_L(注意：用万用表的交流电压挡测量 u_2 的有效值 U_2；用直流电压档测量 U_L)，记入表 8-7 中。

2. 电容滤波实验

接入滤波电容器，如图 8-24 所示。观察 u_2 和 U_L 的波形，并描记下来。

测量接不同负载时的 u_2 的有效值 U_2 和 U_L，记入表 8-7 中。

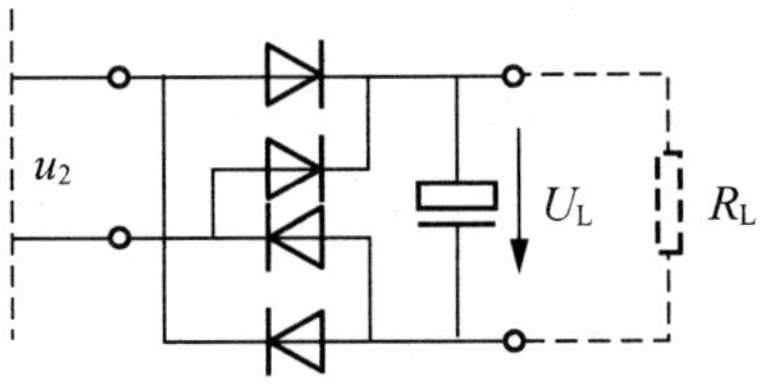

图 8 - 24　接入滤波电容

3. 稳压实验

接入三端集成稳压器，如图 8 - 25 所示。观察 u_2、U_L'、U_L 的波形并描记下来。测量接入不同负载时的 u_2 的有效值 U_2 和 U_L，记入表 8 - 7 中。

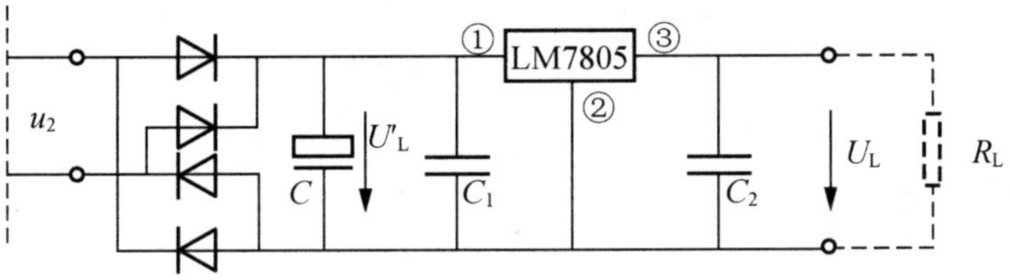

图 8 - 25　接入三端稳压器

4. 观测纹波电压

将示波器的输入方式设为交流输入方式，观测 U_L' 及 U_L 的纹波电压峰峰值 U_{P-P}，比较其大小。

表 8 - 7　稳压电路实验数据记录表

电路状态	无滤波无稳压			只有滤波			滤波、稳压		
R_L									
U_2									
U_L									

8.4.4　仪器设备及元器件

(1) 数字万用表 1 块。
(2) 双踪示波器 1 台。
(3) 变压器 1 只。
(4) 直流电流表 1 块。
(5) DZ - 3 型电子沙盘 1 块。
(6) 电子组件一宗。

8.4.5　预习要求

(1) 认真阅读本节介绍的内容及与本次实验有关的其他资料。

(2) 阅读关于数字万用表、示波器的使用说明方面的知识。

(3) 参考有关资料，学习三端集成稳压器 W7800 系列的使用方法，采用三端集成稳压器设计一个输出电压 $U_L=15V$ 的直流稳压电源，画出电路图，并选择元器件，确定输入端电压数值。

8.4.6 报告要求

(1) 整理实验数据和记录的波形图。

(2) 由实验结果分析集成稳压电路的稳压效果的优劣。

(3) 根据实验所测得的波形和数据，说明直流稳压电源各环节的作用，总结实验如何判断各环节工作是否正常。

(4) 完成预习要求所提出的设计任务，并回答思考题。

8.4.7 思考题

(1) 单相桥氏整流电路，如果某一个二极管的极性接错，将会发生什么后果？如果一个二极管开路，又会发生什么现象？

(2) 有一单相桥氏整流、电容器滤波电路，变压器二次侧电压有效值为 10V，如果输出端未接负载，输出电压大概是多少伏？接上负载后输出电压大概是多少？

8.5 晶闸管调压电路

8.5.1 实验目的

(1) 学习使用万用表检测晶闸管、单结管、双向触发二极管的方法。

(2) 了解单结管、双向触发二极管触发电路的组成、工作原理与调试方法。

(3) 熟悉直流调压与交流调压的实施方法及适用场合。

8.5.2 原理与说明

(1) 单向晶闸管的 3 个极是阳极 A、阴极 K、控制极 G。正常情况下，用万用表 R×1kΩ 挡测量晶闸管各极间的静态电阻应是阳极到阴极、阳极到控制极的正反向电阻(R_{AK}、R_{KA}、R_{AG}、R_{GA})均应很大；用万用表 R×10Ω 挡测量阴极到控制极正向电阻(R_{KG})应较大，反向电阻(R_{GK})较小，由此，可判断晶闸管的好坏。

单向晶闸管即有象二极管那样的单向导电的整流作用又有可以控制的开关作用。本实验电路是可控开关作用的应用。电路原理图如图 8-26 所示。整流后的脉动电压经晶闸管送往负载。交流电的每半个周期，晶闸管被施加在控制极上的正脉冲触发导通一次，过零时关断，通过控制触发导通的时间，来改变加于负载上的电压的大小。

(2) 单结管的 3 个极是发射极 E、第一基极 B_1、第二基极 B_2。正常情况下，用万用表 R×10Ω 档测量单结管的发射极到两个基极的正向电阻 R_{eb1} 和 R_{eb2} 均应较小；反向电阻 R_{b1e} 和 R_{b2e} 均应很大，R_{eb1} 稍大于 R_{eb2}。根据所测的阻值即可判定各引脚及其好坏。

单结管移相脉冲触发电路如图 8-26 所示。脉动电压经 R_4、稳压二极管 VST 削波，给单结管振荡电路。单结管受电容电压的作用而导通，在 R_1 上产生尖顶脉冲电压，施加于晶闸管的控制极，触发晶闸管导通。改变充电电阻 R_3 的大小，可改变电容的充电快慢，从而改变尖顶脉冲电压出现的时刻，也就改变了晶闸管导通的时间。

(3) 双向晶闸管的三个极是第一阳极 A_1、第二阳极 A_2 和控制极 G。正常情况下，用万用表 R×1kΩ 档测量 A_1 极到 A_2 极、A_1 极到 G 极的正反向静态电阻都应很大；用 R×10Ω 档测量 A_2 极到 G 极的正反向电阻都应很小。

双向晶闸管具有双向导电的特性和可控性，通过它把交流电送到负载上去。改变双向晶闸管的触发导通时间，可以改变负载上的电压大小。

(4) 双向触发二极管的外形与普通二极管相似，但无正负极之分，二端之间的电阻很大。电容 C 通过可变电阻 R_w 与电阻 R 充电，当电容 C 上的电压达到双向触发二极管 VD 的击穿电压时，VD 突然导通，双向晶闸管 VS 的控制极 G 与第二阳极 A_2 之间获得触发电压而被触发导通。改变 R_w 的阻值可改变充电的速度，从而改变晶闸管的触发导通时间，也就改变了加到负载上的电压的大小。

8.5.3 实验电路

实验电路如图 8-26 所示。

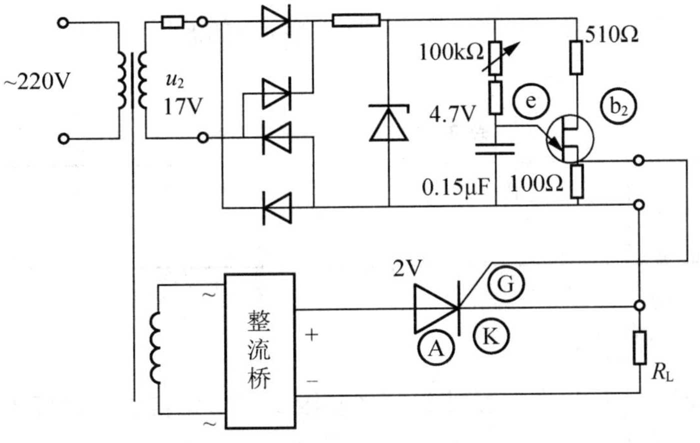

图 8-26 单向晶闸管调压电路

8.5.4 实验任务与步骤

1. 直流调压

(1) 观察单向晶闸管和单结管的外形。识别它们的引脚。用万用表的 R×10Ω 档，按表 8-8、表 8-9 所列内容，分别测试晶闸管和单结管各极间的电阻值。

(2) 观察整流桥、稳压二极管，用万用表 R×1kΩ 档测量各引脚间的电阻，辨别各脚的极性。按图 8-26 在电子沙盘上连接好整流、削波部分电路(注意各组件的极性)。

表 8-8 单向晶闸管极间电阻

	R_{AK}	R_{KA}	R_{AG}	R_{GA}	R_{KG}	R_{GK}
极间电阻						

表 8-9 单结管极间电阻的测量

	R_{eb1}	R_{eb2}	R_{b1e}	R_{b2e}	R_{b1b2}	R_{b2b1}
极间电阻						

(3) 接上变压器，经检查无误，接通电源，用示波器观察变压器输出电压 u_2、整流桥输出电压 u_o、稳压管两端电压 U_Z 的波形，并描记下来。

(4) 断开电源，连接触发脉冲产生电路部分，检查无误后接通电源。用示波器观察电容电压 u_c、第一基极上的触发脉冲 U_G 的波形。调节可变电阻 R_p，观察波形的变化。并将 R_p 为最大、最小时的波形记录下来。

(5) 断开电源，接通晶闸管回路。观察负载上的电压 U_L 的波形与触发脉冲 U_G 的波形。调节 R_p，观察二者之间的相位关系。用万用表测量 U_L 的值，记下最大值和最小值，并将对应的波形记下来。

(6) 调节 R_p，使控制角 $\alpha=90°$(用示波器观察 U_L 的波形确定)，然后用万用表测量负载电压 U_L 并记入表 8-10 中。

表 8-10 负载电压记录表

	最小值	90°时的值	最大值
U_L			

2. 交流调压

(1) 断电，拆除以上电路，按图 8-27 连接电路。先自查，再经老师查看后，接通电源。

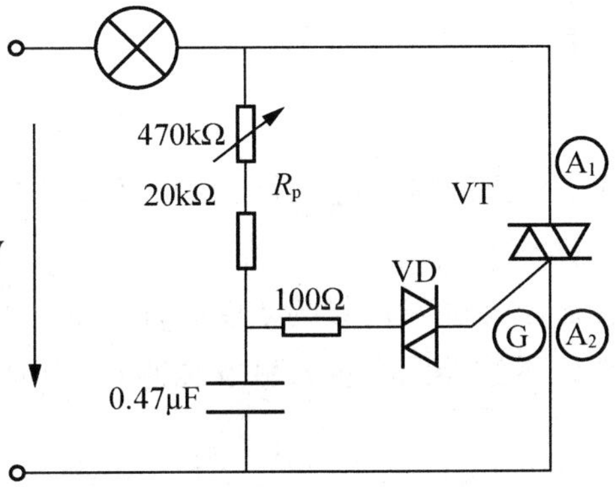

图 8-27 双向晶闸管调压电路

（2）调节 R_p，用示波器观察负载电压的波形，注意灯泡的亮度变化。用万用表测量电源电压和负载电压，记下负载电压的最大值、最小值，描记对应的电压波形。

8.5.5 实验设备及材料

（1）万用表。
（2）示波器。
（3）电子沙盘。
（4）变压器。
（5）整流桥，稳压管。
（6）单向晶闸管、单结管。
（7）双向晶闸管、双向触发二极管。
（8）电阻、电容。

8.5.6 预习要求

（1）阅读原理说明及教材中相关内容。
（2）阅读万用表、示波器的使用说明。
（3）复习晶闸管、单结管的工作原理。熟悉单结管触发电路图，明确各组件的作用。

8.5.7 实验报告

（1）整理实验数据；按比例画出观察到的各电压波形，与理论波形比较。画波形时，注意相互简的对应关系

（2）用公式计算当控制角 $\alpha=90°$ 时的负载电压 U_L 的值。与测量值比较，若有误差，分析产生误差的原因。

（3）对思考题作出解释，并简述收获体会和启发。

8.5.8 思考题

（1）为什么单结管触发电路的整流桥后面没并滤波电容？若并上滤波电容会有什么问题？

（2）可以采取什么措施改变触发信号的幅度和移相范围？

（3）如何正确使用双线示波器同时观察触发脉冲 U_G 和输出电压 U_L 的波形？

第9章

数字电路实验

这部分实验是有关非线性电路的实验，在这种电路中只有两种可能的电压：高电平或低电平。这种电路称为逻辑电路或数字电路。数字集成电路芯片从工艺上分为3个系列，ECL系列(非饱和型)、TTL系列(晶体管—晶体管型)、CMOS系列(互补—对称金属氧化物半导体“COS/MOS”)。3种芯片在性能上各有千秋，但目前TTL系列和CMOS系列应用更为广泛。

同运算放大器一样，每当在做数字电路实验时，必须记住如下几条规则。

(1) 每个组件都必须接到电源上。对TTL组件的电源端U_{CC}必须接+5V电源，地端GND接电源地端。对CMOS电路，电源端子标记为U_{DD}和U_{SS}。通常采用的电源范围是$U_{DD}=5V$和$U_{SS}=0$；$U_{DD}=10V$和$U_{SS}=0$，或$U_{DD}=+5V$和$U_{SS}=-5V$。

(2) TTL器件不用的输入端一般接到高电平上。

(3) CMOS器件不用的输入端必须通过一个大电阻(如100kΩ)接到高电平或低电平上，不可让输入端悬空。

(4) 不要施加超过电源电压的输入信号。TTL电路只希望接受输入在0V到5V之间的电压信号。例如，若把一个有效值为2V的交流信号加到TTL上，器件会自行损坏。CMOS的性能也大致如此。然而，若使用双极性电源(±)，CMOS电路可接受过零的信号。用户仍必须遵守不能超过电源电压(任一方向)的规定。

(5) TTL和CMOS集成电路都是在DZ-4型电子沙盘上连接电路的。电子沙盘上有14线、16线、20线、22线的插座，可以选择合适的插座将TTL或CMOS芯片插在插座上。集成电路插座的每一个插脚都扩展有3个插孔，便于连线。连线时必须仔细辨认每一个插脚所对应的插孔。各个插座的扩展插孔阵列之间都有一列错位的插孔将它们隔开。为了识别集成电路的插脚，先寻找某一端的一个缺口或小圆圈。从顶部看，如果缺口在左侧，则左下角的第一个插脚为插脚1，然后沿反时针方向依次数出其他插脚。

标识集成组件的词首和词尾：人们谈到组件总是用它的“类号”，如74系列、4000系列。许多公司生产同样的组件，为了识别就使它们带有不同的词首。如SN7400是Texas公司产的，N7400是由Signetics生产的有时一个字母插在数字中间(74L00，74S00)，这是由于参数略有不同，对于TTL系列通常可以不管它。

词尾，例如，N7400－A 或 N7400－W 与封装型式有关。如 A 表示 14 脚双列直插式(DIP)塑料封装，而 W 是双列直插式陶瓷封装。不管用什么词尾，插脚的功能都是一样的。

对 CMOS 集成电路，这些规则稍有改变。4001B 集成电路能够提供的输出电流比 4001A(或者 4001E)大。除非另有说明，读者可以用词尾为 A 的也可以用词尾为 B 的组件。词尾为 B 的组件可承受的电源电压高达 18V，而词尾为 A 的组件为 15V。

所有 TTL 能做到的功能，CMOS 也能做到。就是说，所有逻辑系列都有一个重要的共同点—逻辑功能是相同的，TTL 的与非门与其他系列的与非门是完全一样的。各系列间的不同之处只限于一些实际问题上，如电源电压、对应于逻辑 1 或逻辑 0 的电平、能连在一起的门数。这部分的实验电路，可用任何逻辑系列的芯片构成。

数字电路按逻辑功能分为两大类：组合逻辑电路和时序逻辑电路。组合逻辑电路的输出状态只取决于当时的输入状态的组合，与初始状态无关；时序逻辑电路的输出状态不仅取决于当时输入状态的组合，还与初始状态有关。

9.1 逻辑门与逻辑运算电路

9.1.1 实验目的

(1) 熟悉与非门集成电路芯片的外形和引脚排列。
(2) 掌握与非门的逻辑功能及对脉冲信号传递的控制作用。
(3) 理解半加器、全加器的逻辑原理。
(4) 学习用发光二极管显示两种逻辑状态的方法。
(5) 掌握逻辑运算电路的分析和设计方法。
(6) 学习 TTL 芯片的使用方法。

9.1.2 实验原理与说明

1. 器件介绍

与非门有 2 输入端的、有 3 输入端的、4 输入端的、8 输入端的、13 输入端的。一个芯片里集成有四个门的，如“四 2 输入端与非门 7400、7401、7403”；有两个门的，如“双 4 输入端与非门 7420、7422”；等等。本实验使用的是 TTL 芯片，74 系列中的“四 2 输入端与非门 7400 或 74LS00”双列直插式芯片。它的插脚功能排列图如图 9－1 所示。表 9－1 是它们的真值表。输入与输出的逻辑表达式为

$$Y=\overline{A \cdot B}$$

表 9-1　真值表

A	B	Y
0	0	1
0	1	1
1	0	1
1	1	0

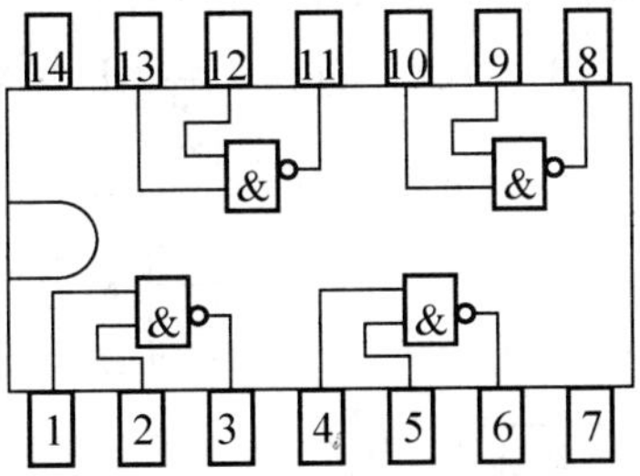

图 9-1　7400(74LS00)插脚功能排列图

2. 与非门的门控作用

在与非门的各输入端输入不同信号时的波形如图 9-2 所示。它体现了“与非”门的控制作用。

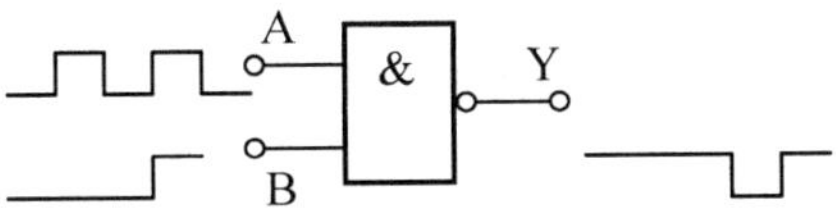

图 9-2　与非门的门控作用图

3. 与非门构成的异或门

用一片二输入四与非门芯片就可以连接出具有异或功能的逻辑电路，如图 9-3 所示，改变输入端 A、B 的电平，由发光二极管显示出输出端的逻辑状态，记入表 9-2。

表 9-2　异或门的逻辑功能测试表

输入端		输出端	
A	B	指示灯状态	逻辑状态
0	0		
0	1		
1	0		
1	1		

（发光二极管：用发光二极管显示电路的逻辑状态是一个很不错的方法。当然，用万用表测试输入或输出的逻辑电平也是常用的。发光二极管与普通二极管一样具有单向导电性，当它导通时才能发光。导通时在它两端的电压降大约是 1V 到 3V，所以它接到 TTL 组件上，必须要用一个 270Ω 的降压电阻与之串联。连接电路时，记住发光二极管是有极性的，正极接到高电位上，负极接到低电位上，若接反了，不会发光。）

4. 与非门组成的半加器

在异或门的基础上，再添加一个与非门作为进位门，如图 9－4 所示就组成了半加器。半加器的逻辑表达式为和数 $S=A\overline{B}+\overline{A}B$，进位 $C=AB=\overline{\overline{AB}}$。

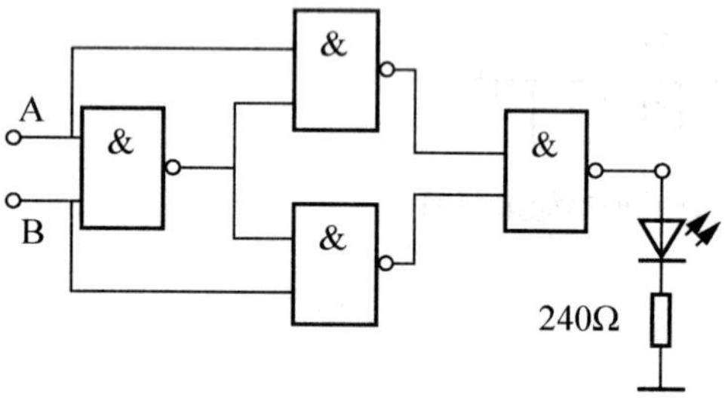

图 9－3　用与非门实现的异或门

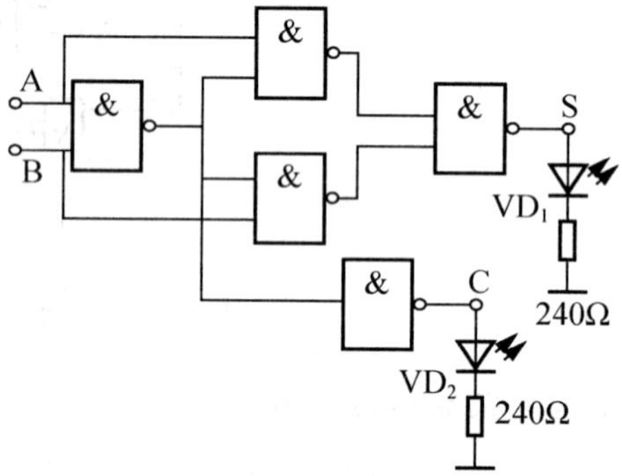

图 9－4　半加器

9.1.3　实验内容与步骤

1. 测试与非门的逻辑功能

按图 9－2 接线，根据表 9－1 给出的输入状态，验证输出端的状态是否与表 9－1 中 Y 状态相符。

2. 观察与非门对脉冲信号传递的控制作用

在图 9－2 中，将被测与非门的一个输入端 A 接函数信号发生器 EE1642B 的 TTL 输出端，频率调为 1kHz；当另一端 B 接高电平或接低电平时，用示波器观察输入和输出波形，并描记下来。

3. 测试异或门的逻辑功能

按图 9－3 接线。根据表 9－2 给出的输入状态，将观察输出的结果填入表 9－2 中。写出异或门的逻辑表达式，核对测试结果。

4. 测试半加器的逻辑功能

按图 9－4 接线。根据表 9－3 给出的输入状态，将观察输出的结果填入表 9－3 中。写出异或门的逻辑表达式，核对测试结果。

表9-3　半加器的逻辑功能测试表

输入端		输出端	进位端
A	B	S	C
0	0		
0	1		
1	0		
1	1		

9.1.4　实验仪器、设备、器件

(1) 直流稳压电源　　一台。
(2) 双踪示波器　　一台。
(3) 函数信号发生器　　一台。
(4) 万用表　　一块。
(5) 镊子、剥线钳　　各一件。
(6) 电子沙盘　　一块。
(7) TTL 与非门芯片 7400　　3 片。
(8) 发光二极管　　2 只；
1/4W 电阻　　2 只。

9.1.5　预习要求

(1) 复习 TTL 门电路的基本工作原理。
(2) 了解被测门电路的引脚排列及其功能。
(3) 熟悉 DZ-4 型电子沙盘的使用方法。
(4) 阅读第 3 章示波器、函数信号发生器的使用方法。

9.1.6　实验报告

(1) 列表整理实验结果。
(2) 总结实验体会。

9.1.7　注意事项

(1) TTL 门电路的电源电压 U_{CC} 要保持+5V。
(2) 连接、改接电路时必须切断电源。
(3) TTL 门电路的输出端不允许直接接+5V。
(4) TTL 门电路多余的输入端可接高电平或并联使用。

9.2 基本时序逻辑电路

9.2.1 实验目的

（1）熟悉触发器的工作原理和常用触发器的逻辑功能。

（2）掌握触发器的逻辑功能的测试方法。

（3）熟悉触发器间逻辑功能的转换方法。

（4）学习触发器的简单应用。

（5）学习 CMOS 芯片的使用方法。

9.2.2 原理与说明

触发器(FF)是双稳态多谐振荡器的另一个名称。根据定义，触发器有开(逻辑 1)和关(逻辑 0)两种稳定输出状态，是一种具有记忆功能的单元电路。触发器的输出可以无限期地停留在两个稳态中的任何一个状态。借助输入信号(触发信号)可改变输出状态。触发器是基本的计数或存储单元，也可认为它是除 2 计数器或一位存储器。根据集成度不同，一个芯片内可集成：2 个、4 个、6 个、8 个触发器。触发器应用非常广泛，可用作计数器、移位寄存器、过程控制器、缓冲寄存器、同步寄存器等；在线路中实现数据存储、脉冲整形、计数分频等功能。它在数字电路中的重要性无论怎样强调也不过分。

本实验中使用的是 CMOS 芯片 4000 系列中的 4013 双 D 触发器，一个芯片里集成了两个 D 触发器，上升沿触发，14 脚双列直插式封装。主要用于组成计数器、移位寄存器、过程控制电路等。4013 双 D 触发器芯片的引脚分配如图 9－5 所示。

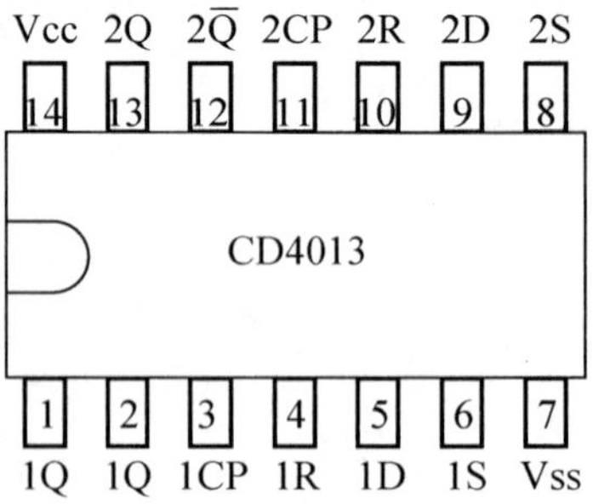

图 9－5　CD4013 的插脚排列图

本节实验中用一片 4013 双 D 触发器构成两位二进制 T′计数器和数据寄存器。使用方法如图 9－6(a)、(b)所示。Q_0 为低位，Q_1 为高位。4 端、10 端是清零端 R，6 端、8 端是置位端(置 1 端)S；5 端、9 端分别为二 D 触发器的 D 端，与各自的 $\overline{Q}$ 端相连，便构成了 T′计数器；计数脉冲从 3 端(CP 端)输入，进位脉冲从 2 端($\overline{Q}$ 端)送入 11 端(CP 端)。计数脉冲由手动脉冲发生器产生，如图 9－7(b)所示。

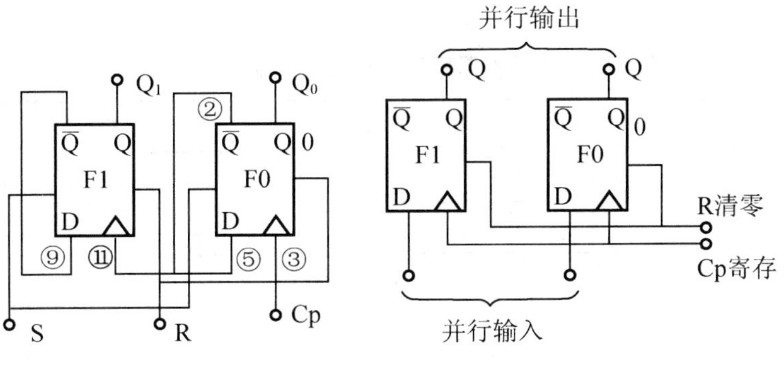

图 9－6　CD4011 双 D 触发器的引脚排列及应用

(a)T′计数器；(b)数据寄存器

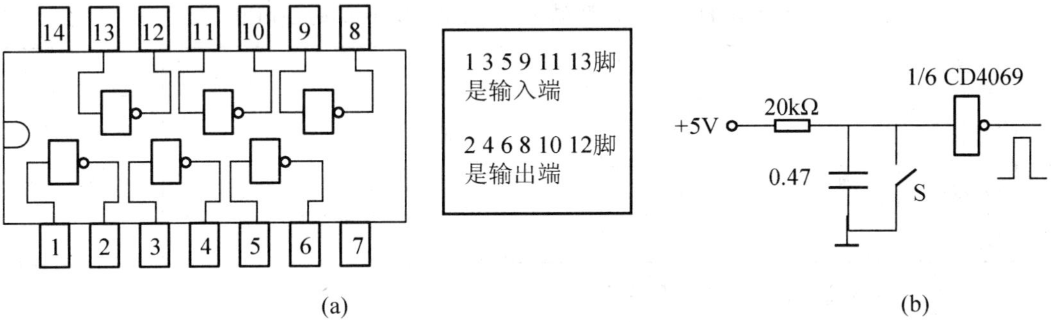

图 9－7　六非门 4069 的引脚排列及应用

(a)引脚排列；(b)单脉冲发生器

数据寄存器因只用于存放固定数码而得名。因这类寄存器具有并行输入并行输出数码的功能，故又称为并行输入/并行输出寄存器。因 D 触发器的输出状态与 CP 脉冲前沿到达时 D 端的逻辑状态相同，故被存数据是由各触发器的 D 端输入的，在寄存脉冲 CP 的作用下数据将被存入各触发器，即 $Q_1^{n+1}Q_0^{n+1}=D_1D_0$。在新的寄存脉冲 CP 到来前，即使数码变化，寄存器输出状态也不改变。

非门，图 9－7 中的非门用的是 CMOS 芯片六非门 4069，在一片芯片内集成了六个非门，它的引脚排列如图 9－7(a)所示。

9.2.3　实验内容与步骤

(1) 单脉冲发生器。按图 9－7(b)在电子沙盘上接好电路(注意：不用的输入端不能悬空)。接通+5V 电源，按动按键，用示波器观察非门输出端的脉冲，调试好后，待用。

(2) D 触发器用于 T′计数器。按图 9－6(a)把双 D 触发器接成二位 T′计数器，3 端(CP 端)先不接脉冲，接在地上。参考表 9－4 用万用表或示波器测试清零端和置位端的功能。

表 9－4　D 触发器用于 T 计数器各输出端逻辑值

R	S	$\overline{Q_1}$	Q_1	$\overline{Q_0}$	Q_0
0	0				
1	0				
0	1				
1	1				

(3) 将 D 触发器的 3 端连接到单脉冲发生器的输出端，送入计数脉冲，用示波器观察 Q_0、Q_1 的输出状态(此处不能用发光二极管显示输出状态，因为 CMOS 提供的输出电流太小)。将观察结果记入表 9－5 中。

表 9－5　D 触发器的 3 端连接到单脉冲发生器的输出端时各输出端逻辑值

脉冲序数	0	1	2	3	4
CP 端	0	0↑1	0↑1	0↑1	0↑1
Q_0					
Q_1					

注：表中 CP 端的箭头表示脉冲上升沿触发。

(4) D 触发器用于数据寄存器。参考图 9－6(b)把 4013 接成数据寄存器，数据从 D_0、D_1 端输入(数据用微动开关提供)，寄存脉冲 CP 输入端接单脉冲发生器输出端，各置位端接地，在清零端加复位信号使寄存器清零；改变输入端数码，不加寄存脉冲 CP，观察寄存器状态有无变化；施加寄存脉冲，观察寄存器状态是否变化；记录观察结果。

9.2.4 实验仪器、器件

(1) 双踪示波器　一台。
(2) DZ－Ⅲ型电子沙盘　一件。
(3) 镊子、剥线钳　各一件。
(4) 万用表　一块。
(5) 双 D 触发器 4013 芯片　一片；
六非门 4069 芯片　一片。
(6) 1/4W、20kΩ 金属膜电阻　二只；
0.47μF 电容　二只。
(7) 0.5mm 独股导线　若干。
(8) 微型拨动开关　一只。

9.2.5　实验报告要求

（1）整理各项实验结果。
（2）总结实验收获。

9.2.6　预习要求

（1）熟悉本实验内容。
（2）熟悉本实验中所用集成电路的引脚排列。
（3）标出图 9－6、图 9－7(b)中所用集成电路的引脚号码。

9.3　中规模计数译码及显示电路

9.3.1　实验目的

（1）了解中规模集成计数器的结构与工作原理。
（2）了解译码器的功能及中规模集成译码器的使用方法。
（3）了解七段发光二极管数码显示器(LED)的结构及工作原理。
（4）学习组成计数译码显示电路的方法。

9.3.2　实验简述

在数字仪表或数字控制系统中，常常需要把某种代码形式确定的数字量用人们熟悉的十进制数字显示出来，这个过程是由译码器和显示器来完成的。其中译码器将二进制代码在编码时的原意“翻译”出来，并输出一个或一组相应的信号；显示器接受这些信号后将翻译结果显示出来。

本次实验中的二进制代码是由计数器产生的，计数器可用多个触发器构成，也可直接选用中规模集成计数器显示器选用七段发光二极管数码显示器(LED)，利用不同发光段的组合，显示 0～9 十个数字；译码器用中规模集成七段译码器。

实验框图如图 9－8 所示。

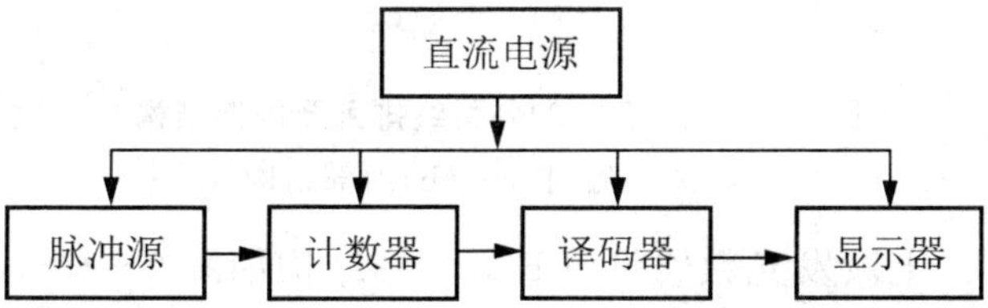

图 9－8　实验框图

9.3.3 器件简介

（1）计数器。TTL 中规模集成计数器 74LS90 的外引线排列、内部结构如图 9－9(a)、(b)所示。计数功能见表 9－6。

由菜单知，$1R_0$、$2R_0$ 端是直接复位端，当二者均为高电平时，4 个触发器均被复位 $Q_DQ_CQ_BQ_A=0000$，$1S_9$、$2S_9$ 端是置 9 输入端，当二者均为高电平时，$Q_DQ_CQ_BQ_A=1001$，表示十进制数 9。

由内部结构图 9－9 知：仅由 1C 端输入脉冲时，F_0 进行二进制计数；仅由 2C 端输入脉冲时，$F_1\sim F_3$ 构成五进制计数器；如果将 Q_A 端与 2C 端相连，脉冲由 1C 端输入，则构成十进制计数器。

表 9－6　74LS90 计数器菜单

输入				输出			
$R_0(1)$	$R_0(2)$	$S_9(1)$	$S_9(2)$	Q_D	Q_C	Q_B	Q_A
1	1	0	×	0	0	0	0
1	1	×	0	0	0	0	0
0	×	1	1	1	0	0	1
×	0	1	1	1	0	0	1
×	0	×	0	计　数			
0	×	0	×	计　数			
0	×	×	0	计　数			
×	0	0	×	计　数			

注：×：表示任意状态，即 0 或 1。

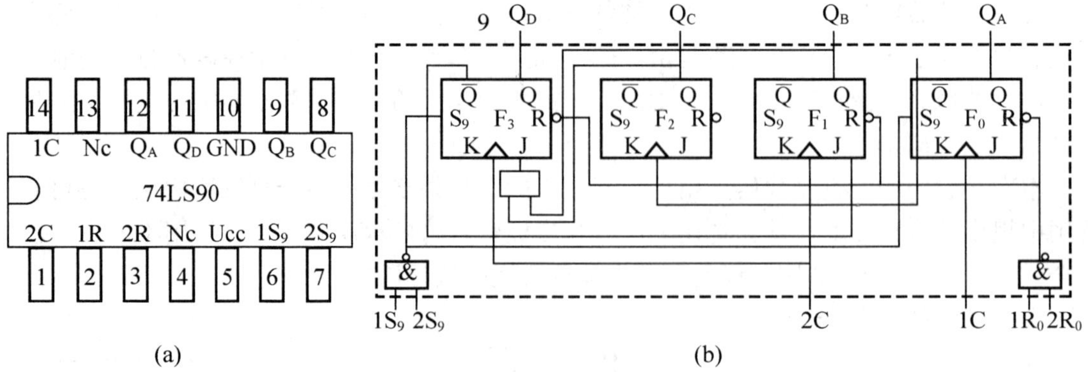

图 9－9　74LS90 的外引线排列及内部结构

(a)外引线排列；(b)内部结构

（2）数码显示器。七段发光数码管(LED)字形结构如图 9－10(a)所示。a～g 七个字段由 7 个发光二极管构成。控制发光二极管的亮与灭，可以使七个字段产生不同的组合，表示 0～9 十个数码和某些字符。根据内部接法不同，可分为共阳极和共阴极两种，如图 9－10(b)、(c)所示。就共阳极接法而言，当向某字段的阴极加以低电平，发光二极管导通，使该段点亮；而对共阴极来说，若要使某段发光，应向该段的阳极施加高电平信号。

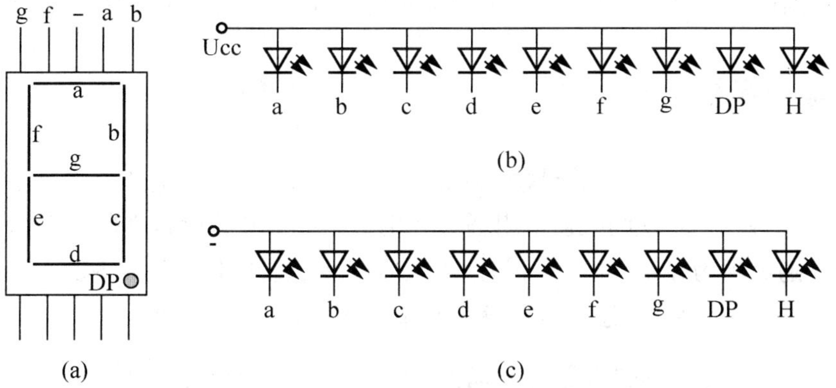

图 9－10　数码管字形与结构

(a)数码管引脚图；(b)共阳极；(c)共阴极

(3) 译码器。TTL 中规模集成七段十进制译码器 74LS47 的外引线排列如图 9－11 所示。74LS47 可将 BCD 码译成共阳极接法 LED 数码管显示所需要的七段字形驱动代码，转换关系见表 9－7。

74LS47 各引脚功能如下所述。

① A0、A1、A2、A3：BCD 码输入端；

② a、b、c、d、e、f、g：七段译码输出端，连接共阳极 LED 数码管，低电平输出有效；

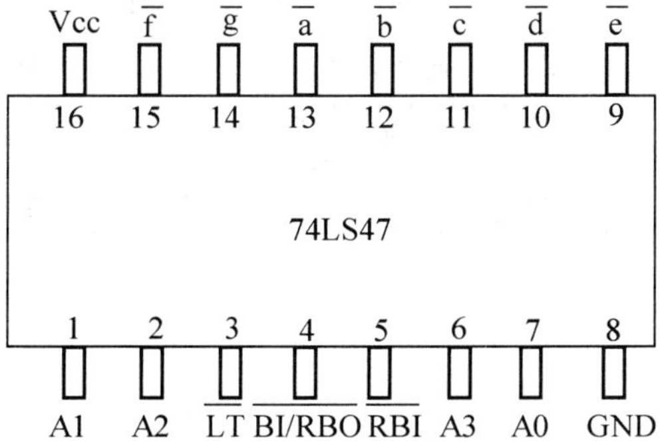

图 9－11　74LS47 引脚排列图

③ $\overline{LT}$：试灯输入端，$\overline{LT}=0$ 时，所有输出呈低电平，共阳极 LED 数码管显示数字 8，表明工作正常；

④ $\overline{BI}$($\overline{RBO}$)：灭灯输入端，$\overline{BI}=0$，不管输入端状态如何，所有输出都处于高电平，LED 数码管各段皆熄灭，不显示；

⑤ $\overline{RBI}$：灭零输入端，当 A、B、C、D 均为零时起作用。此时，若$\overline{RBI}$=1，则译码器正常输出使数码管显示 0 的七段代码；

⑥ $\overline{RBO}$($\overline{BI}$)：灭零输出端，当 A、B、C、D 皆为零，且$\overline{RBI}$=1 时，$\overline{RBO}$=0，反之$\overline{RBO}$=1。其作用是：在有多位十进制数码显示时，将低位译码器的$\overline{RBO}$端接至高位译码器的$\overline{RBI}$端，可以使最高位的零熄灭，而不熄灭中间位的零(此时，最低位译码器$\overline{RBI}$端应接“1”)。

9.3.4 实验内容与步骤

(1) 熟悉数码显示中字符与字段的关系。按图 9-12 所示的电路，将显示器模块插到电子沙盘上，把每一个字段的限流电阻插上，用七位数据开关代替译码器 74LS47 的输出，操作数据开关通或断为显示器的 a～g 七个字段输入高/低电平，观察各发光字段所组成的数码或符号，并记录结果(注意：数码管为共阳极接法)。

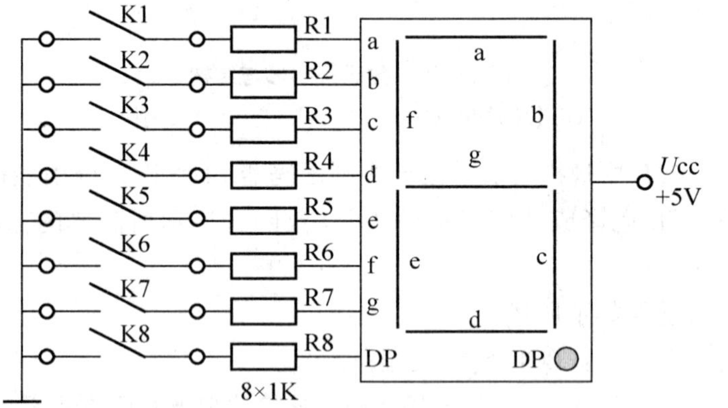

图 9-12　测试数码显示器的电路

表 9-7　七段 BCD 码译码器功能表(LED 为共阳极接法)

十进制数字	输入 BCD 码	输出七段字形编码
	D　C　B　A	a　b　c　d　e　f　g
0	0　0　0　0	0　0　0　0　0　0　1
1	0　0　0　1	1　0　0　1　1　1　1
2	0　0　1　0	0　0　1　0　0　1　0
3	0　0　1　1	0　0　0　0　1　1　0
4	0　1　0　0	1　0　0　1　1　0　0
5	0　1　0　1	0　1　0　0　1　0　0
6	1　1　1　0	0　1　0　0　0　0　0
7	0　1　1　1	0　0　0　1　1　1　1
8	1　0　0　0	0　0　0　0　0　0　0
9	1　0　0　1	0　0　0　0　1　0　0

(2) 熟悉译码器的使用。撤去数据开关，接入译码器 74LS47，使 74LS47 的输出端 a～g与数码管相应字段的限流电阻相连。用七位数据开关分别与 74LS47 的 A、B、C、D、$\overline{LT}$、$\overline{BI}$、$\overline{RBI}$端相连，如图 9-13 所示。测试译码器的各项功能如下所述。

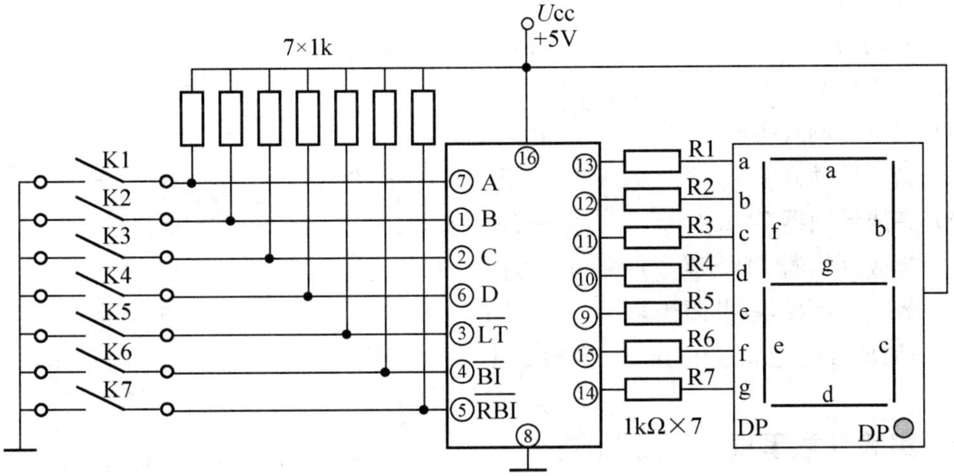

图 9-13　测试译码显示器的电路

试灯输入$\overline{LT}$=0 时，数码管七段全亮—显示 8；

灭灯输入$\overline{BI}$=0 时，不论 A、B、C、D 输入状态如何，LED 数码管应为全灭；

灭零输入$\overline{RBI}$=1、0 时(使 A、B、C、D 皆为 0)，分别观察数码管显示情况；

当$\overline{LT}$=1、$\overline{BI}$=1、$\overline{RBI}$=1 时通过 A、B、C、D 输入任意 4 位二进制码，观察字形显示情况并记录结果。

(3) 熟悉计数器的使用。按图 9-14 所示电路接入脉冲源和计数器 74LS90。输入手动计数脉冲，记录计数器输出状态和对应的字形显示。(手动脉冲发生器用实验十七中的单脉冲发生器。)

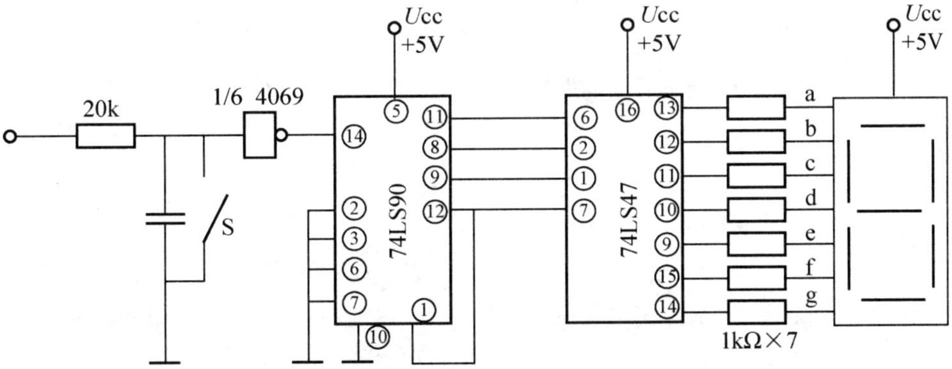

图 9-14　计数、译码、显示电路

9.3.5 实验仪器、器件

（1）稳压电源	一台。
（2）万用表	一块。
（3）电子沙盘	一只。
（4）镊子、剥线钳	各一把。
（5）微型拨动开关	一只。
（6）集成计数器 74LS90	一片；
集成译码器 74LS47	一片；
数码显示模块(共阳极)	一块；
1kΩ1/4W 金属膜电阻	14 只。

9.3.6 实验注意事项

（1）截取导线长度适中，注意接线方法，避免杂乱无章。

（2）接完线并检查无误后方可接通电源。改接电路前要先关掉电源。

（3）集成电路输出端严禁对“地”短路，以免烧坏芯片。

（4）实验完毕，应将各元器件整理好，经老师认可后方可离开。

9.3.7 实验报告要求

（1）简述实验内容及过程，总结各项实验结果。

（2）分析实验中所遇到的问题，总结实验收获。

第10章 综合性实用电路

本部分所选的实验项目是模拟电子技术和数字电子技术综合运用型的综合实验，有的稍加改动就是一个实用性的电路，可直接用于生产与生活实际中。通过这部分实验，可以提高学生的学习兴趣和综合运用所学知识的能力，启发学生的产品研发意识和工程实践能力。

10.1 水位控制电路

预备知识

1. 三极管

晶体三极管通常简称为晶体管或三极管，是一种具有两个PN结的半导体器件，它是电子电路中的核心器件之一，在各种电子电路中的应用十分广泛。

图10-1给出了晶体三极管的几种外形图，晶体管的文字符号为“VT”，图形符号如图10-2所示。

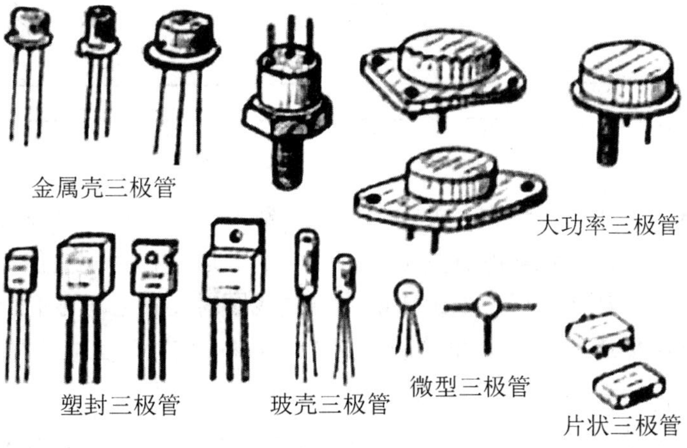

图10-1 三极管的几种外形图

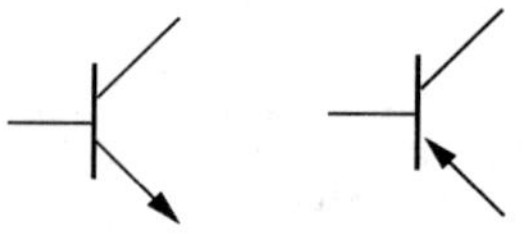

图 10-2　VT 图形符号

三极管引脚排列位置依其品种、型号及功能等不同而异，常用三极管的引脚排列图便有几十种之多，要正确使用三极管首先必须识别出三极管的各个引脚，可参考第 1 章元器件基础知识中三极管的相关知识，用万用表加以判断。

2. 继电器

继电器是一种常用的控制器件，它可以用较小的电流来控制较大的电流，用低电压控制高电压，用直流电控制交流电，用单相控制三相等，并且可实现控制电路与被控制电路之间的隔离(如弱电路与强电路、直流电路与交流电路的隔离)，在自动控制、遥控、保护电路等方面得到广泛应用。

电磁式继电器是最常用的继电器之一，其基本结构如图 10-3 所示，它是利用电磁吸力推动接点(触电)动作的。

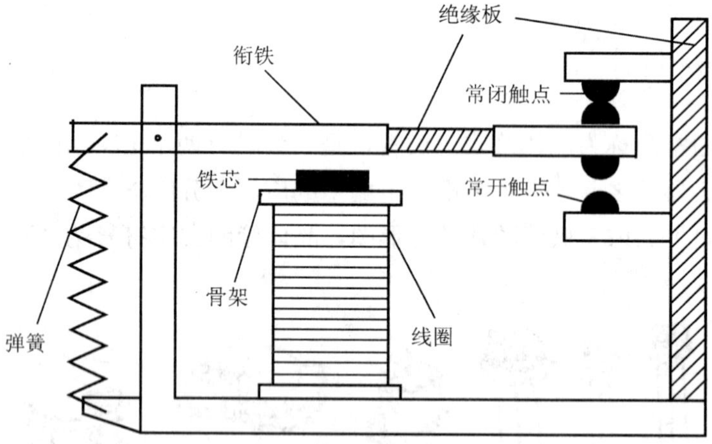

图 10-3　继电器基本机构图

电磁机构由铁芯、线圈、衔铁、弹簧等组成；触点有常开触点和常闭触点。平时，在弹簧的作用下衔铁向上抬起，动触点与上面的静触点接通，称为常闭触点；而动触点与下面的静触点断开，称为常开触点。当工作电流通过线圈时，铁芯被磁化将衔铁吸下，使动触点与下面的静触点接通，而与上面的静触点断开，即“常开接通，常闭断开”，实现了对被控电路的控制。

继电器的文字符号为“K”，图形符号如图 10-4 所示。在电路图中，继电器的触点可以画在线圈旁边，也可以画在远离线圈的地方，但要用与线圈相同的文字符号及编号表示它们彼此的关系。

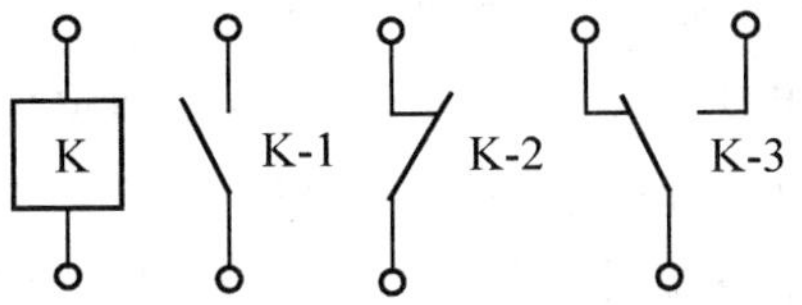

图 10-4　继电器图形符号

根据线圈工作电压的不同，电磁式继电器分为直流继电器、交流继电器、脉冲继电器等类型，图 10-5 所示为交、直流继电器吸引线圈的图形符号。继电器触点型式有 3 种：常开型(或称动合型)，用字母 H 表示，如图 10-4 中所示的 K—1 触点；常闭型(或称动断型)，用字母 D 表示，如图 10-4 中所示的 K—2 触点；转换型，用 Z 表示，如图 10-4 中所示的 K—3 触点。

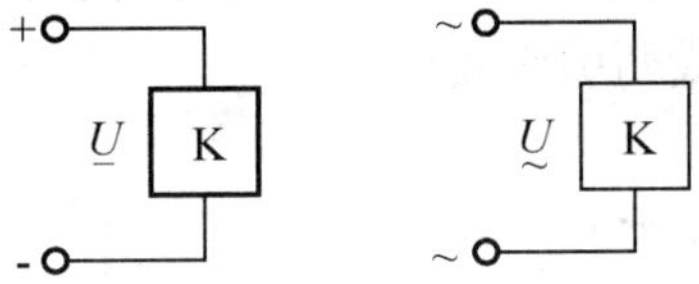

图 10-5　交、直流继电器吸引线圈图形符号

几种常用继电器的外形示意图如图 10-6 所示。

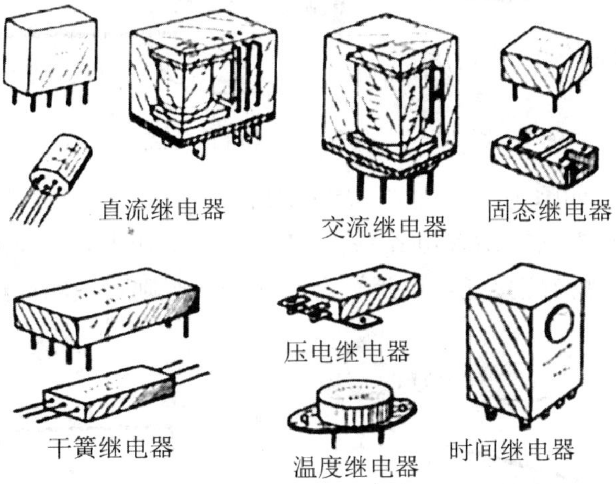

图 10-6　几种常用的继电器外形示意图

继电器主要参数有额定工作电压、额定工作电流、线圈电阻、触点容量等。

额定工作电压是指继电器正常工作时线圈需要的电压，对于直流继电器是指直流电压值，对于交流继电器是指交流电压有效值。同一型号的继电器往往有多种工作电压的产品，一般在型号后面以规格号来区别。

额定工作电流是指继电器正常工作时线圈需要的电流值。

线圈电阻是继电器线圈的直流电阻。

触点容量是指继电器触点的负载能力，也称触点负荷，其定义是：在某一电压下的最大分断电流。如 JT10 型继电器的触点容量为直流 110V/4A(电感回路)。

使用中施加在触点上的电压、电流都不允许超过额定值，否则会烧坏触点，造成事故。一个继电器的多组触点的容量一般都是一样的。

微型继电器常常与电子线路形成一体，安装在印刷线路板上，由三极管或晶闸管驱动，习惯称为印刷线路板继电器。大型继电器可由小型继电器的触点控制。

注意，由于继电器线圈是一个大电感，为避免驱动继电器的晶体管损坏，使用中应在继电器线圈两端并联保护二极管，当 VT 关断的瞬间，继电器线圈 K 产生的反向高压可以通过二极管 VD 释放，保护了三极管 VT 不会被反向高压所击穿。

电磁式继电器可以用万用表进行检测，万用表置于“R×100”或“R×1k”档，两表笔接触继电器线圈的两引脚如图 10-7 所示，万用表指示应与此继电器的线圈电阻基本相符。如果阻值明显偏小，说明线圈局部短路；如果阻值为 0，说明线圈的两引脚间短路；如果阻值为∞，说明线圈断路或两引脚脱焊。

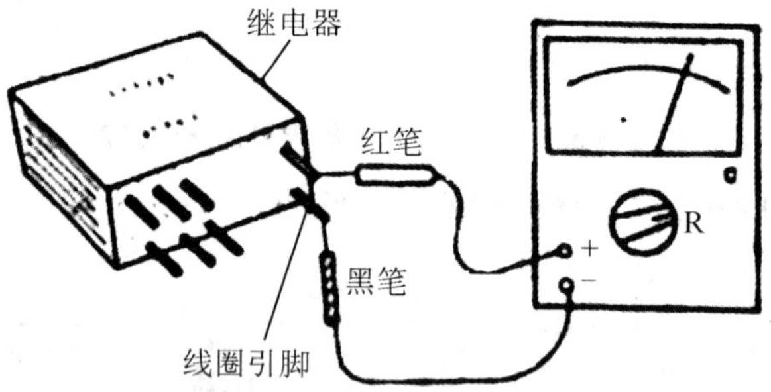

图 10-7　用万用表测继电器线圈

检测继电器触点：如图 10-8 所示，用万用表“R×1k”档检测继电器常开触点应不通，常闭触点应导通；然后，给继电器线圈加上额定工作电压，应听到继电器吸合时的“咔嗒”声，这时常开触点应接通，常闭触点应断开，否则，说明此继电器已损坏。

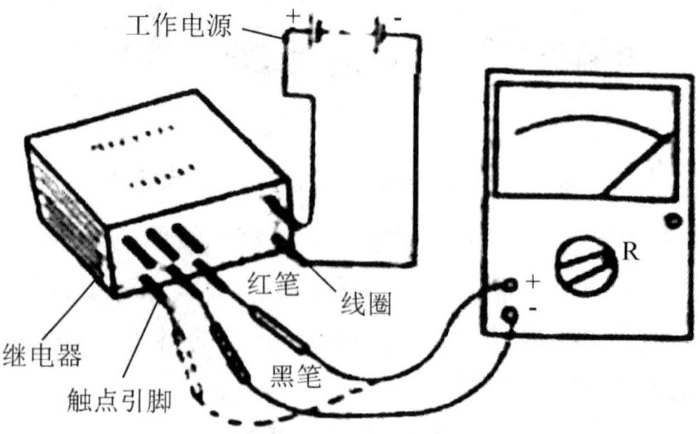

图 10-8　用万用表检测继电器触点

继电器的作用主要是间接控制和隔离控制。图 10－9 所示电路为继电器用于声控开关的例子。这是弱电控制强电的典型例子。当话筒 BM 接收到声音信号时，经放大后使三极管 VT 导通，导通电流流过继电器线圈 K，产生电磁吸力使触点 K－1 吸合接通电源，照明灯 RL 点亮。

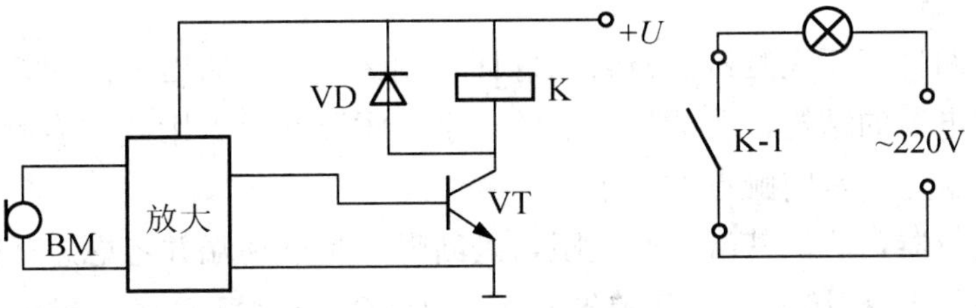

图 10－9 继电器在声控电路中的应用

10.1.1 实验目的

（1）学习三极管、继电器等元器件的检测及使用。

（2）学习简单的逻辑控制。

（3）学习三极管工作点的调整。

10.1.2 实验仪器仪表、元器件、材料

①万用表；②插件盘；③稳压电源；④三极管 2 只；⑤电阻若干；⑥继电器 1 只；⑦发光二极管 1 只；⑧水槽 1 个；⑨微型水泵 1 只；⑩电极 1 副；⑪电位器 1 只。

10.1.3 原理与说明

众所周知，水是可以导电的，因此在图 10－10 所示的水槽中插入 3 个电极，就可以检测水位是高还是低。A 电极为上水位电极，连接电源正极；B 电极为下水位电极，通过继电器常闭触点接电源正极；C 电极为接收电极，接收通过水电阻传来的电流，经 R_1、R_P到 VT_1基极，调节 R_P的阻值可以改变流入 VT_1基极的电流。当水池中无水或水没有接触 B 电极时，VT_1基极电流为 0，VT_1截止，VT_1集电极处于高电位，使 VT_2饱和导通，继电器线圈有电流流过产生电磁吸力，使常开触点闭合，常闭触点断开。常开触点闭合使水泵电机启动打水；常闭触点断开，切断 B 电极上的电源，防止水未满就停机。当水接触 A 电极时，使一直处于截止状态的 VT_1饱和导通，VT_1集电极电位降为 0.3 VT_1左右，使 VT_2截止，继电器触点释放，闭合的常开触点断开，停止打水，断开的常闭触点闭合 B 电极接通电源。完成一次打水。当水位下降但未降到 B 电极以下时，VT_1一直饱和导通，VT_2一直截止。直到水位下到 B 电极时，VT_1才由饱和变为截止，VT_2由截止变为饱和，

继电器吸和，水泵启动打水。这种控制方式称为“双水位控制”。

10.1.4 实验内容与步骤

（1）清点元器件。

（2）分别用两种万用表测试三极管的好坏，判断引脚，测出三极管β值并记录。

（3）认识继电器的结构，看清外壳上的文字、图形标示。用万用表测试其端子，判断线圈端子、常开触点、常闭触点的端子。

（4）认识电位器，测试其端子间电阻，判断哪个是滑动端并考虑怎样使用。

（5）按图 10－10 搭接电路，其中先取$R_1=47\text{k}\Omega$，$R_2=100\text{k}\Omega$。槽内不要注水。

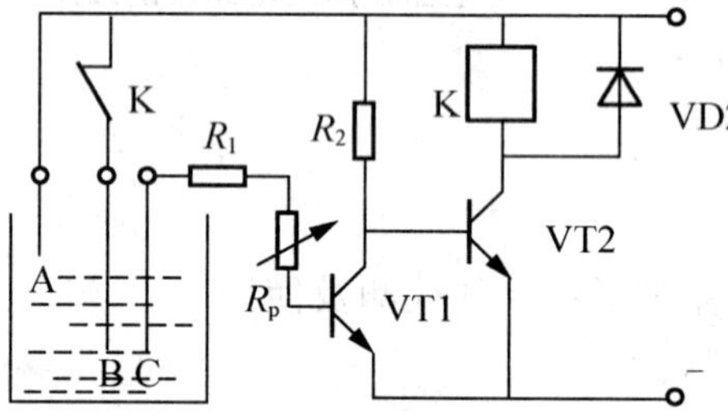

图 10－10 水位控制电路

（6）通电后，电路的状态应该是VT_1截止，VT_2饱和，继电器吸和(在通电的瞬间还有咔嗒声)。请用万用表测试一下，结果是否与理论相符。要测试几个位置呢？使用者只要测量一下线圈两端的电压是否接近电源电压，再测量常开触点是否闭合，常闭触点是否断开，VT_2的管压降是否约为 0.3V 左右，若以上条件均满足就是正常的。若大于 0.3V 则应调整电路参数，即R_2的阻值，它决定了VT_2基极电流的大小。现在需要减小R_2的阻值，先换上一个 91kΩ 的试试，若不行，则继续调换。

（7）上一步调整好之后，慢慢向水槽中注水，到水面淹没 A 电极时，电路工作状态应发生变化，VT_1导通，VT_2截止，继电器释放。测量VT_2的管压降应为 12V，若低于 12V，说明VT_2没有完全截止，应进行调整。调整哪里呢？不错，要调整R_p，减小基极回路的电阻，增大VT_1基极电流，使VT_1的集电极电位降落到 0.3V 左右，此时，VT_2应当彻底截止。

（8）第 7 步调整好之后，打开放水闸门，水面高于 B 电极下端部时，电路状态不应该变化，直到水面低于 B 电极下端部时，电路工作状态发生反转，回复到打水状态。

（9）以上就是对检测、放大、控制电路调整的全过程。接下来，该把主回路接通了，将灯泡更换为水泵。本实验配备的是单相交流小功率水泵，所以，直接由继电器触点控制，若是大功率或三相电动机，则需要接入接触器驱动。连接主电路一定要注意安全，电源电压为交流 220V，一定要在断开电源的情况下接线，经老师检查过再通电。

10.1.5　实验报告要求

（1）整理测量数据。计算两种状态下，各三极管的电流。

（2）总结本次实验的体会与收获。

10.1.6　思考题

（1）在步骤 6 中，为什么减小 R_2的阻值就能使 VT_2集电极电位降落下来？试解释。

（2）在步骤 7 中，为什么减小 R_p的阻值就能使 VT_2完全截止？

（3）与继电器线圈并联的二极管有什么作用？如果极性接反，会发生什么后果？

10.1.7　预习要求

（1）复习教科书相关内容。

（2）阅读本节“预备知识”。

10.2　触 摸 开 关

预备知识

双 D 触发器芯片 CDS4013 是 CMOS 系列芯片，片内集成了两个 D 触发器，应用很广，是电子技术人员和电子爱好者常用的器件。图 10－11 是它的引脚排列图。

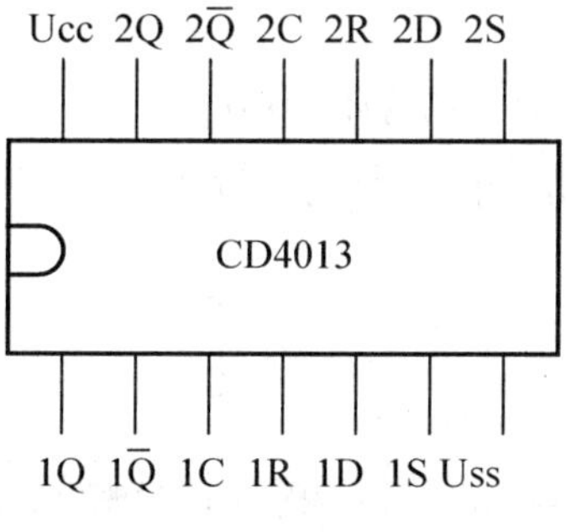

图 10－11　引脚图

D 触发器是时序逻辑电路，前面使用过的门电路是组合逻辑电路。图 10－12(e)是 D 触发器的逻辑符号，C 端是时钟脉冲输入端、D 端是数据输入端、S 端是置位端、R 端是置零端、Q 端是数据输出端。所谓置位、置零是对 Q 端而言。图 10－12(a)～(d)所示原理图是常用的几种应用形式。图 10－12(a)是用于数据寄存方式，把置位端和置零端接地，数据从D端输入后，要等到时钟脉冲上升沿到来时，才能把D端的数据寄存到Q端，这是数据寄存器的基本单元。图(b)是双稳态应用方式，数据端不用，接地，S、R端分别接阻容电路到输出端，在充放电的作用下，输出端的状态不断翻转，在输出端便产生连续的矩形波，这种电路又称多谐信号发生器。图(c)是单稳态应用方式，数据端接高电平，时钟端每来一个时钟脉冲，Q端便产生一个宽度大的多的矩形波。这种电路，可用于按键开关防抖动电路或脉冲展宽电路。图(d)是工作于计数方式，也就是T′计数器，C端每来一个计数脉冲，Q端就翻转一次，这是计数器的基本单元电路。

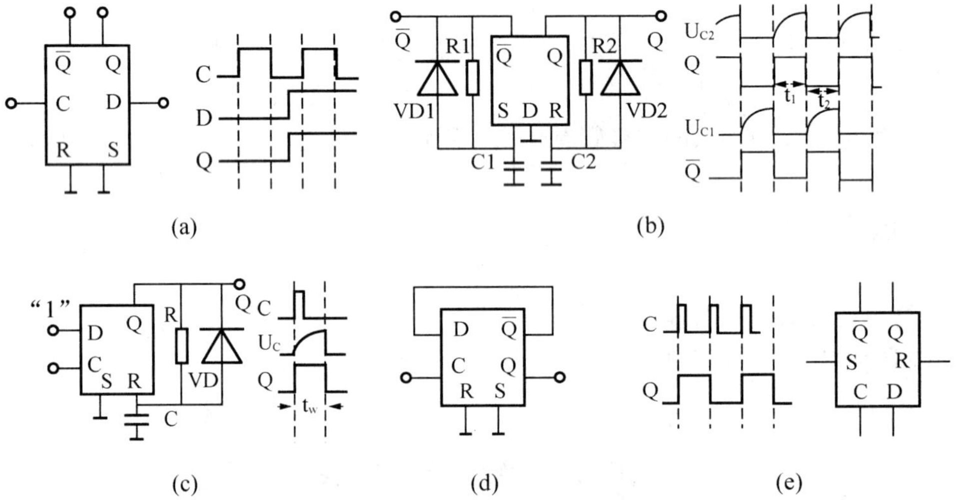

图 10-12 原理及波形图

(a)数据寄存方式；(b)双稳态应用方式；(c)单稳态应用方式；(d)计数方式；(e)D触发器逻辑符号

10.2.1 实验目的

（1）学习双D触发器芯片CD4013的使用方法。

（2）掌握D触发器的逻辑功能和各种工作方式。

10.2.2 原理与说明

在图10-13中使用了两个D触发器，第一个D触发器工作与单稳态方式，第二个工作与计数器方式，单稳电路每输出一个脉冲，计数器输出端翻转一次，就使三极管导通或截止一次，就能使继电器吸合或释放。由于人体感应信号比较强，CMOS器件的输入阻抗很高，当人体触摸金属片时，人体感应电压输入到时钟输入端，在输出端就产生一个计数脉冲。第一次触摸，使2Q端变为高电平，三极管导通，继电器吸合。第二次触摸，2Q端跳变为低电平，三极管截止，继电器释放。这就是触摸开关的工作原理。

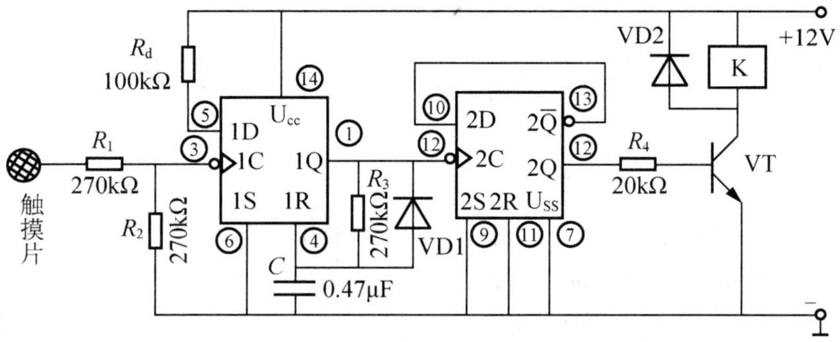

图 10-13　实验原理图

10.2.3　仪器仪表及元器件

①示波器；②万用表；③插件板；④直流电源；⑤CD4013 1 片；⑥三极管 1 支；⑦二极管 2 支；⑧电容器 1 只；⑨继电器 1 只；⑩电阻若干。

10.2.4　实验内容与步骤

（1）清点元器件。测试三极管、二极管、电容器、继电器。

（2）搭接电路，触摸片用插件盘上插孔就行，仔细检查无误后通电。用万用表测试 1Q、2Q 端的状态，触摸一下插孔，再测 1Q、2Q 端的状态，结果与原理是否相符，若不符查找故障。

（3）用示波器双通道同时观测 1Q、1R 端的状态，把观测结果描记下来(注意幅度、宽度)。

（4）把 1R 端的探头移到 2Q 端，观测、比较 1Q、2Q 端的波形，描记下来。

（5）你打算用继电器控制什么？如接通电灯的电源或接通接触器等。请画出主电路的原理图，请老师看过再接线试验。

10.2.5　实验报告要求

（1）整理数据与波形，分析观察到的现象。

（2）写出本次实验的心得收获、体会。

10.2.6　预习要求

（1）复习教科书相关内容。

（2）阅读本节“预备知识”。

10.3 时基电路 555 及其应用

预备知识

555 时基电路，又称集成定时器电路，是一种模拟、数字混合型的中规模集成电路。外接少量的 RC 组件，就能产生时间延时及多种脉冲信号的控制电路，许多用数字电路完成的功能都可以用 555 电路来实现。由于其使用灵活、方便的优点，在刚一问世，就受到电子技术人员和电子爱好者的青睐。

555 芯片分为双极型和 CMOS 型两种，目前市场上的 555 芯片以 NE555 产品为多，型号前面不同的词冠代表不同的生产厂家，芯片功能都是一样的。555 芯片引脚排列如图 10－14 所示，图 10－15 是双极型芯片的内部结构图。

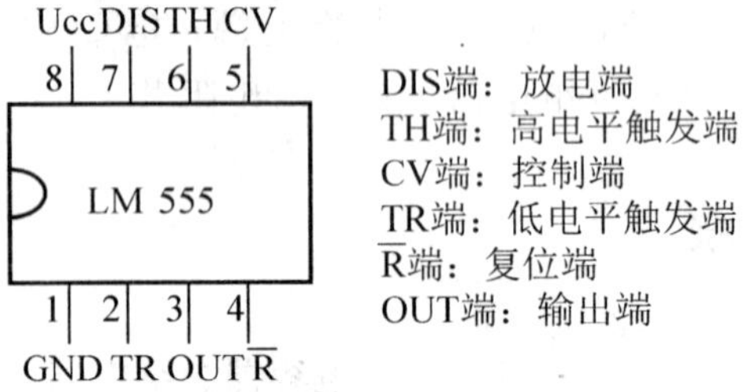

图 10－14　LM555 的引脚排列及功能图

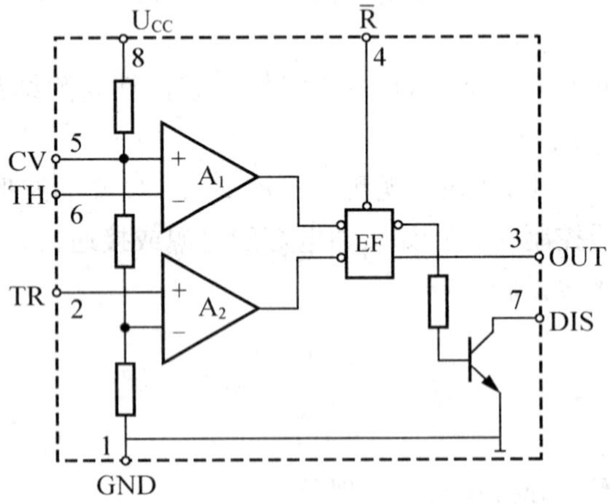

图 10－15　双极型 555 内部电路结构图

各引脚的功能如下所述。

2 脚 TR 端：低电平触发，当 2 脚的电压小于 $1/3U_{cc}$时，输出端 3 脚呈高电平。

6 脚 TH 端：高电平触发，当 6 脚的电压大于 $2/3U_{cc}$时，输出端 3 脚呈低电平。

5 脚 CO 端：电压控制端，在此端接不通的电压，2、6 脚的触发电压也不同。

7 脚 DIS 端：放电端，内部三极管 VT 导通时，为外部 RC 回路放电。放电电流不能超过 5mA。

4 脚 $\overline{\text{R}}$ 端：复位端，低电平复位，此端接地，输出端 3 脚输出为 0。

3 脚 OUT 端：输出端，负载能力达 150mA 以上，因此，可以直接驱动继电器。

8 脚接电源正极，1 脚接地。

10.3.1　实验目的

（1）掌握 555 时基电路的结构和工作原理。

（2）学会 555 时基电路的基本应用。

（3）学会分析和测试用 555 时基电路组成的常用电路。

10.3.2　原理与说明

图 10－16(a)所示的触摸延时开关电路是 555 工作于单稳态方式的典型应用。当触摸金属片时，人体的感应低电压加到 2 脚，使内部触发器反转，VT 截止，输出端 3 脚跳变为高电平，暂稳态开始，电容器 C_1 开始充电，当 C_1 两端电压 U_c 上升到 $2/3U_{cc}$ 时，内部触发器反转，暂稳态结束，输出端 3 脚复位。暂稳态持续的时间 $T\omega=1.1R_1C_1$。取不同的 R、C 值，可在几个微秒到几十分钟范围内设定。注意电容值要取的小一点，保证 VT 快速放电。

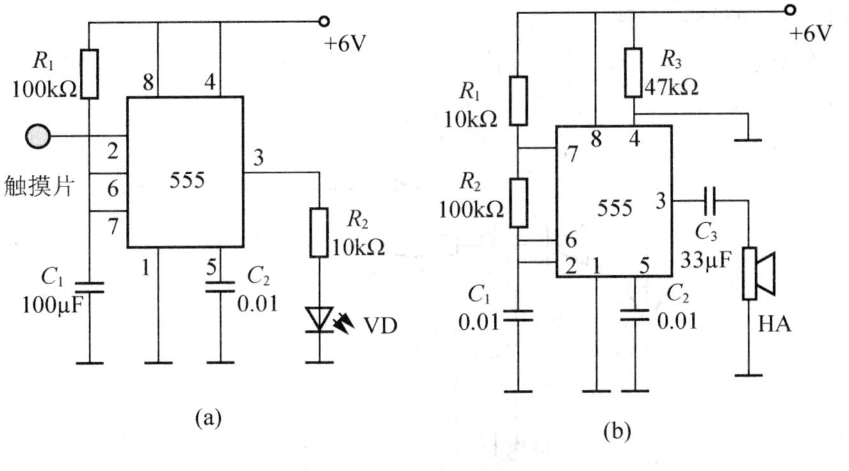

图 10－16　555 定时器的应用电路

(a)555 实现的触摸开关；(b)555 用于防盗报警

图 10－16(b)所示电路是一款防盗报警电路，555 工作在多谢振荡器方式(其特征是 2 脚、6 脚短接在阻容回路上)。但是当接好电路上电后，却听不到喇叭的声音，这是对的，因为 4 脚已经接地，输出被禁止了，那根接地线是准备让小偷去碰断，电路解禁后，喇叭

即可发出报警声。读者不妨做一次“小偷”，拔去那根接地线，看看效果如何。

图 10－17 所示电路是电子叮咚门铃，该电路也是用于多谐振荡器方式，与上一个电路不同之处是充电回路有两个，在未按按键 S 时，复位端 4 脚处于低电平，输出被禁止。当按下按键时，VD_1 与 R_1 并联再与 R_3、R_4 两个电阻串联给 C_2 充电，同时 4 脚解禁，由于二极管正向导通电阻很小，充电时间短，振荡频率高，扬声器发出“叮”的声音。松开按键时，由 R_1、R_3、R_4 三个电阻串联给 C_2 充电，充电电阻大了，振荡频率低些，扬声器发出“咚”的声音，持续时间长短决定于 C_1 向 R_2 放电的时间。

10.3.3 仪器仪表与元器件

①示波器；②万用表；③电子插件板；④直流电源；⑤NE555 1 片；⑥二极管 2 只；⑦电容器 4 只；⑧发光二极管 1 只；⑨扬声器 1 只；⑩电阻若干。

10.3.4 实验内容与步骤

（1）清点元器件，测试除 555 芯片以外的其他元器件的好坏。

（2）搭接图 10－16(a)所示的电路。图中输出端接了发光二极管，无实际意义，读者愿意的话，可以控制点实际的东西，想想前面是怎么做的。

（3）在触摸触摸片时，同时观测 C_1 两端及输出端 3 脚的电压波形，并描记。

（4）把电路改成图 10－16(b)所示电路，上电后，观测 C_3 两端电压。拔掉 4 脚接地线时，观测 4 脚电压波形，并描记。

（5）把电路改成图 10－17 所示电路。在接通开关 S_2 时，观测 C_1、C_2 两端电压波形，并描记；在断开开关 S_2 时，观测 C_1、C_2 两端电压波形，并描记。

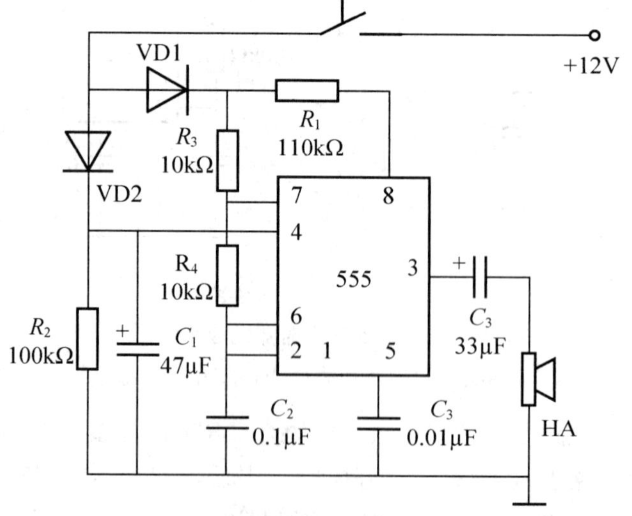

图 10－17　555 实现的电子叮咚门铃

10.3.5　实验报告要求

(1) 整理各电路的测试结果，画出波形图并作出解释。

(2) 计算各波形的宽度。

(3) 将测得的图 10－16(a)输出波形宽度与理论值 $T\omega=1.1R_1C_1$ 相比较，是否存在误差，若有，分析原因。

(4) 总结 555 时基电路的特点及使用方法。

10.3.6　预习要求

(1) 复习教科书相关部分内容及本节“预备知识”，弄懂线路工作原理。

(2) 估算图 10－16 两电路的波形宽度。

10.4　红外遥控收发电路

预备知识

(1) 或非门。本次实验使用的或非门芯片是“四 2 输入端或非门”CD4001，在一个芯片里集成了四个 2 输入端或非门，其引脚排列如图 10－18 所示。如果把或非门的两个输入端短接起来，就成为一个非门了，如图 10－20 中或非门 2 的用法。如果想扩大门的驱动能力，可以把两个或多个门并联起来，如图 10－20 中或非门 3、4 的用法，但要注意，必须保证把全部的输入端都连接在一起后，才能把它们的输出端连接在一起。否则，会使芯片烧坏。

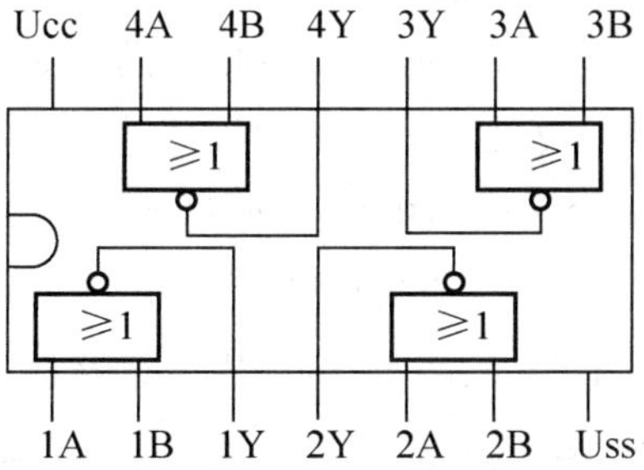

图 10－18　CD400 引脚排列图

(2) 红外收发对管。红外线发射二极管和红外线接收二极管，在军事、工业、民用等各个领域，使用很广泛。红外线发射二极管的波长在 0.89～0.93μm，可用于光隔离器、光耦合器、光电开关、光传感器的光源或电视机、空调等遥控设备的遥控光源。红外线接收二极管接收红外信号的照射而产生对应的电压信号。为了高效地进行红外光电转换，市场上以收发对管的形式出售。

红外线发射二极管的图形符号和文字符号与普通发光二极管相同，红外线接收二极管的图形符号如图 10－19 所示，文字符号也是“VD”。在使用时应反向接入电路，即负极接高电平，正极接低电平。

图 10－19　红外二极管图形符号

10.4.1　实验目的

（1）学习四 2 输入端或非门芯片 CD4011 和红外线收发对管的使用方法。

（2）了解红外线收发技术在生产、生活中的用途。

（3）继续练习示波器的使用。

10.4.2　原理与说明

或非门 1、2，电阻 $1R_1$、$1R_2$、$1R_3$，电容 $1C$ 和按键 SB 组成可控振荡器。当按键 SB 未按下时，振荡器不能振荡，因为或非门 1 脚输入端为高电平→输出端 3 脚为低电平→或非门 2 输出端为高电平→或非门 3、4 输出端为低电平→三极管 1VT 截止，红外线发射二极管 1VD 无红外线发射。只有当按键 SB 按下时，或非门 1 脚变为低电平，输出端 3 脚为高电平，或非门 2 输出端 4 脚跳变为低电平，$1C$ 开始对 4 脚放电，接着 3 脚对 $1C$ 充电，当电压达到开门电平时，使或非门 1 输出端 3 脚跳变为低电平，或非门 4 脚由低电平跳变为高电平，$1C$ 对 3 脚放电，4 脚对 $1C$ 充电，如此周而复始，也就振荡起来了，4 脚便连续地输出矩形波，或非门 3、4 在矩形波的作用下，它们的输出端 10、11 脚以高低电平反复跳变，使三极管 1VT 由截止变导通，由导通变截止，红外线发射二极管 1VD 就发出了脉冲波。红外线接收二极管 2VD 受红外线波的照射由截止变导通，由导通变截止，使 A 点的电位忽高忽低，耦合电容器 $2C_1$ 随着充、放电，三极管 2VT 把变化的电信号放大后，经输出耦合电容 $2C_2$ 传给后续电路。

另外，本发射电路使用了 CMOS 芯片 CD4011，实际制作时应使用高速 CMOS 74 系列的 74HC02，因为它的电源电压可以在 2～6V 范围，用两节干电池供电，其引脚排列如图 10－22 所示。

10.4.3　仪器、设备及元器件

①示波器；②万用表；③插件板；④稳压电源；⑤NPN 三极管 2 只；⑥红外线对管；⑦四 2 输入或非门芯片 CD4001 1 片；⑧电容 3 只；⑨电阻若干。

10.4.4　实验内容与步骤

（1）清点元器件，测试三极管、红外二极管、电容器、按键及扬声器的好坏。

（2）观察四 2 输入端或非门芯片 CD4001 的外观及标示，认清插脚的排列。

（3）先搭好图 10－20 所示的电路，通电后不要按压按键，用万用表测试各个门电路的输入、输出端的状态和三极管的工作状态。

（4）按住按键，用示波器观测或非门 4 脚有无矩形波，若有，读出幅度、周期，并描记波形，若无，查找问题并解决。然后，再观看三极管 1VT 集电极的波形。

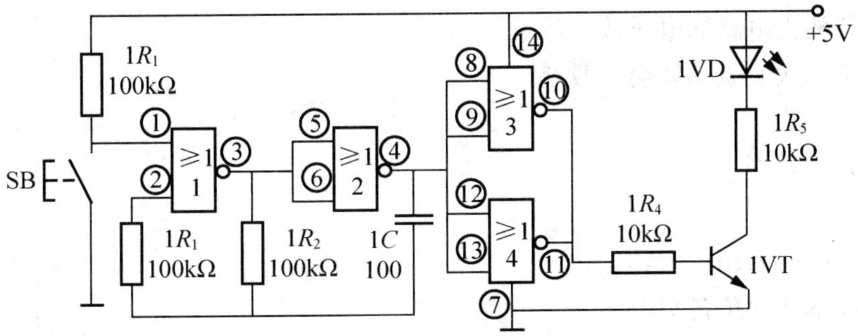

图 10－20　红外发射电路

（5）以上电路工作正常后，关闭电源，搭接图 10－21 所示的红外线接收电路，注意红外线接收二极管、耦合电容的极性不要接错。在标“后续处理电路”的位置接上一只 10kΩ 以上的电阻做负载。

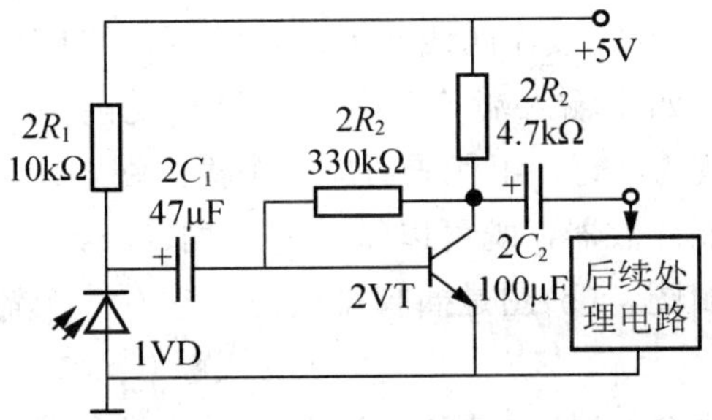

图 10－21　红外接收电路

（6）用示波器两个通道分别观察 1VT 集电极和 2VD 两端的电压波形，可能很小，注

意调试，有波形时再看 2VT 集电极、负载电阻两端的波形。若都正常，更换负载电阻的阻值，观察负载电阻阻值的大小对输出波形的影响，并把观测结果一一记录下来。

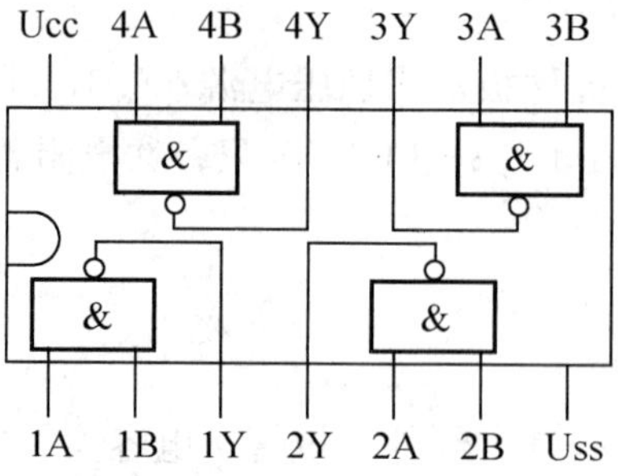

图 10－22　74HC02 引脚排列图

10.4.5　实验报告要求

(1) 整理实验数据及波形。

(2) 计算放大电路的电压放大倍数。

(3) 总结本次实验的体会与收获。

10.4.6　预习要求

(1) 复习教科书相关内容。

(2) 阅读本节“预备知识”。

10.5　双向流光灯控制电路

预备知识

CD4028 芯片是四线—十线(读作四线转十线)译码器。图 10－23(a)是它的逻辑框图，图(b)是它的引脚排列图。四个输入端 A、B、C、D 接受前端二－十进制计数器的输出，代码从 0000～1001 是有效的，每一组代码对应一个输出端，1010～1111 无效。

CD4029 芯片是多功能计数器，既可以做二进制加、减计数，也可以做十进制加、减计数。图 10－24(a)是逻辑图，(b)图是插脚排列图。它有 5 个输入端，4 个控制端，4 个输出端。

CP 输入端是计数脉冲输入端，A、B、C、D 四输入端是预置数端。

LD 控制端平时为低电平，为高电平时预置数，其他各输入端、控制端均无效，四预置数端的数据置入四输出端。

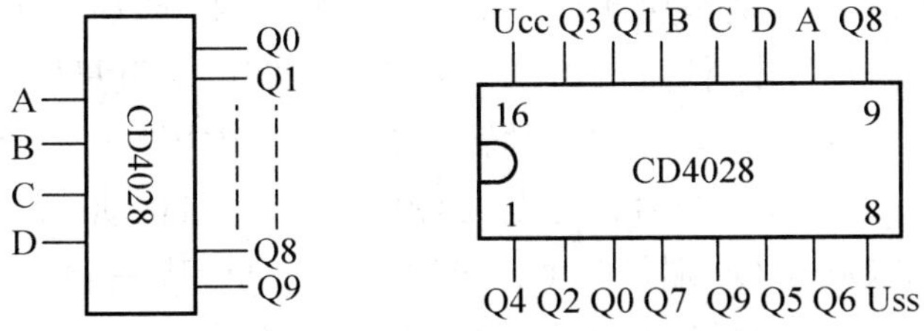

(a) (b)

图 10－23 CD4028 引脚及逻辑功能图

(a)功能图；(b)引脚图

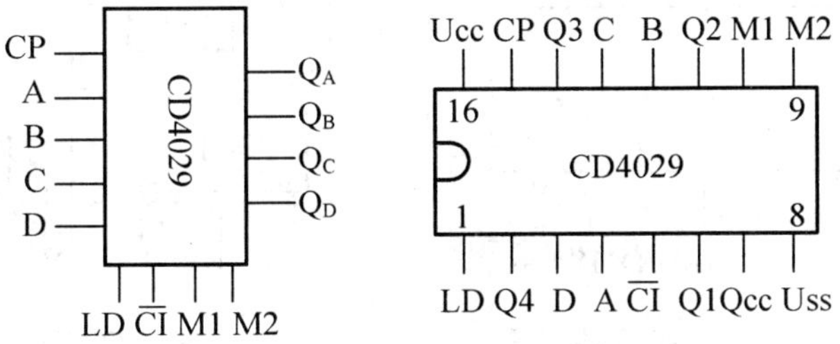

(a) (b)

图 10－24 CD4029 插脚及逻辑功能图

(a)逻辑图；(b)插脚排列图

$\overline{CI}$控制端的状态决定是否计数，为“1”时禁止计数，平时为低电平。

M1 控制端的状态决定是加计数还是减计数，为“1”时，作加计数，为“0”时作减计数。

M2 控制端的状态决定是二进制计数还是十进制计数，为“1”时是二进制计数，为“0”时是十进制计数。

10.5.1 实验目的

(1) 学习译码芯片 CD4028 和计数芯片 CD4029 的使用。

(2) 掌握时序逻辑电路与组合逻辑电路的工作原理。

(3) 学习光耦合器的使用。

10.5.2 原理与说明

图 10－27 所示电路是流光灯控制电路，可以控制灯光朝不同方向移动。完成这一功能的是一片具有加减功能的计数器 CD4029，即图中的 N2，受反馈信号的控制，实现加减转换。反馈回路由两个或非门 1/4N1－3、1/4N1－4 和一个 D 触发器 1/2CD4013 构成。

N4 的 Q 端控制 N2 的 M1 端是作加计数还是作减计数。N4 是双 D 触发器 CD4013 芯片，其插脚排列图和内部结构图分别见图 10－25 和图 10－26。这里只用了它的一半，接成了计数器电路，3 脚每来一个脉冲，Q 端就翻转一次，使计数器改变一次计数方式。计数输出给 N3 译码器，译码后，加计数时，灯光从 Q0 向 Q9 方向移动；减计数时，灯光从 Q9 方向向 Q0 方向移动。Q0 和 Q9 端是两个方向的终点，不管哪一个为高电平，都会经或非门 1/4N1－3、1/4N1－4 产生触发脉冲使 N4 翻转，从而改变计数方式，也就改变了灯光移动方向。

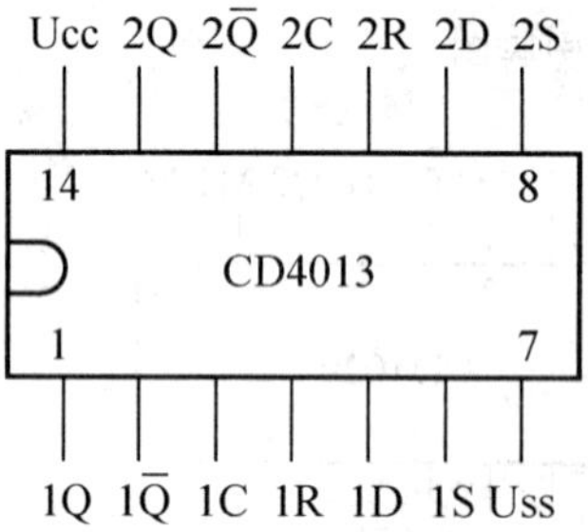

图 10－25　CD4013 插脚图

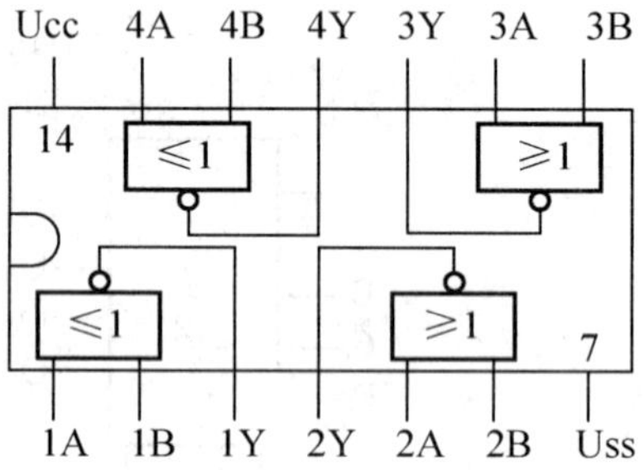

图 10－26　CD4001 内部结构图

图中，1/4N1－3 或非门的两个输入端接在了 Q0 与 Q9 端上，控制 10 路灯光，计数到 10 时才反向计数，你完全可以改变反馈线的接线位置，即可以把接 Q9 端的那个或非门输入端接在 Q1～Q9 之间任意一个上，实现 2～10 之间任意计数制，在 2～10 路灯光之间实现任意路数的控制。

图 10－27 的 N3 输出端连接的发光二极管用来指示 N3 的输出状态或光耦合器的工作状态。

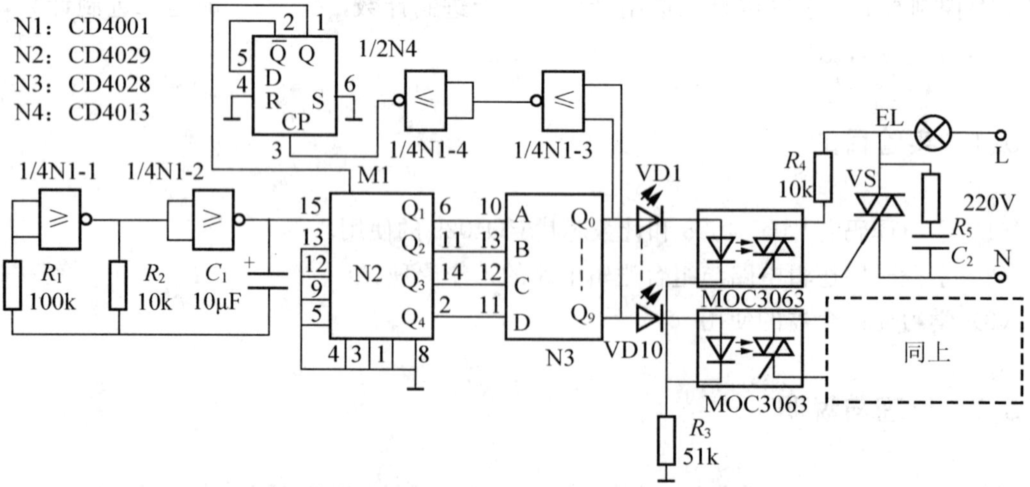

图 10－27　流光灯控制电路

光耦合器 MOC3063 为光电双向晶闸管输出型，它把强电回路与前面的弱电控制回路隔离开。隔离电压达 2500V 以上。

10.5.3 仪器仪表、元器件

①示波器；②万用表；③直流电源；④CD4001、CD4013、CD4028、CD4029 各 1 片；⑤发光二极管、光耦合器、双向晶闸管各 4 支；⑥电容器 2 只；⑦电阻若干；⑧电灯泡 4 只。

10.5.4 实验内容与步骤

（1）清点元器件。检查有无缺损。

（2）搭接弱电部分电路，N3 输出只用四路，或非门 1/4N1-3 的两个输入端分别接在 Q0 与 Q3 上，实现 4 进制计数，控制四路灯泡。（注意：CD4013 芯片的另一半未用，未用输入端都接地，不能悬空）。反复检查无误后上电实验。观察发光二极管的显示是否正常。若不正常，要根据发光二极管的状态、前后的逻辑关系，借助示波器、万用表逐步查找，判断问题出在哪个环节。

（3）工作正常后，断电，接通强电回路，经老师检查后，上电实验。

10.5.5 实验报告要求

（1）对本次实验所用芯片的认识作简单总结。

（2）说说对光耦合器的认识。

10.5.6 预习要求

（1）复习教科书相关内容。

（2）阅读本节“预备知识”。

10.6 能切断自身电源的定时开关

预备知识

温习前面使用过的 555，继电器等相关知识。

10.6.1 实验目的

（1）学习结型场效应管 3DJ6 和时基集成 IC 电路 NE555 的测试和使用。

（2）学习定时开关的原理及安装测试。

10.6.2 原理说明

原理如图 10－28 所示。

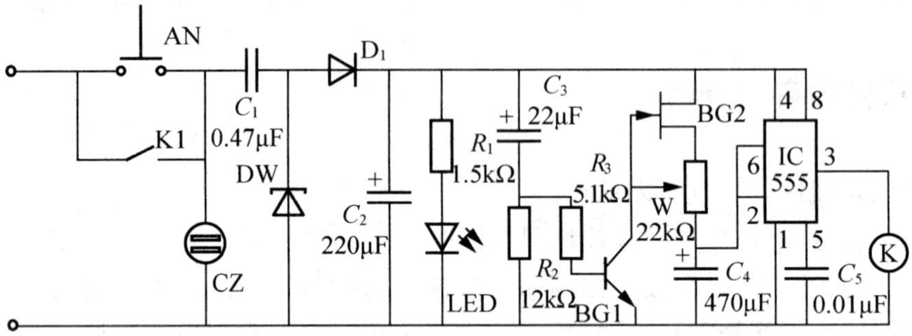

图 10－28 定时开关原理图

按下常开按钮 AN，电源插座 CZ 为负载提供 220V 交流电压。与此同时，市电 220V 交流电压经电容器 C_1 降压、二极管 D_1 整流、稳压二极管 DW 稳压、电容器 C_2 滤波后，为后级电路提供＋12V 工作电压。在电源接通的瞬间，由于电容器 C_4 的零状态响应，使得 NE555 的 2 脚为低电位，因此其 3 脚输出高电位，继电器 J 吸合，其常开触点 K1 接通，所以即使按键 AN 释放，仍能保持插座带电和延时电路正常工作。随着时间的推移，C_4 两端的电压不断上升，一旦上升到 IC 第 6 脚的阈值电压时，NE555 内部电路翻转，3 脚输出低电平，使继电器 J 释放，K_1 在切断 220V 交流电源的同时，也切断了延时电路自身的电源。

为了提高延时的精度和延时的长度，本定时开关采取了两个措施：一是设置了三极管 BG1 和电容 C_3。正常时，BG_1 处于截止状态，其 c、e 极间电阻很大，对 C_4 的充电没有影响。但在开机瞬间，由于电容 C_3 的充电，使 BG1 基极 b 呈高电位，BG_1 迅速导通并饱和，c、e 极间的阻值很小，电容器 C_4 上的残余电荷经 BG1 迅速放电，因而对提高 IC 的定时精度是不无益处的；二是延时电路中接入了场效应管 BG2，它在这里接成了恒流型式，这样用较小的电容 C_4(470μF)和较小的电位器 W 便可以获得较长延时时间的效果，调节电位器 W，就可以改变充电电流的大小，从而改变延时时间。发光二极管 LED 作定时指示用，延时结束时熄灭。

10.6.3 实验仪器设备、主要元器件及材料

①示波器；②万用表；③插座 1 个；④NE555 1 只；⑤22k 电位器 1 片；⑥场效应管(3DJ6)1 只；⑦三极管 9013 1 只；⑧12V 稳压管 DW 1 只；⑨LED 1 只；⑩二极管 1 只；⑪阻容组件、导线若干。

10.6.4　实验内容与步骤

（1）认识器件，观察其外观是否完好。

（2）用万用表测试二极管、发光二极管、场效应管、继电器等器材，判断是否正常。

（3）连接直流电源电路，按一下 AN，观察 LED 是否发光，测量并记录 C_2 两端电压。

（4）连接整体电路并认真检查，确保连接正确后，接通电源，用示波器观察、记录 IC3 脚的波形，并记录延时时间；调节 W，观察、记录波形变化和定时改变的情况。

10.6.5　思考题

本次实验电路没画出控制对象，可根据需要选择，如控制电风扇运转时间或电饭煲煮饭时间等。请参考做过的实验电路，完成后续处理电路的设计，并画出完整的电路原理图。

10.6.6　实验报告要求

（1）整理测得的数据及波形。

（2）总结本次实验的经验教训。

10.7　声 控 电 路

预备知识(运算放大器、驻极体话筒)

话筒的文字符号是“BM”，图形符号如图 10－29(a)所示。

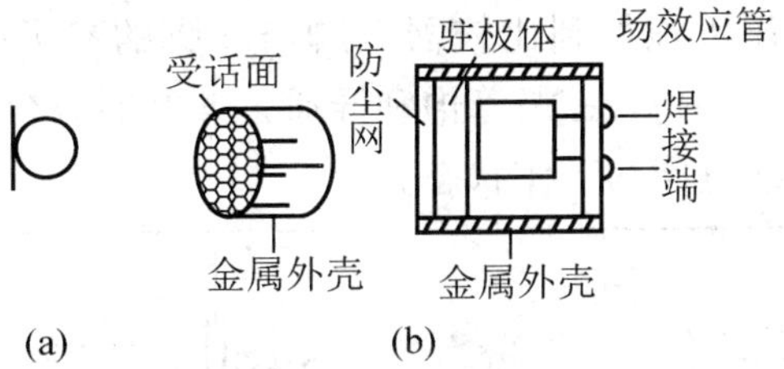

图 10－29　话筒的图形符号

(a)图形符号；(b)实物图

驻极体话筒属于电容式话筒的一种，其内部含有一个场效应管做放大器，因此拾音灵敏度高，输出音频信号较大。有防尘网的一面是受话面底部有 2 个或 3 个焊接点，与外壳相连的是接地端。驻极体话筒具有体积小、电声性能好，价格低廉的特点。驻极体话筒因内部有场效应管，必须加直流电源才能工作。驻极体话筒与电路的接法有源极输出和漏极输出两种。

源极输出的有3个焊线端，分别是漏极D(接电源正极)、源极S(是信号输出端，接放大器前的耦合电容器)、另一端接地，如图10-30所示。

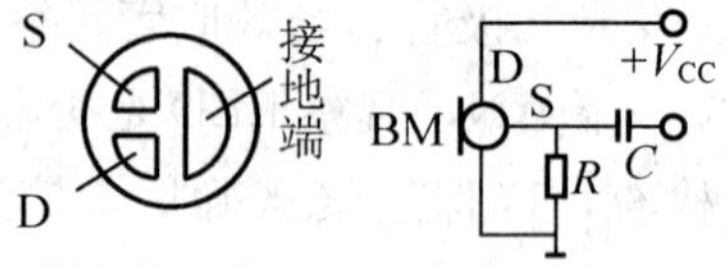

图10-30　源极输出的驻极体话筒

漏极输出的有2个焊线端，与外壳相连的是接地端，另一端D是漏极即输出端，用法如图10-32所示。

10.7.1　实验目的

(1) 进一步学习运放芯片、三极管、继电器的使用方法。

(2) 学习声控技术。

(3) 练习示波器的使用。

10.7.2　原理与说明

实验原理如图10-31所示，电路中使用了双运放芯片LM353。第一个运放连接成了反相比例放大器，第二个连接成了比较器。驻极体话筒(如图10-32所示)与R_1串联分压，无声音时话筒无电流，R_1两端无电压降。当有声音时，话筒内便产生随声音强弱、频率高低而变化的电流，R_1两端便产生随电流大小、快慢而变化的音频电压，使A点电位也按声音的变化而波动，经耦合电容C_1把音频电压传给放大器进行放大，放大的音频电压经输出端的耦合电容C_2施加到R_4两端，至此，音频电压幅度已足够大，再经VD_1、C_3整流滤波后变成平滑的直流电压，施加到比较器5脚与6脚的参考电压比较，若高于参考电压，比较器输出端7脚电压变高，三极管饱和导通，继电器吸合，被控对象工作。电路中接入发光二极管用于指示继电器的工作状态。

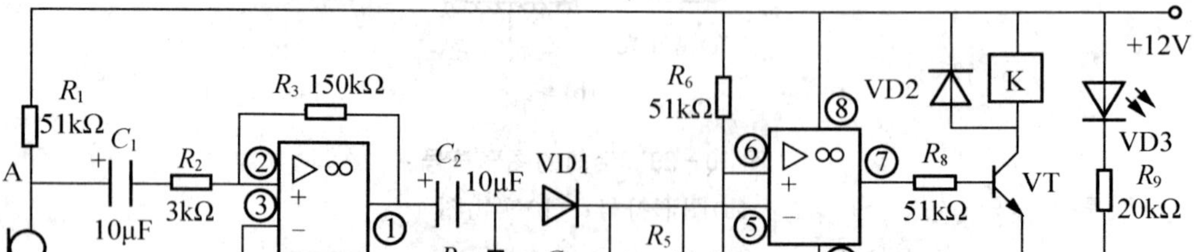

图10-31　实验原理图

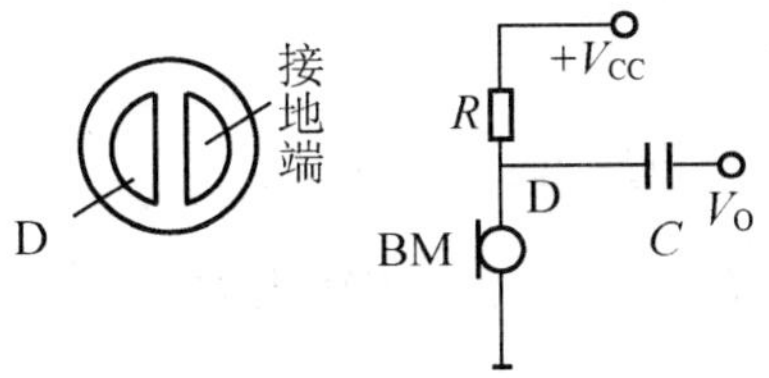

图 10－32　漏极输出的驻极体话筒

10.7.3　实验仪器设备、元器件

①示波器；②万用表；③电子插件板；④双运放芯片 1 片；⑤三极管 1 只；⑥继电器 1 只；⑦二极管 2 支；⑧驻极体话筒 1 只；⑨电解电容 3 只；⑩发光二极管 1 支；⑪电阻若干；⑫接触器 1 只。

10.7.4　实验内容与步骤

（1）认识运放芯片，观察其外观是否完好。

（2）用万用表测试二极管、三极管、电容器、发光二极管、继电器，判断是否正常。

（3）搭接拾音与放大两个环节的电路，通电测试 A 点电位、运放输入端、输出端的电位。

（4）用示波器观看 A 点、运放 2 脚、1 脚的波形(无声、击掌两种情况)。描记下能达到的最大幅度。

（5）接上 VD_1、C_3、R_5，分别用万用表、示波器测试 R_5 两端有声时能达到的最高电压。比较两种设备的测试结果。声音结束后，注意观察 R_5 两端电压的变化。

（6）接通比较器及驱动电路。测试运放 6 脚的参考电压，根据第 5 步测得的结果，判断能否使比较器反转。通电实际试一下。在实际工程中，R_6 处往往用电位器作可变电阻以方便调节参考电压的大小。

（7）本次的主电路要求用继电器常开触点驱动接触器线圈，请画出电路图并接线实验。注意接触器线圈的额定吸引电压是否超过继电器触点的耐压值。如果时间允许，再用接触器的触点接通电灯的电源(这一步使用高压，要在老师指导下完成操作)。

10.7.5　实验报告要求

（1）总结本次实验的经验教训。

（2）整理测得的数据及波形。

（3）画出设计的主电路。

（4）回答思考题。

（5）计算运放的放大倍数。

10.7.6 思考题

(1) 分别用示波器的直流输入方式和交流输入方式观测A点波形，结果有无差别？试解释。

(2) 在实验步骤5中，要求观察当声音结束时，R_5两端电压的变化，解释看到的结果。

10.7.7 预习要求

(1) 复习教科书相关内容。

(2) 阅读本节“预备知识”，弄清楚电路工作原理。

10.8 光控电路

预备知识(光敏三极管、光敏二极管、集成运放)

(1) 光电器件是指能将光信号转换为电信号的电子组件，包括光电二极管、光电三极管、光电阻、光电耦合器等，这种类型的组件对光敏感，又称光敏组件。光电二极管有一个PN结，光电三极管有两个PN结。图10-33所示为金属壳封装、透明塑封、树脂封装光电二极管、光电三极管外形。光电二极管的最高工作电压U_{m}是指在无光照、反向电流不超过规定值(0.1μA)的前提下允许加的最高反向电压。光电流是指在反向电压作用下受到光照射时流过的电流。光电灵敏度S是指光电二极管的光电流I与入射光功率之比。S越大越好。光电二极管的代号为“VD”，图形符号如图10-34所示。光电二极管是有极性的，靠近管键或色点长脚是正极，短脚是负极。光电二极管工作在反向电压状态，连接时负极接高电位，正极接低电位，使用中务必注意。无光照时，VD截止，反向电流$I=0$。有光照时，VD的反向电流明显增大，并随光照强度的变化而变化，这时U_o也随光照强度的变化而变化，实现了光电转换。光电三极管的代号为“VT”，图形符号如图10-35所示。有NPN、PNP型两种类型的光电三极管，其基极即为光照窗口，因此，光电三极管只有

图10-33 二极管、三极管外形

集电极 C 和发射极 E 两个引脚，靠近管键或色点的是发射极 E(长脚)，另一脚是集电极 C(短脚)，其等效电路如图 10－36 所示。少数光电三极管基极有引脚，用作温度补偿。光电二极管和光电三极管各有特点，若要求线性好、工作频率高的场合应选用光电二极管；要求灵敏度高时，应选用光电三极管。

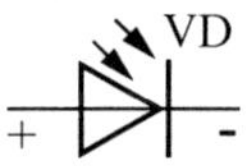

图 10－34　光电二极管的图形符号

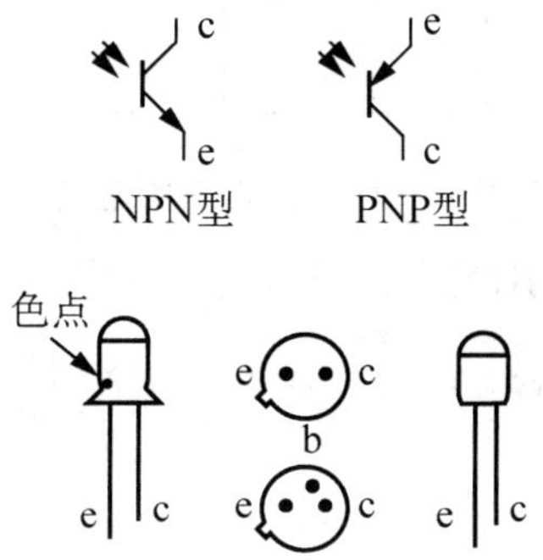

图 10－35　光电三极管的图形符号

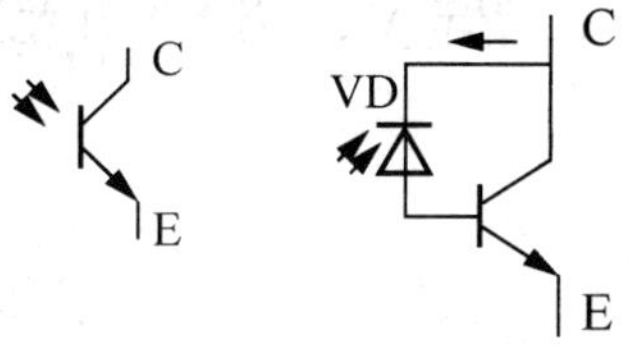

图 10－36　光电三极管等效电路

用指针式万用表检测光电二极管和光电三极管：将万用表置于“R×1k”档，红表笔接光电二极管正极或光电三极管的发射极 E，黑表笔接光电二极管负极或光电三极管集电极 C，用一遮光物遮住透明窗口，这时，表针应指向无穷大(见图 10－37)。移去遮光物使透明窗口朝向光源，这时表针应指向几 kΩ 处(见图 10－38)。

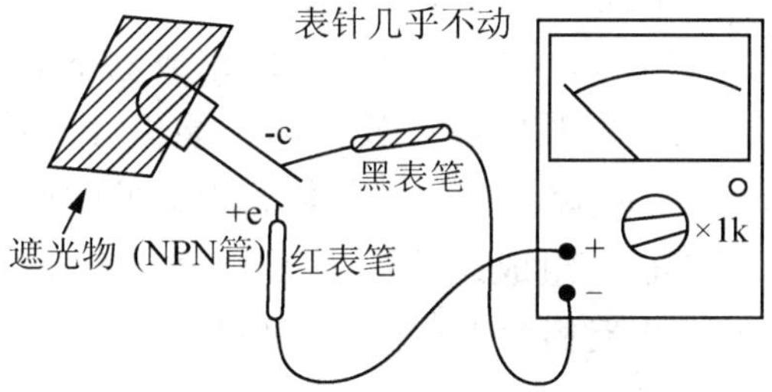

图 10－37　用万用表检测光电二极管遮光时的电表指示

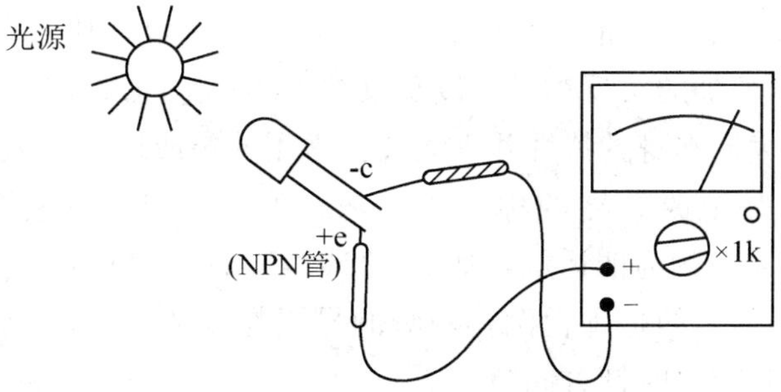

图 10－38　光照时的电表指示

表针偏转越大灵敏度越高。

图 10－39 为光信号放大器，光信号由 VD 接收，经 VT 放大后经 C 输出。图 10－40 为光控开关电路。无光照时，光电二极管 VD1 截止。有光照时 VD1 导通，VT1、VT2 导通，继电器 K 吸合，接通被控电路。

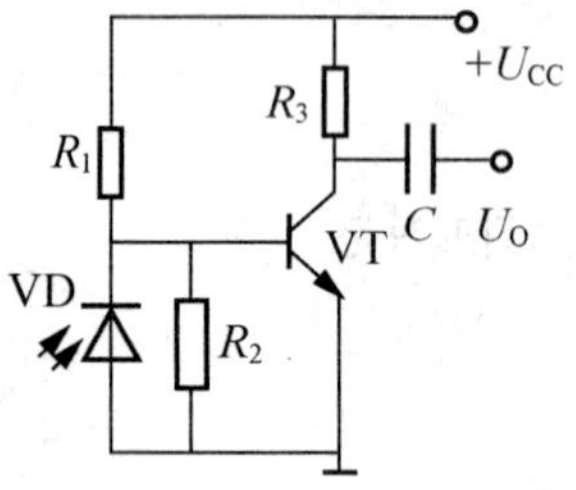

图 10－39　光信号放大器

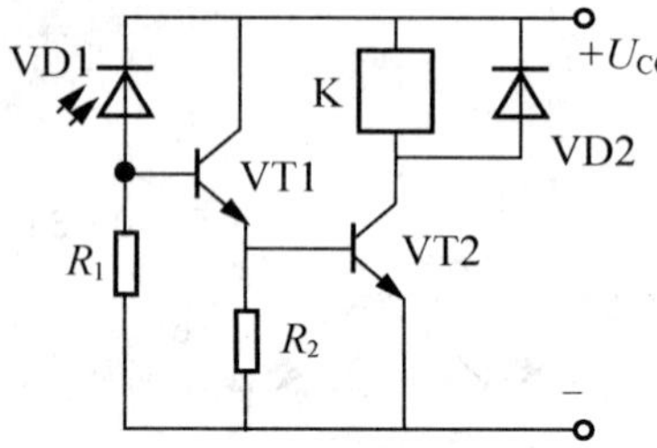

图 10－40　光控开关电路

图 10－41 所示 VT1 为光控开关管，这个电路比使用光电二极管的电路少了一级放大。

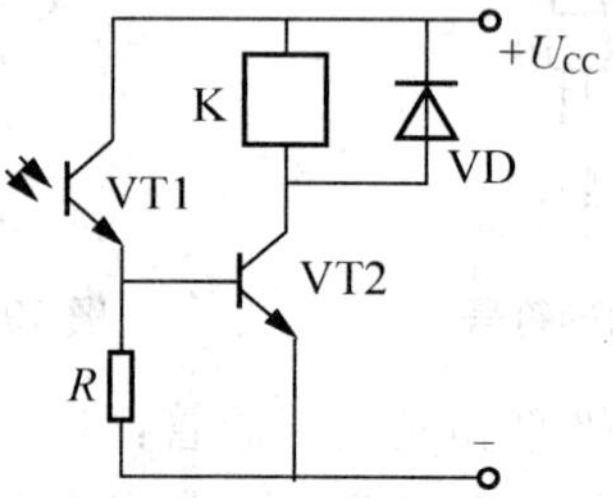

图 10－41　光控开关管

（2）集成运放。集成运算放大器可称为“万能器件”，它不但可以组成放大电路、振荡电路、调制与解调电路、比较电路，还能用于脉冲电路中。集成运算放大器内部是一个多级直接耦合放大电路，由输入级、中间级和输出级组成电路结构与晶体管分立组件放大电路没什么不同，只是它的放大倍数很高，放大器性能更好，其电路图符号如图 10－42 所示。目前，除了高频、大功率电路，凡是由晶体管组成的线性电路和部分非线性电路都能由集成运算放大器芯片为核心来组成运算放大器的两个输入端 U_- 和 U_+，分别称为反相输入端、同相输入端。如果从反相输入端输入信号 U_i，输出端的电压 U_o 与 U_i 的极性相反；如果在同相输入端输入信号 U_i，输出端的电压 U_o 与 U_i 极性相同。一般通用运算放大器的电压增益高达几万倍到几十万倍范围，在接成放大电路时，都要加入负反馈电路构成闭环放大电路。如果不加负反馈电路则称为开环应用，可以作比较器使用(当然，有专门的比较器芯片)。由于所加的负反馈是深度负反馈，闭环电压放大倍数 A_u 完全取决于反馈网络组件参数，与放大器本身的特性几乎无关。常用的集成运算放大器芯片为双列直插式芯片，一块芯片内有一个放大器的称为单运放，如 μA741；有两个的称为双运放，如 LM353、LM358；有 4 个的为四运放，如 LM324、5G473、TL084 等。它们的插脚排列如图 10－43 所示，一般给出的是顶视图，插脚的号码是以缺口(有的是一个小圆点儿)为标志，从左下脚第一插脚起逆时针方向数。

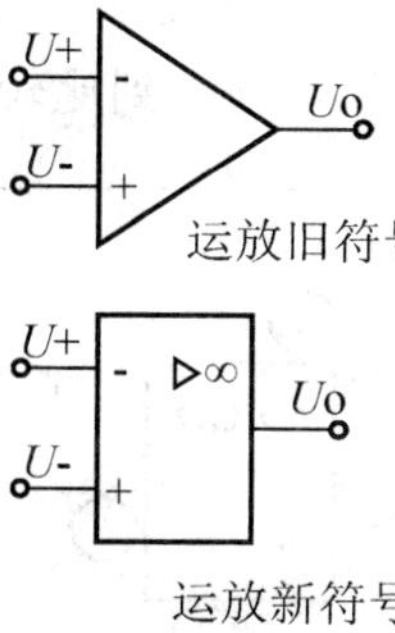

图 10－42 集成运放器电路图符号

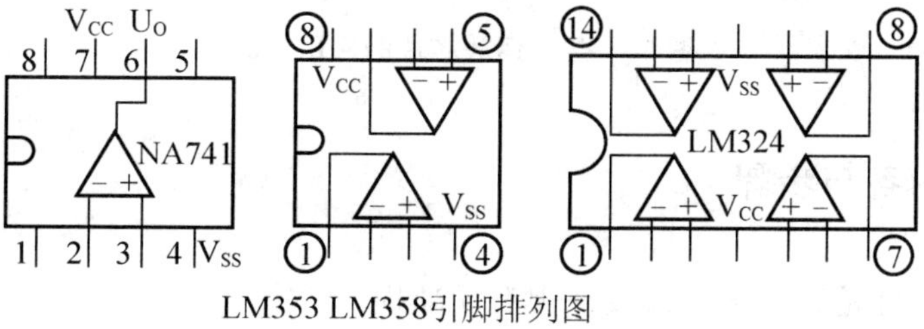

图 10－43 运放器的插脚排列图

10.8.1 实验目的

(1) 学习运放芯片的使用方法。

(2) 进一步学习三极管、继电器、光敏三极管的应用技术。学习电子线路的调试技术。

10.8.2 实验器材

①万用表；②电子插件盘；③直流电源；④运放芯片 1 片；⑤三极管 2 支；⑥光敏三极管 1 支；⑦继电器 1 只；⑧电位器 1 只；⑨电阻若干；⑩二极管 1 支。

10.8.3 原理与说明

前面已提到运放芯片可以工作在开环状态作比较器用。图 10－44 所示电路就是典型的应用。参考电压加到芯片反相输入端②脚与同相输入端③脚的光电信号电压比较。如果光线弱，③脚的光电信号电压小于②脚的参考电压，芯片输出端⑥脚输出低电位，三极管 VT3 导通，继电器吸和，可以用其常开触点接通路灯、或走廊灯等。白天光线强，③脚的光电信号电压高于②脚的参考电压，⑥脚输出高电位，VT_3截止，继电器释放断开照明灯的电源。在电路中，光敏三极管 VT1 受到光照产生电流，送入 VT_2 基极作电流放大，放大的电流在电阻 R_1 上产生对应的电压，施加到比较器同相端去比较。

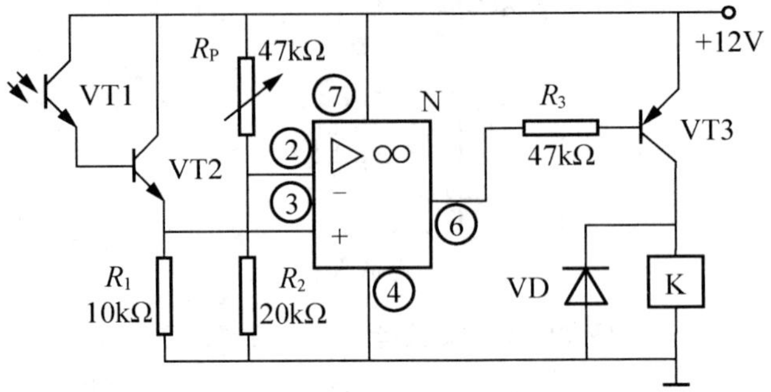

图 10-44　运放芯片的应用电路

10.8.4　实验内容与步骤

（1）清点元器件是否齐全，检查外观有无缺损。

（2）用万用表测试除运放芯片以外的各个组件，认清各端子。

（3）先只连接光电放大部分，接好后，接上 12V 直流电源，测试自然光下 R_1 上的电压，再测试 VT1 处在黑暗中时 R_1 上的电压，记下测得的数据，断电。

（4）第二步接好比较器电路，下面的工作就是设定比较器的参考电压。读者自然会想到怎样设定这个电压值呢？这要看读者打算干什么？对后续电路有怎样的逻辑动作要求。比如说，打算用这个电路去控制路灯，等到天黑时用继电器、接触器或者晶闸管接通路灯的电源，读者可以在天黑时，慢慢调节电位器 R_P，使比较器输出端由高电平跳变为低电平即可。

（5）第三步接好驱动电路，通电测试应该没问题。驱动电路的接法不是唯一的，读者完全可以改变三极管与继电器的连接方式，想想怎样改变？有一点要注意，不管三极管与继电器如何连接，那只二极管要始终与继电器线圈并联，且负极接高电位。

（6）电路调好了，把比较器②脚、③脚和⑥脚在强光、弱光两种情况下的电压值记下来。

（7）事情到此还没完结，还没实现最后的目的。要点亮电灯，在实验室里做实验只点亮一只电灯，直接用继电器触点即可，这个电路要读者自己试画出来。很简单，与上次实验的主电路一样，把电动机换成电灯泡就行。如果要点亮几百盏路灯，能直接用继电器触点吗？该怎么办呢？

10.8.5　实验报告要求

（1）谈谈本次实验的体会或收获。

（2）完成步骤 5 中提出的想法。

（3）完成步骤提出的问题，并设计一个可行的方案。

10.8.6　预习要求

（1）复习教科书相关内容。

（2）阅读本节的“预备知识”。

（3）请参考上次实验电路，设计出本次实验的主电路部分——用继电器常开触点为电灯泡接通单相交流电源。

10.9　集成电路声光双控延时照明灯

预备知识

光敏电阻：光敏电阻又称光导管，使用的制作材料为硫化镉，另外还有硫化铝、硫化铅和硫化铋等材料。这些制作材料具有在特定波长的光照射下，其阻值迅速减小的特性。这是由于光照产生的载流子都参与导电，在外加电场的作用下作漂移运动，电子奔向电源的正极，空穴奔向电源的负极，从而使光敏电阻器的阻值迅速下降。光敏电阻图形符号如图 10－45 所示。

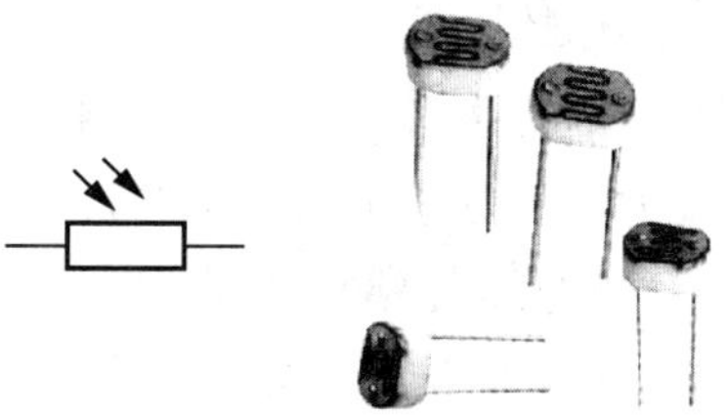

图 10－45　光敏电阻的图形符号

CD4011 为 2 输入四与非门集成电路，其引脚功能图如图 10－46 所示。

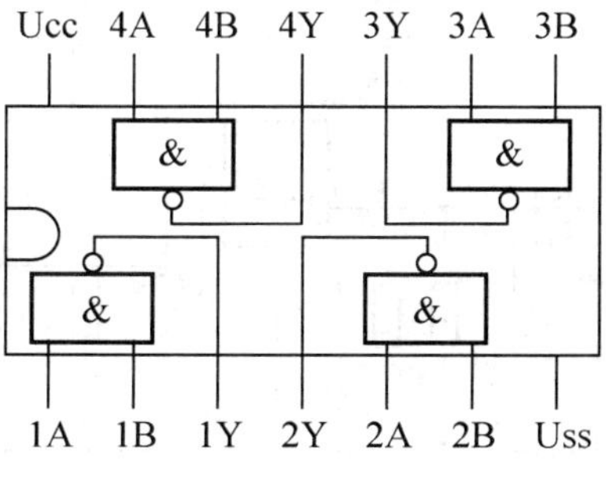

图 10－46　CD4011 引脚功能图

LM324为运算放大器集成电路，其内部集成了4个运放，引脚功能图如图10－47所示。

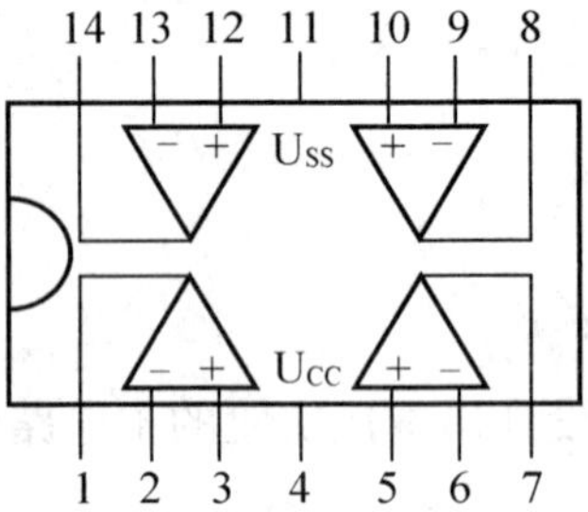

图10－47　LM324引脚功能图

10.9.1　实验目的

（1）学习LM324、CD4011、继电器、光敏电阻、驻极体话筒的使用方法。

（2）学习声控、光控技术。

10.9.2　原理说明

实验原理见图10－48。本实验中采用集成4运放LM324作为主控芯片。运放A1连接成反向比例放大器，A2、A3连接成电压比较器。驻极体话筒BM与R_1串联分压，无声音时话筒无电流，R_1两端无压降；当有声音时，话筒内便产生随声音强弱、频率高低而变化的电流，R_1两端便产生随电流大小、快慢而变化的音频电压，使A点电位也随声音的变化而波动，经耦合电容C1把音频电压传给放大器进行放大，放大后的音频电压经输出端的耦合电容C_2施加到R_4两端，这时音频电压幅度已足够大，经VD_1、C_3整流滤波后变成平滑的直流电压，施加到比较器5脚，与6脚的参考电压作比较，若高于参考电压，比较器输出端7脚电压变高，并送到与门U_1输入端。

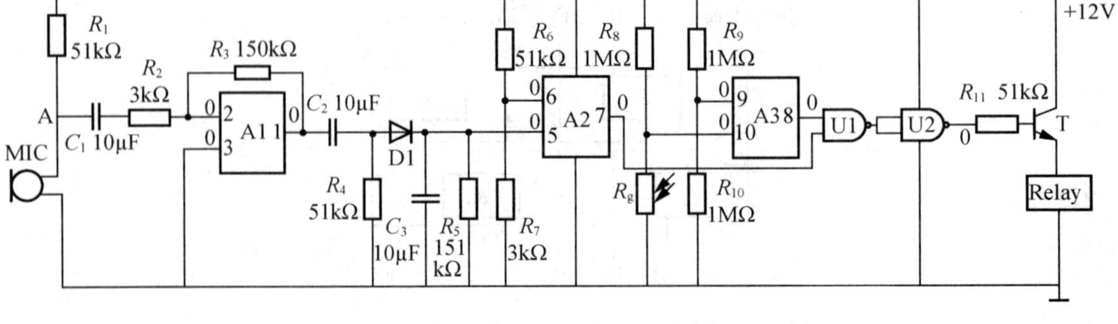

图10－48　灯控电路原理图

光敏电阻 R_g 和电阻 R_7 分压并送到第 3 个运放的同相端，与 R_8、R_9 分压后加到反向端的基准电压比较。在白天，光敏电阻阻值很小，其电压降低于参考电压，运放 A_3 输出低电平送到与非门 U_1 的另一输入端，这样即使有声音信号，与门 U_2 也输出低电平，三极管截止，继电器不能吸合，灯不亮；到了晚上，光敏电阻 R_g 呈现高电阻，其分压超过基准电压，A_3 输出高电平，若有声音信号则与非门 U_1 输出低电平，再经与非门 U_2 组成的反相器输出变高，三极管导通，继电器吸合，照明灯点亮。为了使灯泡能亮一段时间以便通过走廊或上、下楼，本装置设置了 C_3、R_5 构成的延时电路，有了它，即使声音停止，C_3 通过 R_5 放电，A_2 同相端仍会维持高电平状态，使灯继续亮着，直至电荷放尽，A_2 同相端变为低电平才熄灭。

10.9.3 实验仪器设备、主要元器件及材料

①示波器；②万用表；③面包板；④四运放 LM324 1 片；⑤CD4011 1 片；⑥阻容组件、导线若干。

10.9.4 实验内容与步骤

(1) 认识运放芯片，观察其外观是否完好。

(2) 用万用表测试二极管、三极管、继电器等器材，判断是否正常。

(3) 搭接拾音与运算放大环节的电路并通电测试 A 点电位及运放 A_1 的输入、输出端的电位。

(4) 用示波器观看 A 点，运放 2 脚、1 脚的波形(无声、击掌两种情况)，描记波形并标记幅度。

(5) 接上 D_1、C_3、R_5，R_6、R_7、A_2 分别用万用表、示波器测试 R_5 两端及 A_2 各端有声音及结束后的电压及波形并描记，比较两种设备的测试结果。

(6) 接通比较器 A_3、R_8、R_g、R_9、R_{10}，分别在亮光、遮光状况下，观测 R_g 及 A_3 的 8 脚、10 脚的电压，并记录。

(7) 连接上与非门、三极管及继电器，完成控制电路的整体连接和测试。

(8) 将继电器常开触点串联接入照明灯电路，实现灯的声光控制，观测并记录灯亮的时间。

10.9.5 实验报告要求

(1) 整理测得的数据及波形。

(2) 计算运放的放大倍数。

(3) 总结本次实验的经验教训。

10.9.6 预习要求

（1）复习教科书相关内容。

（2）阅读本节的“预备知识”。

10.10 热释电红外遥控报警电路

预备知识

热释电红外传感器(PIR)是对温度敏感的传感器。它由高热电系数材料如陶瓷氧化物、压电晶体等组件制成，在组件的两个表面做成电极，当环境温度发生变化时，由于组件的热释电效应，在两个电极上就产生电荷——即微弱的电压，因此在传感器内部接上了一个场效应管作电荷放大器或者说作阻抗变换。PIR 用于检测人体或其他物体发出的红外线，并将红外线转化为电信号。这种传感器用途很广，如防盗报警、危险场所、自动门等。

热释电红外传感器有金属封装，如图 10－49(a)所示和塑料封装，如图 4－49(e)所示两种。顶部(金属壳)或侧面(塑料壳)装有滤光镜片，用于接收要检测的红外光信号。图 10－49(d)、(f)是其内部结构示意图。

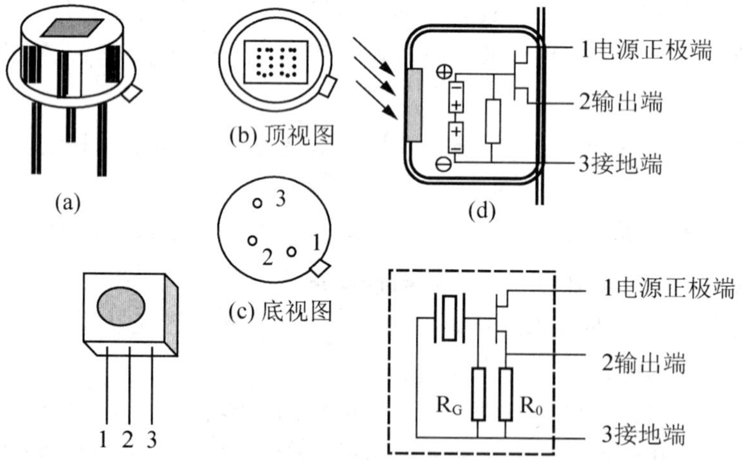

图 10－49　热释电红外传感器的封闭及内部结构示意图

(a)金属封闭；(b)顶视图；(c)底视图；(d)内部结构；(e)塑料封闭；(f)内部结构

人体发出的红外线中心波长是 9.5μm 左右，PIR 探测组件的波长灵敏度是 1～20μm 范围是非常稳定的，在外壳窗口贴上的滤光镜片截止波长在 7～14μm 范围，使波长小于 7μm、大于 14μm 的红外波被隔离掉，而人体发出的红外线波正好落在能透射过滤光镜片波长的中心处，可以准确地检测出人体的介入。但是，尽管 PIR 内部装有电荷放大器，信号电压输出幅度也仅几百微伏，直接检测距离只在2米以内，实用中要在PIR的前面加装一块半球面的菲涅尔透镜提高检测灵敏度，再配合放大器，就可以检测到10米或更远的移动的红外线发热体。

干式舌簧管简称干簧管，它是一种有触点的开关组件。图10-50(a)画出了几种干簧管的外形。干簧管是由两根或两根以上的铁磁性金属条作簧片(触点)，密封在玻璃壳内组成机械开关。它的结构如图10-50(b)、10—51(a)所示。图10-50是有一对触头的常开式干簧管；图10-51是有三个触头的转换式干簧管(有一组常开触头及一组常闭触头)。其引脚有的是直的，有的是折弯90°的。干簧管的玻璃壳直径为$\Phi 2 \sim \Phi 5$mm，长度为15～50mm(分成小、中、大型)，其触头尺寸不同，工作电流也不同，小型工作电流小于100mA，大型工作电流可达5A。

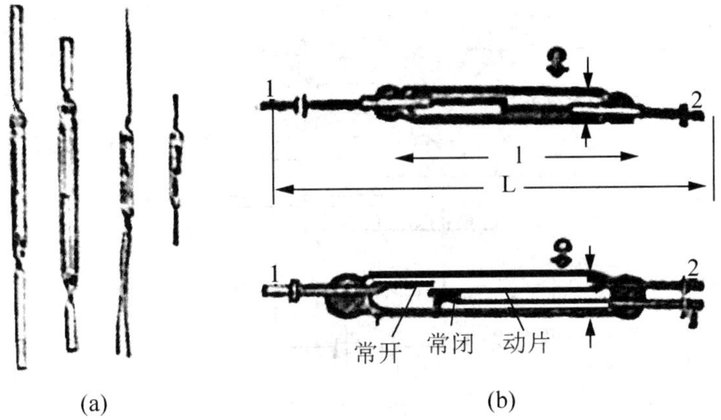

图10-50 干簧管的外形图

(a)外形图；(b)结构图

干簧管的触点形式及图形符号如图10-51(b)所示。文字符号为K。

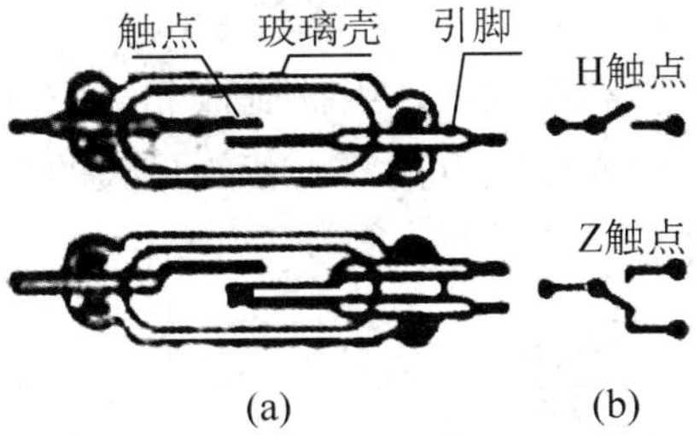

图10-51 干簧管结构图

(a)结构图；(b)图形符号

干簧管具有结构简单、体积小、便于控制等优点，因此，它的用途极广。

干簧管有两种用法，第一种是干簧管与磁钢配合，构制成磁控开关，用于报警装置及电子玩具中。当磁钢接近干簧管时，管中簧片受到磁力的作用，触点状态发生变化，常开触点闭合，常闭触点断开。

第二种是干簧管和线圈组成干簧式继电器，如图 10－52(a)所示。工作原理如图 10－52(b)所示。干簧继电器也是最常用的继电器之一。当电流通过线圈时，线圈产生的磁场使干簧管中的金属条磁化，两金属条因极性相反而吸合，接通被控电路。在线圈中可以放入若干个干簧管，它们在线圈磁场的作用下同时动作。

干簧式继电器具有一对线圈引脚和若干对干簧管引脚，在外壳上均有相应标志，容易识别如图 10－52(a)所示。

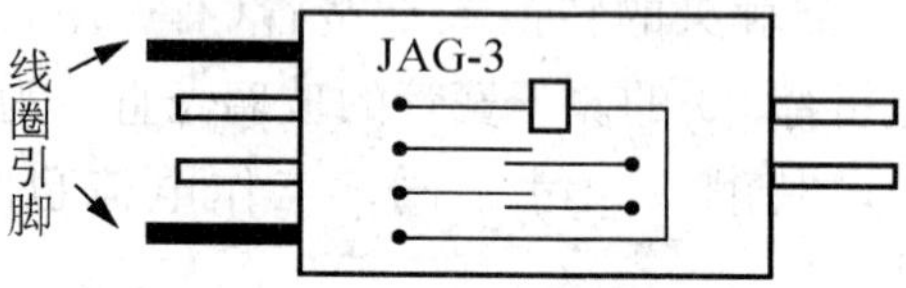

(a)

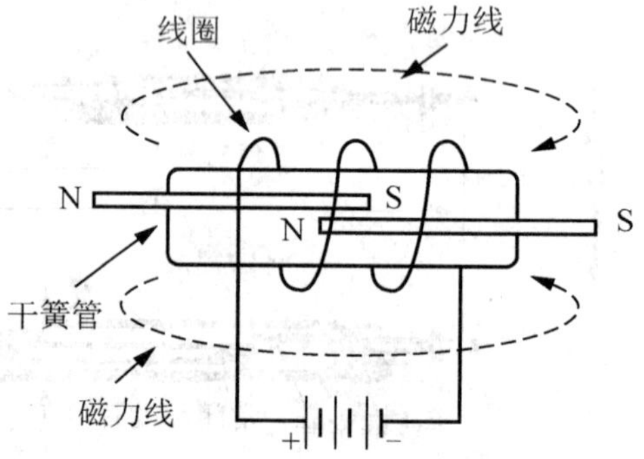

(b)

图 10－52　干簧管继电器

(a)外形图；(b)工作原理

干簧管的应用。简易防盗报警电路：如图 10－53 所示，经将磁钢安装在抽屉的后面，干簧管安装在桌子内部，两者距离 5～6mm，干簧管吸合，三极管 VT 的基极和发射极被干簧管短路，三极管截止，蜂鸣器不发声；当抽屉被非法撬开拉出时，干簧管由吸合状态转为释放状态，三极管导通，蜂鸣器发声报警。若要更大的报警声，可由三极管驱动继电器，由继电器的触点接通电铃。

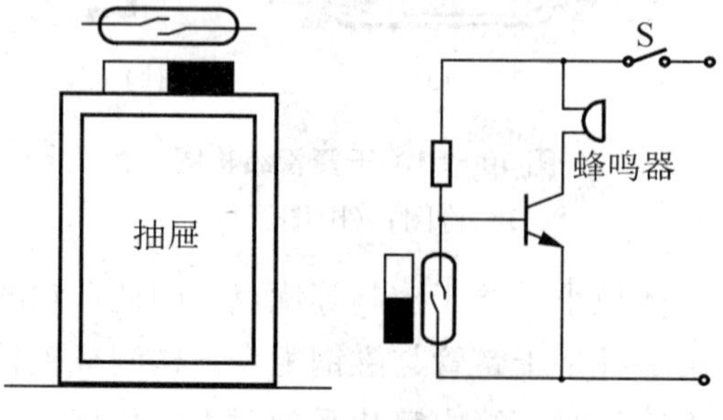

图 10－53　简易防盗报警电路

图 10－54 所示，使用中注意，电源开关 S 应安装在隐蔽处。在主人离开时才合上 S，回来开抽屉前先断开 S。

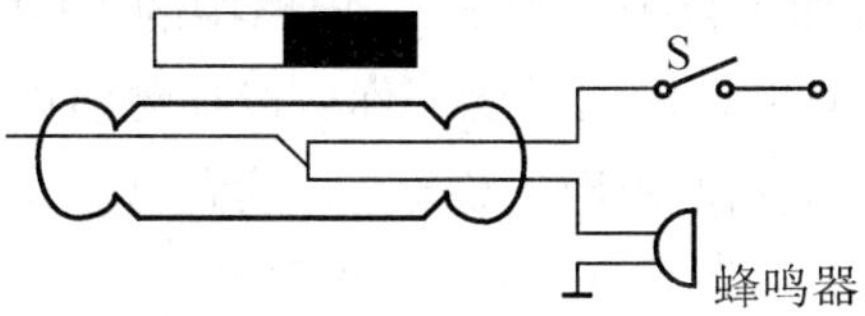

图 10－54　电源开关的安装方法

按这个电路的工作原理。同样可以设计成门、窗防盗报警电路。也可以在一些贵重物品(如彩色电视机、计算机)上设置报警电路。当小偷搬动时，干簧管触点闭和，接通报警器电源发出报警信号。

液位传感器。将磁钢安装在浮子中，干簧管安装在塑料管中。液位下降时磁钢离开干簧管的距离增加，液位下降到一定程度时，干簧管触点释放；当液位上升到一定程度时，干簧管吸合。根据干簧管触点的通与断，可给出液位信号。

10.10.1　实验目的

(1) 了解热释电红外检测技术在生产中用途。

(2) 学习微小信号的放大技术。

(3) 复习 555 芯片的使用技术。

(4) 学习干簧管的使用技术。

10.10.2　原理与说明

图 10－55 所示电路中，PIR 是热释电红外线传感器，把接收到的红外线转变成为电压信号经 R_3 送到 N1 同相端放大，这一级放大器接成了交流放大器，只对低频信号有放大作用，C_4 抑制掉高频干扰信号。放大的信号送到 N2 的反相输入端作第二次放大，这是一级减法放大器，在同相输入端设置了一小电压信号，与第一级放大的信号相减后放大输出，这样可以抑制掉当小猫小狗经过时产生的小幅信号，防止报警器误报。经过两级放大信号幅度达到伏特级，输出的低电平电压加到 555 芯片的 2、6 端，这里 555 接成了施米特触发器，当信号电压低于 2 脚的触发电压时，555 的输出端 3 脚跳变为高电平，继电器 K 线圈得电，常开触点闭合，接通报警器电源(这一部分没画出，请读者自己设计)，发出报警声光。

如果作为防盗报警用，还可以在 555 的 2 脚连接上由其他传感器发来的信号，如图中 1k、2k，这是两只干簧管，可以把它装在门窗上，当小偷撬开门窗时，磁钢被移开，干簧管的触点闭合，555 的 2 脚电压低于触发电压，使输出端 3 脚跳变为高电平，继电器吸合，启动报警器。也可以把磁钢装在贵重物品上，如彩色电视机、电冰箱等，当小偷移走物品时，干簧管触点闭合，继电器吸合，启动报警器，就是小偷把物品立刻放回原处，也不会停止报警，因为给继电器 K 加了自锁触点 K1。电路中的 VD1、VD2 一方面起隔离的作用另一方面组成或门触发 555 输出。根据需要，你可以加更多的干簧管以增加防盗点。

热释电红外线检测电路不仅仅用于防盗报警，读者打算做什么，就用继电器的触点去接通执行什么的电路即可。

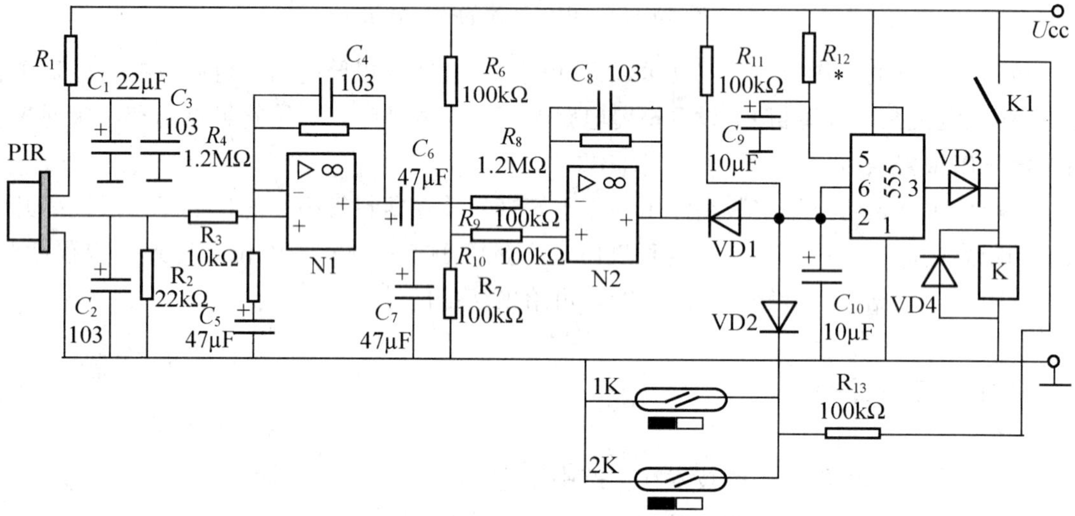

图 10－55 实验原理图

10. 10. 3 实验仪器仪表、元器件

①示波器；②万用表；③电子插件板；④直流电源；⑤信号发生器；⑥运放芯片 1 片；⑦555 芯片 1 片；⑧干簧管 1 只；⑨磁钢 1 只；⑩继电器 1 只；⑪电阻、电容、二极管各一宗。

10. 10. 4 实验步骤与内容

（1）清点元器件。搭接图 10－55 电路中两级放大电路，不接 PIR，用信号发生器代之。将信号发生器的输出电压调到几毫伏，频率调到 1Hz，接通电源，观测 N1、N2 的输出幅度和波形。

（2）以上调试正常后，断电，接上 PIR，注意，检测窗不要对着工作的方向，接好后上电，用手在检测窗前移动，观测 N1、N2 有无输出幅度是多少，波形是什么样的 。

（3）第二步正常后，断电，接通剩余部分，上电，通过改变 R12 的阻值调节 555 的 2 脚电压稍大于 N2 输出幅度的二分之一。测试，当 PIR 检测到人体红外线时，555 的输出端是否跳变为高电平，继电器 K 是否吸合。

（4）以上正常后，试试干簧管的作用。

10.10.5　实验报告要求

（1）叙述本次两级放大器的特点。

（2）本次 555 芯片是怎么用的，简述其工作过程。

（3）如果把图 10－55 所示电路用于自动门，请把执行电路设计出来。

10.10.6　预习要求

（1）复习教科书中有关运算放大器、555 时基电路的内容。

（2）阅读本节“预备知识”。

10.11　加热炉调功电路

预备知识

双向晶闸管与双向触发二极管。双向晶闸管的文字符号为“VS”，双向晶闸管相当于两个单向晶闸管的反向并联，在两个方向都可以控制导通。其图形符号和等效电路如图 10－56 所示。

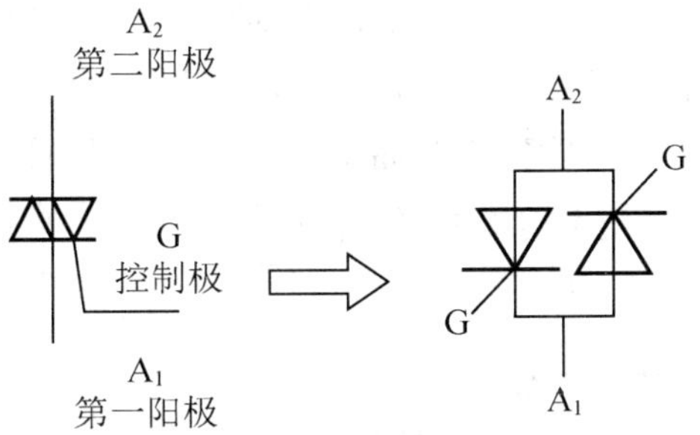

图 10－56　双向晶闸管图形符号

双向晶闸管的两个主电极不再分为阳极和阴极，而称为第一阳极 A1、第二阳极 A2。

双向晶闸管工作在交流电路中，两个阳极与负载串接在工作电源上，触发电压施加在控制极 G 与第一阳极 A1 上。触发电压可以是正电压，也可以是负电压。

在应用电路中，不论施加于两主端子上的电压极性如何，只要对 G 极施加适当的触发电压，就可使管子由阻断态转为导通态。

单向晶闸管的特性是“正向导通、反向阻断”，而双向晶闸管的特性是“双向可控导通”，这种特性可作交流调压或交流无触点开关，不能作为可控整流组件，主要用来作交流调压、交流调功、可逆直流调速等，双向晶闸管的引脚图如图 10－57 所示。

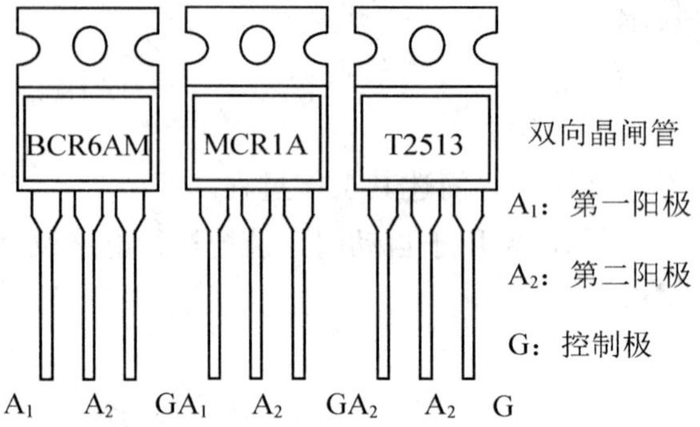

图 10－57　双向晶闸管引脚图

双向晶闸管的触发电路有移相触发电路和过零触发电路。在移相触发电路中常用的是以双向触发二极管为核心组成的。

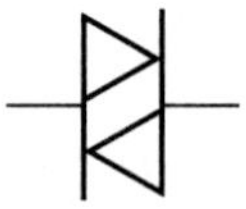

图 10－58　双向触发二极管

双向触发二极管可看作两个二极管的反向串联，无论加在管子两端的电压极性如何，只要电压的数值达到了管子的转折电压值，就能使它导通。需要注意的是，双向触发二极管的转折电压较高，一般在 20～40V 范围。双向触发二极管没有极性，文字符号为“VD”；图形符号如图 10－58 所示。

图 10－59 所示的调光灯电路就是移相触发调压电路，交流电通过 R、R_P 向电容器 C 充电，当电容器 C 两端的电压上升到略高于双向触发二极管 VD 的转折电压时，VD 与 VS 相继导通，负载 RL 得电工作。当交流电过零瞬间，双向晶闸管自行关断，接着，C 又被电源反向充电，重复上述过程。在此，触发电路是工作在交流电路中的，在交流电压正负半周内分别发出正负触发脉冲到双向晶闸管的 G 极，使管子在正负半周内对称地导通一次。改变 R_P 的阻值，就改变了对 C 的充电速度，也就改变了双向晶闸管的导通角，相应地改变了加在负载 R_L 上的电压。

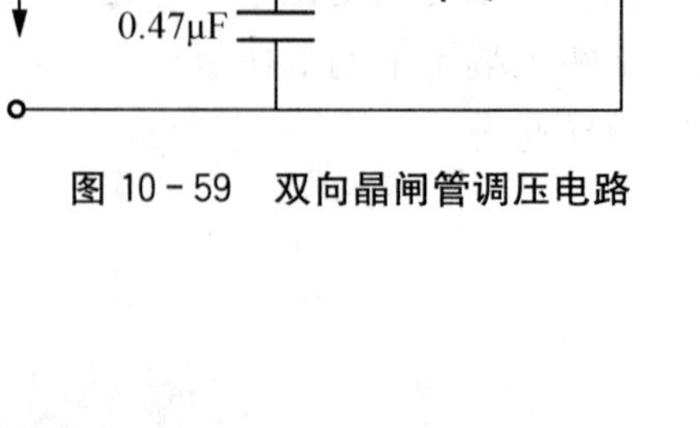

图 10－59　双向晶闸管调压电路

另外，双向晶闸管所需的触发功率一般都较大，与触发二极管串联的电阻为调整触发电流的。

以上电路是一个简单实用的调压电路，但是，负载 R_L 上的电压不能从 0V 电压起调，最低到 20V 导通。另外，当 R_P 调到最大时，对 C 的充电速度很慢，在交流电的半个周期内，C 上的电压还来不及上升到双向触发二极管的转折电压，晶闸管就不能导通了。图 10－60 所示电路就是为此而改进的实用电路。增加了 R_1、C_1、R_2 组成的阻容移相电路。当 R_P 调到极限值时，C_1 上的电压可经 R_2 向 C 充电，以保证低输出电压下双向晶闸管仍能导通。适当调节 R_2 阻值，可得到较低的起调电压。

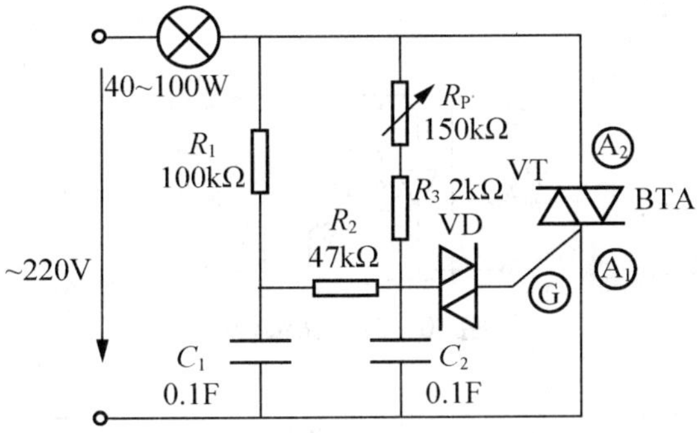

图 10－60 双向晶闸管调压电路

移相触发电路虽然简单，但是，由于存在固有的缺点，不适合驱动大功率负载或感性负载，因为加在负载上的电压波形不是完整的正弦波，在晶闸管被触发导通的瞬间会使电网电压出现“塌陷”现象，高频波还会给电网造成很大的电磁污染。在大功率用电设备上或感性设备上都采用过零触发电路，双向晶闸管在交流电过零时被触发导通。在交流电的每半个周期内，负载上的波形是完整的，避免了移相触发的缺点。过零触发有电压过零触发和电流过零触发。电压过零触发适用于电阻性负载，电流过零触发适用于感性负载。在这种电路中，双向晶闸管是工作在开关状态的，以断序的方式给负载供电，导通时的波形是完整的，波形示意图如图 10－61 所示。图中 T 为控制信号的周期，n 为在一个控制周期中导通的波形个数。在一个控制周期 T 内，通过改变双向晶闸管每次导通的波形个数来改变传给负载的功率，因此，这种电路称为调功电路。

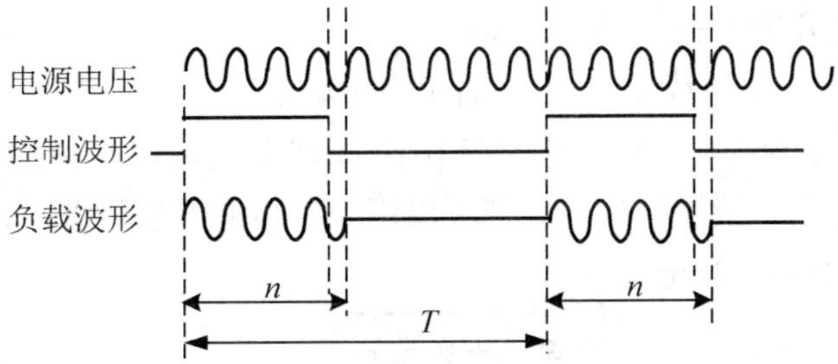

图 10－61 波形示意图

图 10－63 所示电路就是一过零触发电路。电路中的 U 组件叫光耦合器，如图 10－62 所示。这个组件分为两个部分，左边发光二极管接在控制回路中，称输入端，接受控制信号并转变成光信号；右边是光电三极管，接在强电回路中，称输出端，接受发光二极管发出的光信号并转变成电信号。显然，光耦合器是“电-光-电”转换器，它在电路中主要起隔离的作用，把弱电的控制电路与强电的主电路隔离开来，当然用继电器、脉冲变压器也能起隔离的作用，但是，在自动控制系统中的速度、前后级电平的不等、体积、成本等因素的矛盾，只有光耦合器是最佳器件。光耦合器的输入端与输出端之间的绝缘程度一般达 1 千伏以上。在前面使用继电器的地方都可以换成光耦合器，但要注意，一定要串联上一个电阻，图 10－63 中的 R_1。

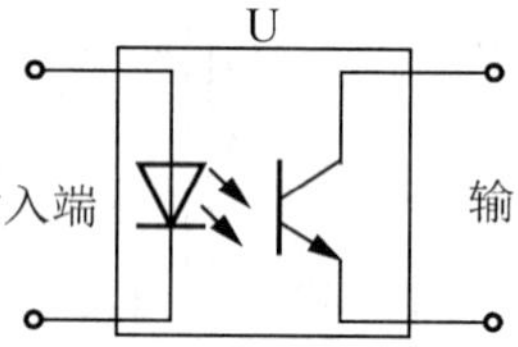

图 10－62 光耦合器

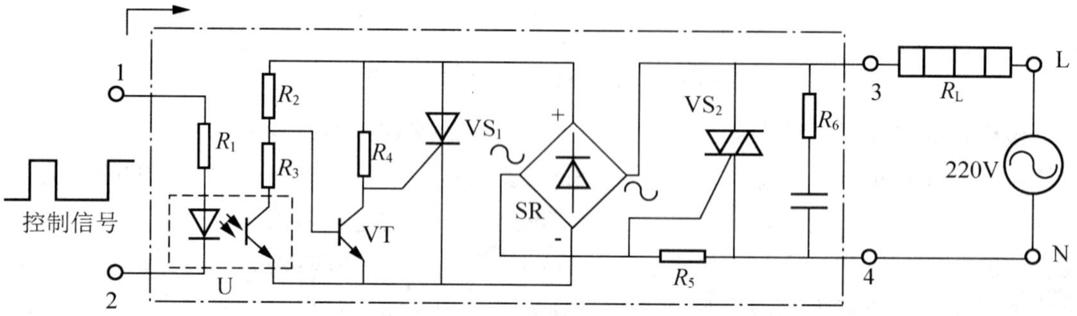

图 10－63 固态继电器原理图

在 1、2 端的控制信号为高电平期间，U 的发光二极管就一直发光，U 的光电三极管、VT 在每个半周波一直截止，VS_1 一直导通，导通电流在 R_5 两端产生触发电压，触发双向晶闸管 VS2 在每个半周波全导通。在 1、2 端的控制信号变为低电平后，VS2 在过零时关断截止。在这里 VS_2 相当于一只开关。实际中，人们把 1、2、3、4 端之间的电路做好之后，用环氧树脂等物资密封在一绝缘壳体内，形成一四端产品。从外部感觉如同一个继电器，1、2 端相当于继电器的线圈，3、4 端相当于触点，由于没有可动的部件，人们称之为固态继电器(缩写为 SSR)。按图 10－63 电路原理做成的产品称为过零型固态继电器。在前面实验中用继电器、接触器的地方都可以用固态继电器来代替。固态继电器在电路图中用图 10－64 所示的图形标记。

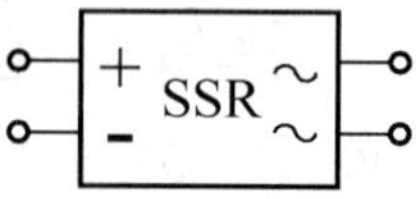

图 10－64 固态继电器图形符号

双向晶闸管的检测。用万用表的 R×10 或 R×100 档测量第一阳极 A1 与控制极 G 极间电阻，正反测量的电阻正常值都应在数十欧至数百欧范围，若阻值太小或太大，表明管子性能不良或已坏，不可用。然后用 R×1k 档或 R×10k 档测第二阳极 A2 与控制极 G 和 A1 与 A2 间电阻，无论怎样测阻值都应很大，表针几乎不动，否则，表明管子性能不良或已坏。

用万用表 R×1 档测触发特性，按图 10－65 所示操作，分两步进行，第一步将黑表笔接第一阳极 A1，红表笔接 A2，表针不动，短接 G 与 A2(相当于加上负触发电压)，表针应偏转到 10 欧左右，表明管子已被触发导通。在保持两阳极与两表笔接触良好的情况下，断开 G 与 A2 的连接，表针应在原处不动(这表明，在管子被触发导通之后，撤去触发电压，管子仍保持导通状态，管子是好的)。第二步，交换两表笔，重复以上操作，应有同样的结果，否则，管子不可用。

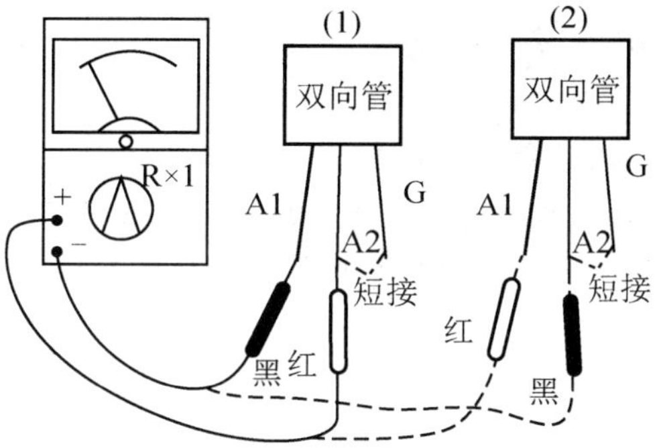

图 10－65　用万用表测双向晶闸管

10.11.1　实验目的

(1) 双向晶闸管、双向触发二极管的使用。

(2) 了解光耦合器、固态继电器的概念、结构。

(3) 学习交流型固态继电器的使用。

(4) 掌握交流调功的概念和电路原理。

(5) 训练示波器的测试技术。

10.11.2　原理与说明

图 10－66 使用了过零型固态继电器 MOC304 芯片触发双向晶闸管。控制信号由 555 芯片为核心的占空比可调的多谐振荡器发出，调节 R_P 可改变波形的占空比，从而改变每个控制周期中 555 芯片 3 脚高电平持续的时间，也就改变了在每个控制周期负载上得到的波形个数。图中 R_3 是 SSR 输入端的限流电阻，VD_3 用来指示 SSR 的工作状态。我们实验

中用电灯泡作负载，功率小，可直接用固态继电器供电。在大功率设备上，先用固态继电器触发大功率晶闸管，由大功率晶闸管给负载供电。

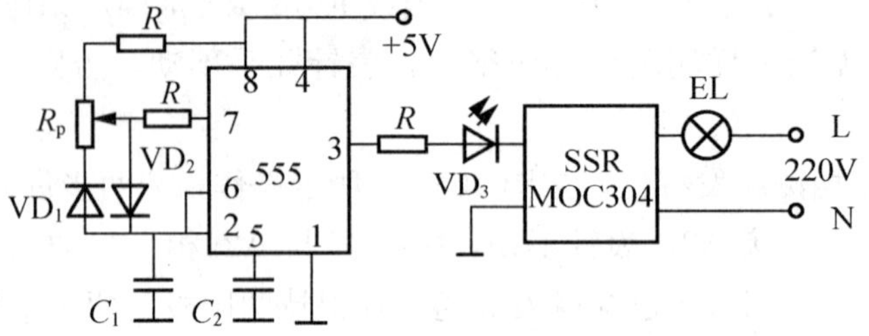

图 10-66 过零型固态断电器 MOC304 芯片触发双向晶闸管

10.11.3 实验设备与元器件

①示波器；②万用表；③功率表；④电子插件板；⑤555 芯片 1 片；⑥MOC304 固态继电器 1 只；⑦二极管 2 支；⑧发光二极管 1 支；⑨电容器 2 只；⑩电阻若干；⑪灯泡箱 1 只。⑫双向晶闸管、双向触发二极管各 1 只；⑬电位器 2 只。

10.11.4 实验内容与步骤

（1）清点元器件。测试二极管等组件的好坏。

（2）搭接图 10-66 所示电路，先不连接 SSR 的输出回路。接完检查无误后上电。慢慢调节 RP，用示波器观察 555 输出端的波形。

（3）断电，接上 SSR 的输出回路，并在电灯泡两端并联上一只变压器(如图 10-67 所示)上电后，缓慢调节 R_P，从 12V 端子上观测负载两端的电压波形。同时对应观测 555 的输出波形。

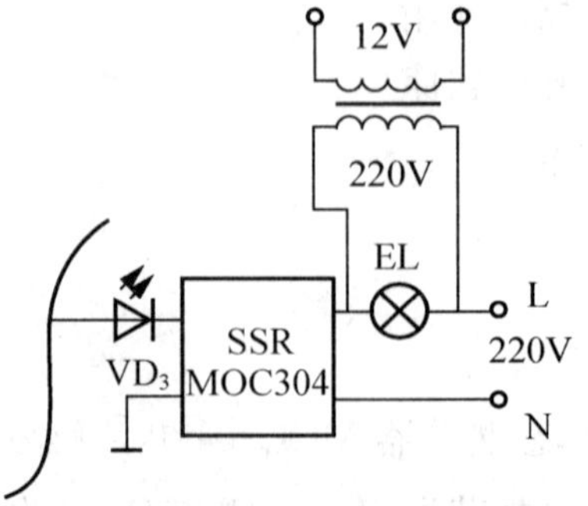

图 10-67 并联变压器

（4）断电，拆去变压器，接入瓦特表，如图 10-68 所示。经老师检查后再上电测试电路的功率值。从左到右或从右到左缓慢调节 R_P，观察功率表指示的变化及灯泡亮度的变化。然后取小、中、大 3 个功率表的指示值，并从示波器上测取一个控制周期中对应的半周波数。

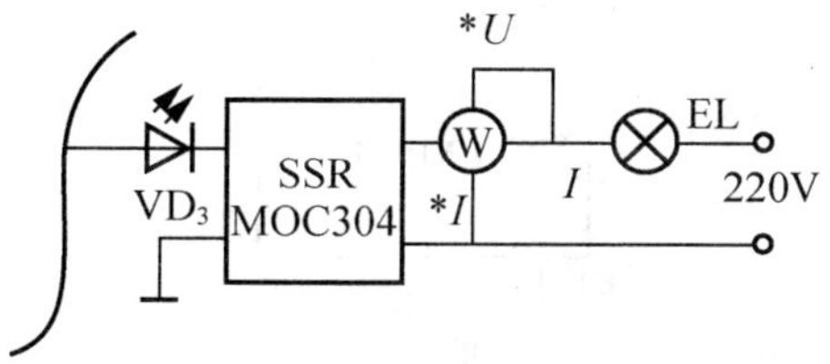

图 10 - 68 接入瓦特表

10.11.5 实验报告要求

(1) 总结本次实验的收获与体会。

(2) 整理实验波形与数据。

(3) 分析负载上功率值与半周波数的关系。

10.11.6 预习要求

阅读教科书相关的内容，阅读本节“预备知识”。

10.12 温度控制电路

预备知识

本次实验大家再认识一个新的芯片，它是 555 芯片的友好搭档，名字叫锁相环或音频译码器或频率解码器，型号是 LM567 或 NE567，采用 8 脚双列直插式封装形式，插脚排列如图 10 - 69 所示。它的 1 脚接同步检波输出滤波电容；2 脚接相位检波输出滤波电容；3 脚为信号输入端；4 脚接电源正极；5、6 脚接电流控制振荡器 R、C，以决定自由振荡频率 f_0；7 脚接地；8 脚为输出端，是集电极开路输出的，必须外接一电阻到电源正极，输出端三极管导通时能吸收 100mA 的负载电流，因此，可以直接驱动继电器。从 5、6 脚的功能看到，这个芯片本身有一个振荡器，由接在 5、6 脚上的 R、C 决定振荡频率——称为捕捉频率。当输入 3 脚的某一频率的信号达到一顶强度(25mV)以上，而且输入信号频率落在 LM567 的捕捉频率(中心频率)范围内时，输出端 8 脚内部的三极管导通，电位由高电平跳变为低电平，继电器吸合。LM567 相当于一个频率识别开关，故又称频率解码电路。

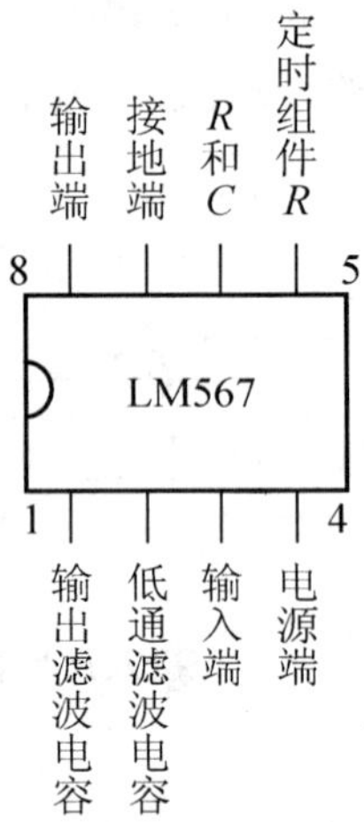

图 10-69　LM567 引脚图

热敏电阻是一种半导体测温组件。这种组件的电阻值随温度的变化而变化，测温就是利用了这种特性。有两种热敏电阻。一种是随温度的升高阻值减小，称为负温度系数热敏电阻(NTC)；另一种随温度的升高阻值增大，称为正温度系数热敏电阻(PTC)。本次使用的是哪一种，留给读者去判断。

10.12.1　实验目的

(1) 习 LM567 芯片的应用技术。掌握锁相环的概念。

(2) 练电路的调试技能。

(3) 一步学习 555 时基电路的使用技术。

(4) 握 Π 形去耦网络在电路中的作用。

10.12.2　原理与说明

图 10-70(a)电路是温度检测与控制电路，图 10-70(b)电路是主电路，由继电器常闭触点的动作给加热器接通或断开电源。由图中可以看到，555 芯片接成了多谐振荡器工作方式，振荡频率决定于 R_1、R_T、C_1，R_T 是热敏电阻，也就是温度传感器，随着温度的不同，R_T 的阻值就不同，振荡频率也不同。这就是典型的温度—频率变换电路。当温度达到预定值时，555 的振荡频率与 567 的振荡频率相同时，567 的 8 脚的电压因内部三极管的导通由高电平跳变为低电平(约 0.5～1V)，继电器线圈 K 得电使触点动作，断开加热器的电源停止加热。当温度偏离设定值，555 的振荡频率与 567 的振荡频率不再相同，567 输出端电压跳变为高电平，继电器线圈断电，常闭触点闭和，加热器进行加热。

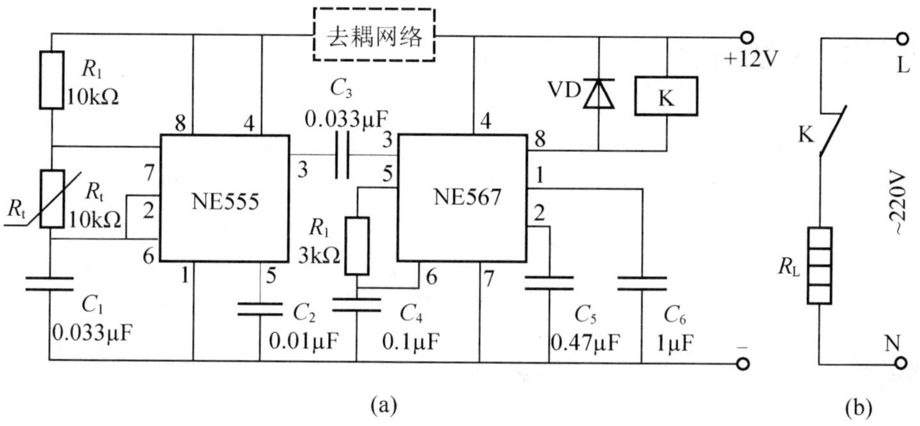

图 10-70 温度检测与控制电路

(a)温度检测与控制电路；(b)主电路

在工程中，必须先测定出所控制的温度点处 555 的振荡频率，根据测得的这个值，计算 LM567 的 5、6 脚所连接的 R_2、C_4 的值。

10.12.3 仪器仪表与元器件

①万用表；②示波器；③电子插件板；④直流电源；⑤NE555 1 片；⑥LM567 1 片；⑦电容器 8 只；⑧二极管 1 支；⑨热敏电阻 1 支；⑩电阻若干；⑪继电器 1 只。

10.12.4 实验内容与步骤

(1) 清点元器件。测试除 555、567 芯片以外的其他元器件的好坏。

(2) 搭接图 10-70(a)所示的电路中频率解码部分。观测 6 脚上 567 的振荡频率，并描记。

(3) 搭接 555 测温部分电路，先不连接耦合电容 C_3。上电测试室温下的输出频率。然后点亮一只电灯泡作热源，将热敏电阻靠近热源距离 2cm 处，观察 555 输出频率的变化情况。

(4) 不接偶合电容 C_3 的情况下，同时重新观测 555 输出频率及 567 的振荡频率，特别注意当 555 的频率随温度变化而变化时，567 的振荡频率是否会受影响。如果受影响，根源在哪里？如何解决？请讨论并解决。

(5) 当两电路工作正常后，接上 C_3 与继电器，测出 567 输出端在继电器动作前与动作后的电压值。

(6) 连接主电路，用电灯泡代替图 10-70(b)电路中的 R_L，观察控制效果。

10.12.5 实验报告要求

(1) 总结调试电路过程中遇到的问题及对问题的分析，解决方案。

(2) 简述本次实验电路的测温原理。

10.12.6 预习要求

复习教科书的内容及本节“预备知识”。

10.13 排液泵自动控制电路

预备知识

三相交流异步电动机的使用常识。电动机在使用之前都要做一些检查工作，如机械机构检查、绝缘电阻检查。初次使用电动机时，还要仔细辨认名牌上的数据及连接方式所对应的电压。

电动机出厂时将三相绕组的始、末端已引致接线盒的接线端子上，供作 Δ 形或 Y 形连接用。3 个始端的标记分别为 U_1、V_1、W_1；3 个末端分别为 U_2、V_2、W_2。为实验时接线方便，实验室把两台电动机安装到了一辆小车上，其中一台驱动一套传动机构。安装传动装置的那台电动机已作 Y 形连接，只把 3 个始端从接线盒里连到了接线端子板上，标记为 U、V、W，另一台电机的端子全部引到了接线板上，标记为 U_1、V_1、W_1 和 U_2、V_2、W_2。

控制电器的安装与固定：现在生产的控制电器(按钮除外)，多数都具有安装固定的机构，仔细观察电器的底部，读者会发现一边有槽沟，另一边有可以伸缩的舌簧，这就是用来固定的机构。在电器控制柜里安装上卡轨，控制电器就卡装到卡轨上。在实验台上就装有工业用的两种卡规，中间的两条是 C45 型卡规，顶部和底部那两条是 D1 型的。接触器只能卡装到 C45 型的卡轨上，接线板(见电机车上)只能卡装到 D1 型卡轨上。有的电器没有卡装机构，我们实验室设计制作了一种两用卡座，把没有卡装机构的电器或印刷电路板安装上卡座，即可以固定在 D1 型卡轨上，又可以固定在 C45 型卡轨上，使用很方便。这种卡座也可以用于工业上。

导线连接技术：在生产中，只有原理图是不行的，还要有安装图(或称施工图)。安装图标明了每个电器的安装位置以及导线的布线状态。在原理图和安装图上所有的导线都编了号码，相通的导线(或同一节点上的导线)，其编号应是一样的。导线的连接与查验就是根据导线号码识别的。在电气工程中，导线端头套上号码管，用冷压钳压上冷压端头，再固定到电器端子上。

10.13.1　实验目的

（1）练习交流接触器、控制按钮、双向晶闸管的使用。

（2）掌握继电接触控制电路的逻辑控制技术。

10.13.2　原理与说明

蓄液池内的液体快满的时候要及时排放，全靠人工去按动按钮启动排液泵排液，劳动强度大，若用图10－71所示的自动控制电路就省力多了。由A、B、C三个电极检测液位的高低，将手动开关掷于“自动”位置，当液位上升到C电极时，C电极与A电极通过液体接通，12V的交流电压加在控制极和第一阳极上，双向晶闸管VS立即被触发导通，接触器KM吸合，排液泵电动机启动排液。同时，KM的常开触点KM2把C电极和B电极接通(为了保证液位低于C电极时，VS不会失去触发电压而关断)，直到液位下降到使A电极与B电极断开时，VS失去触发电压而自行关断，接触器释放，排液泵停机。如果自动控制出故障，把手动开关掷于“手动”位置，由人工启动、停止排液泵工作。

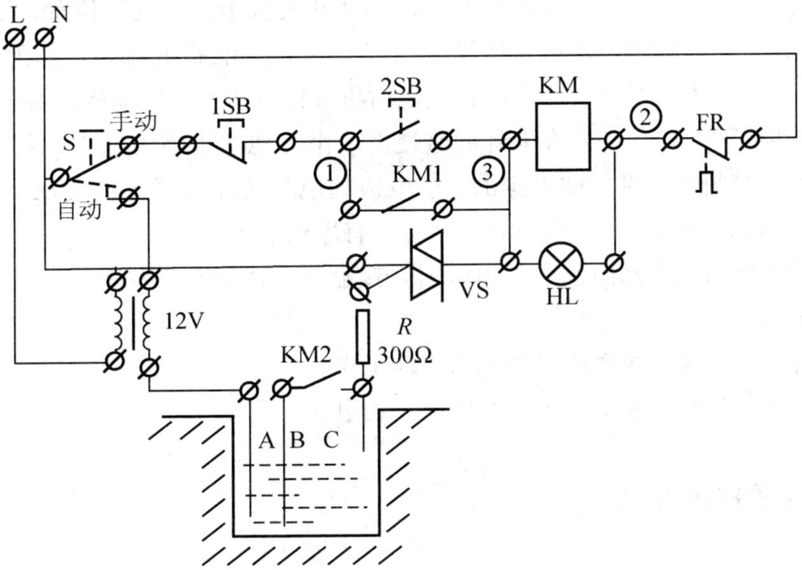

图10－71　控制电路

10.13.3　仪器仪表、元器件

①万用表；②交流电压表；③控制变压器1只；④接触器1只；⑤按钮2只；⑥手动开关1只；⑦双向晶闸管1只；⑧热继电器1只；⑨电阻1支；⑩信号灯1只；⑪电极1

套；⑫水槽 1 只；⑬电动机 1 台。

10.13.4 实验内容与步骤

（1）清点元器件。仔细观察各个控制电器的结构，看清铭牌标示。

（2）用万用表测试变压器各绕组、接触器线圈、电动机绕组、双向晶闸管、信号灯。

（3）按图 10－71 接线。将手动开关掷于“手动”位置，给电路上电，操作启、停按钮体会控制电路的工作原理及各个电器之间的相互配合关系。

（4）按图 10－72 连接好主回路，控制排液泵工作。

注意事项：①短时间内启动不可太频繁。按下启动按钮时，听接触器吸合的声音、看电动机的转动是否正常，若发现电机转速很慢或只是嗡嗡振动而不转，这是缺相状态，要立即断电，检查线路和电源，排除故障再通电实验。②远离转动部分，以免发生人身或设备事故。

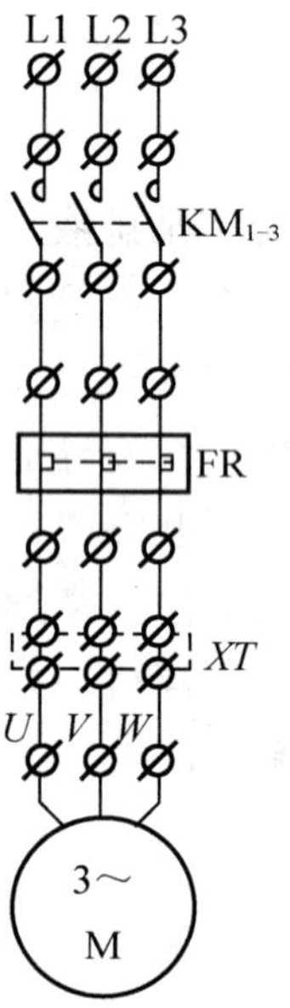

图 10－72 主回路

（5）关闭电源，将手动开关掷于“自动”位置。试想：如果水槽内没水或水面没接触 C 电极，给电路上电后，晶闸管会导通吗？接触器会吸合吗？上电后再去按按钮，能启动接触器吗？

（6）在老师的监视下，小心地往水槽内加水(因为 C 电极上是有电的，特别是晶闸管如果是被击穿的，C 电极的电位将是火线上的电压，很危险)，当水面接触 C 电极时，接触器会立即动作的(这要有思想准备)。

（7）开放水阀门，当水面低于 C 电极时，接触器会释放吗？为什么？什么时候接触器释放？注意观察。

（8）断开电源，接通主电路，使电路自动工作。

（9）用电压表测量三相交流电的线电压、相电压。

10.13.5 实验报告要求

（1）回答“实验步骤与任务”中提出的问题。

（2）给接触器线圈加的是线电压还是相电压？

10.13.6 预习要求

（1）复习教科书相关章节的内容。

（2）复习双向晶闸管的知识。

10.14　自动往返工作台控制电路

预备知识

大家从上一次实验中可看到，电气控制系统的原理图的特点是：一只电器上有多个不同的元件，起着不同的作用，但是，电气原理图并不是按电器元件的实际布置绘制的，而是根据它在电路中所起的作用画在相应的位置上。所有的电器元件不是画出实际外形图，而是采用国家标准规定的图形符号和文字符号表示，一个电器的各个部件根据实现的逻辑关系虽画在电路图的不同地方，但必须用相同的文字符号标注。如果有多个同一种类的电器可在文字符号前面加上数字序号表示第几个这种电器。一个电器有多组触点，在右下角用数字序号表示是第几组触点。（注意，有的不是这样标注，而是用右下角的数字序号表示第几个电器。）

在学校里接触最多的是电气原理图，在实际工程中还要有元器件布置图、电气接线图。这 3 个图都是工程中重要的技术文件。

行程开关用于位置控制系统中，用它检测工作机械的位置，发布命令以控制其运动方向或行程长短，又叫位置开关。行程开关有机械式和电子式两种。电子式行程开关是非接触式的，习惯称为接近开关，在以后的实验中再详细介绍。本次实验使用机械式行程开关。

10.14.1　实验目的

（1）进一步熟悉常用控制电器的使用。掌握控制电路在的逻辑关系。

（2）学习行程开关的使用。掌握具有行程开关控制电路的逻辑关系。

10.14.2　原理与说明

通过改变电动机的相序来改变电动机的转动方向，从而带动机械作往复运动。

图 10－73 所示正反转控制电路，是靠人工按下不同的主令按钮实现正反转控制的。按钮 2SB 控制接触器 1KM 的吸合；按钮 3SB 控制接触器 2KM 的吸合。由 1KM5、2KM5 实现互锁。

图 10－74(b)所示控制电路由人工启动后，靠行程开关的作用可以实现自动控制电动机正反转，从而使机械自动往复运动，这是龙门刨、牛头刨自动控制往复切削的部分电路。本实验装置是作圆周运动的，如图 10－74(a)所示的示意图。当圆盘作顺时针旋转时，撞块去碰撞行程开关 2ST，它的常闭触点 2ST2 首先被撞开切断 1KM 的电源，1KM 释放，常闭触点 1KM5 闭和，行程开关 2ST 的常开触点 2ST1 也吸合，反转接触器 2KM 的

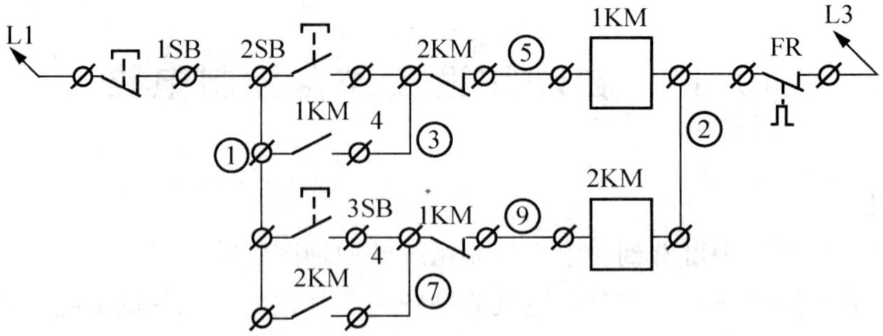

图 10－73　电动机正反转控制电路

线圈得电，常开触点吸合，常闭触点 2KM5 断开。电动机立即反转，圆盘逆时针转动，当撞块撞到行程开关 1ST 时，它的常闭触点 1ST2 断开，使反转接触器 2KM 释放，1ST1 闭和，接触器 1KM 吸合，圆盘顺时针转动，如此反复。

在实际设备上，在电路中还要接入极限行程开关，以防止意外事故的发生。

10.14.3　设备、仪表与器件

①万用表；②电动机传动装置；③按钮 3 只；④接触器 2 只；⑤热继电器 1 只。

10.14.4　实验内容与步骤

(1) 观察 B9 型接触器的辅助触点模块 CA7－01 型的结构和固定辅助触点模块的动骨架，琢磨辅助触点模块是怎样卡装到动骨架上去的？CA7－01 触点的两个接线位置的编号是什么？未弄清楚辅助触点模块的卡装方法时，不可鲁莽行事，以免弄坏模块或骨架。

(2) 辅助触点模块装上后，轻轻按压动骨架，看动作是否灵活，若卡住不动或不灵活要重新卡装辅助触点模块。

(3) 将电器卡装到卡规上，位置要合理，以方便接线为原则。

(4) 接线。按图 10－73 接线，先接控制电路，先接串联电路，后接并联电路，同一接点上有多个接点相连时，以最近点相连为宜。导线长短搭配要合理。

(5) 电路的调试。接完线后先自查，认为无误，经老师复查后再通电试验：按下正转启动按钮 1SB，看正转接触器 1KM 是否吸合，按下停止按钮 SB，1KM 是否释放；按下反转启动按钮 2SB，看反转接触器 2KM 是否吸合，按下停止按钮 SB，2KM 是否释放。

(6) 按图 10－74(b)接线。先不要安装撞块，启动后，用手去扳动行程开关的撞杆模拟碰撞，圆盘顺时针转时去扳动 2ST，逆时针转时去扳动 1ST，均能发生倒转才是正常的。若不能倒转，怎么解决？在 FR 或 XT 处调一下相序试试看。

(7) 逻辑动作正常后，断电，按图 10－75 所示原理图接通主电路试验。

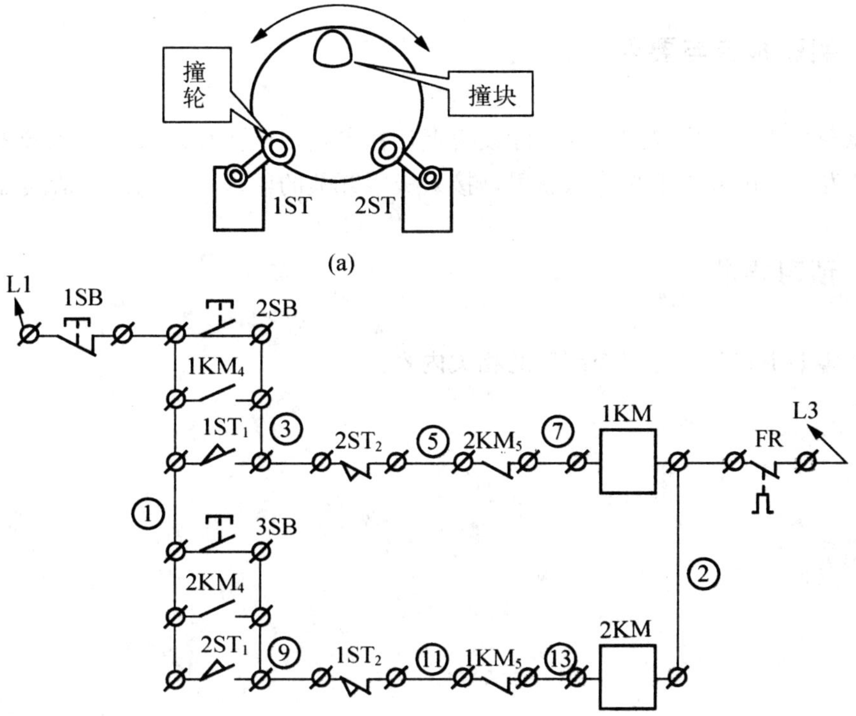

(b)

图 10－74　自动往返控制电路

(a)作圆周运动；(b)控制电路

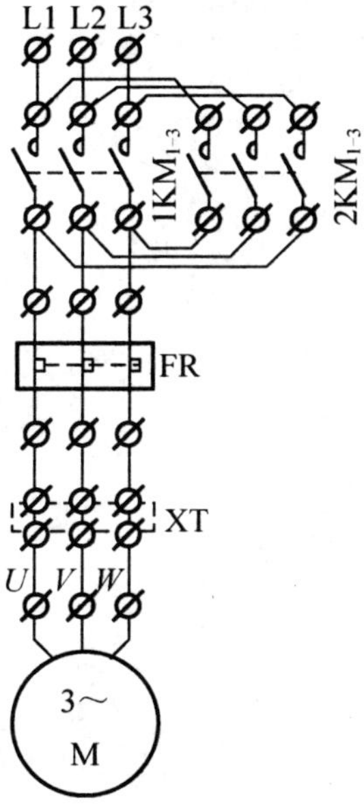

图 10－75　主回路

10.14.5 实验报告与要求

在“原理与说明”中提到“在实际设备上，在电路中还要接入极限行程开关，以防止意外事故的发生。解释一下是什么意思，接入极限开关的原理图什么样，请读者画出来。

10.14.6 预习要求

预习教科书中有关“行程控制”的相关内容。

附录1

DQS－Ⅰ型电气实验台简介

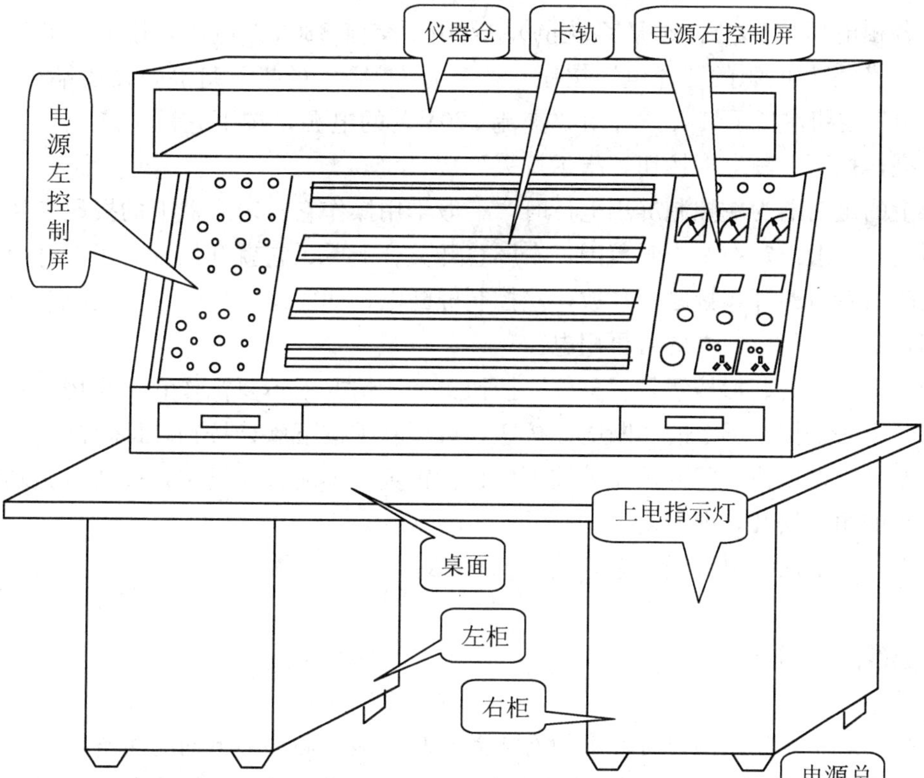

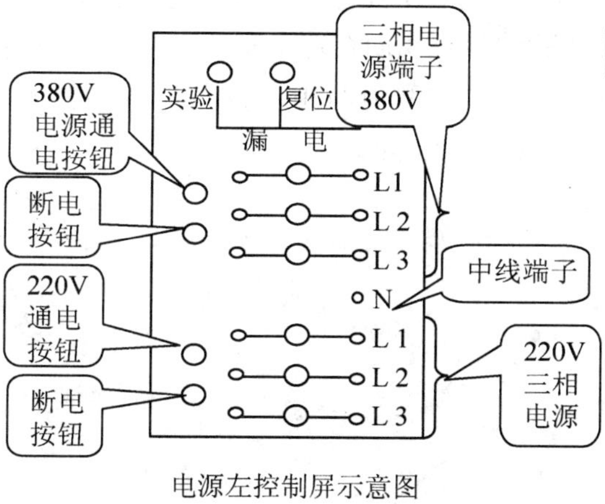

电源左控制屏示意图

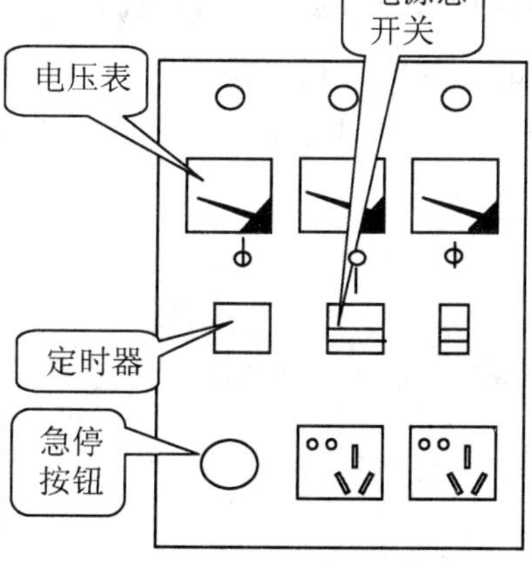

电源右控制屏示意图

DQS－1型电气实验台结构图

一、结构及功能

实验台提供两种电源：交流 380V 和交流 220V。

交流 380V 电源每相负荷最大 300VA；交流 220V 电源每相负荷最大 250VA。

“电源总开关”在右控制屏上，两电源是用接触器的吸合、释放而通电、断电的，它们的“通电”、“断电”按钮在左控制屏上。室内电源总开关合上后，实验台电源右控制屏的指示灯亮。不管是仪器用电还是实验线路用电，都要先合上“电源总开关”，三只电压表指示出各相电压值(交流 380V 系统的)；若用“交流 380V”电源，按下电源左控制屏“交流 380V ”三相电源的“通电”按钮，“交流 380V ”的指示灯亮，接线端子上得电；按下“断电”按钮，指示灯灭。若用“交流 220V”的电源，按下它的“通电”按钮，它的指示灯亮，按下“断电”按钮，指示灯灭。

右屏上的定时器为左控制屏用电计时，一般不用操作它。定时器上的拨码盘用来设定计时的时间，一般设定在 2 小时范围。右屏总开关合上后，它就开始计时了，计时到了设定值，定时器触点断开，接触器释放，左控制屏断电；如要继续用电，轻按定时器下方的复位按钮，定时器复位，左屏可再用电。

右屏左下角的蘑菇形按钮是“急停”按钮，一般情况下不要操作它。当用电过程中发生意外时，不必去按左屏上的“断电”按钮，可用右手按下蘑菇按钮，即可断电，这比按左屏的“断电”按钮快。蘑菇按钮被按下后自行锁定，不能自动复位，按住按钮顺时针方向旋转一小的角度松开，即能复位。

右屏右下角的两只电源插座总容量为 800VA。

二、实验部件的放置

左右控制屏中间是实验母板，上面有 4 条卡轨，最上面和最下面的两条是 D1 型卡轨；中间两条是 C45 型卡轨。其截面如下图所示，它们是工业标准卡轨，电气控制柜里固定电器部件用的。我们装在实验台上用来安装实验器件。我们在每个实验器件底面都装了卡具(如图所示)。这种卡具是两用的，既可以卡到 D1 型卡轨上，也可以卡装到 C45 型卡轨上。

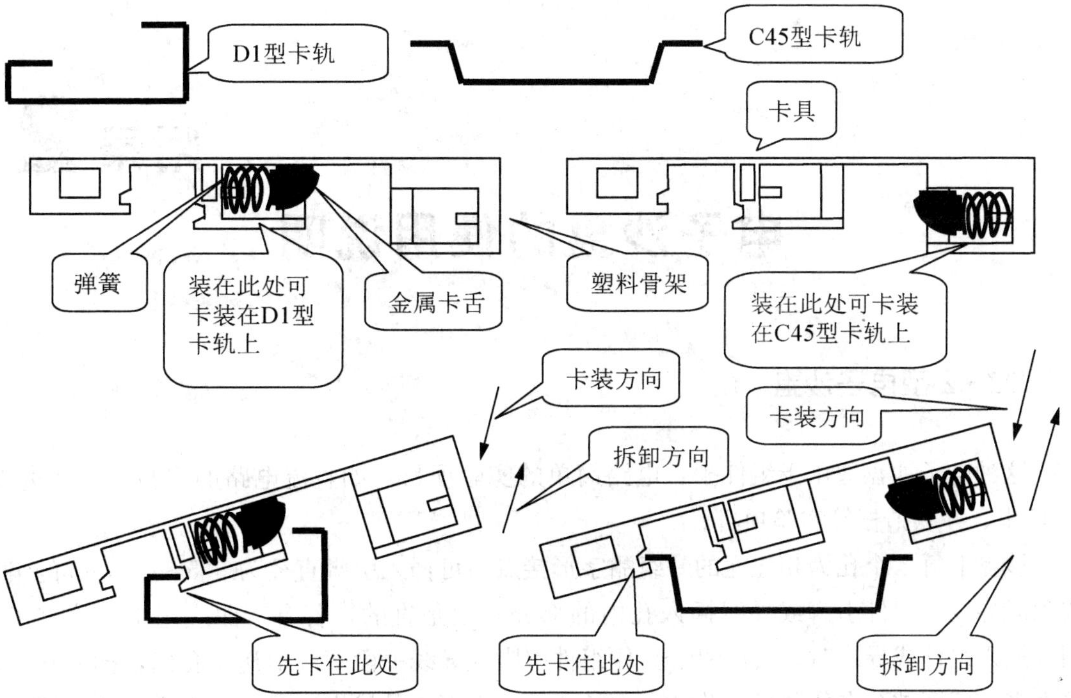

实验部件的放置操作要领图示

附录2

电子沙盘的使用说明

一、DZ－2型电子沙盘

这种电子沙盘适用于组件少、电路简单的实验项目，如直流电路的实验、过度过程、RLC串、并联谐振等实验项目。

沙盘上每3个孔为相连通的一组品字形接点，可插入引脚直径为0.5～0.7mm的组件或独股导线。组件引脚或导线插入孔内的部分必须是直的，若有弯曲应用工具修直了再用。插入组件或导线时，要用镊子夹住组件引脚或导线一段一段地送入孔内，插入长度不可太多，感到被孔夹住即可，若插入太长，一方面不容易拔出，另一方面会造成短路，因此，导线的金属部分的长度不能大于4mm。为防止导线或组件插脚插入太多，元器件的引脚要预处理一下，如图1中所示的。从孔内拔出组件或导线时轻轻的即可拔出，若轻拔不出，要用斜口钳将组件引脚或导线剪断，不可硬向外拔，以免损坏插孔。

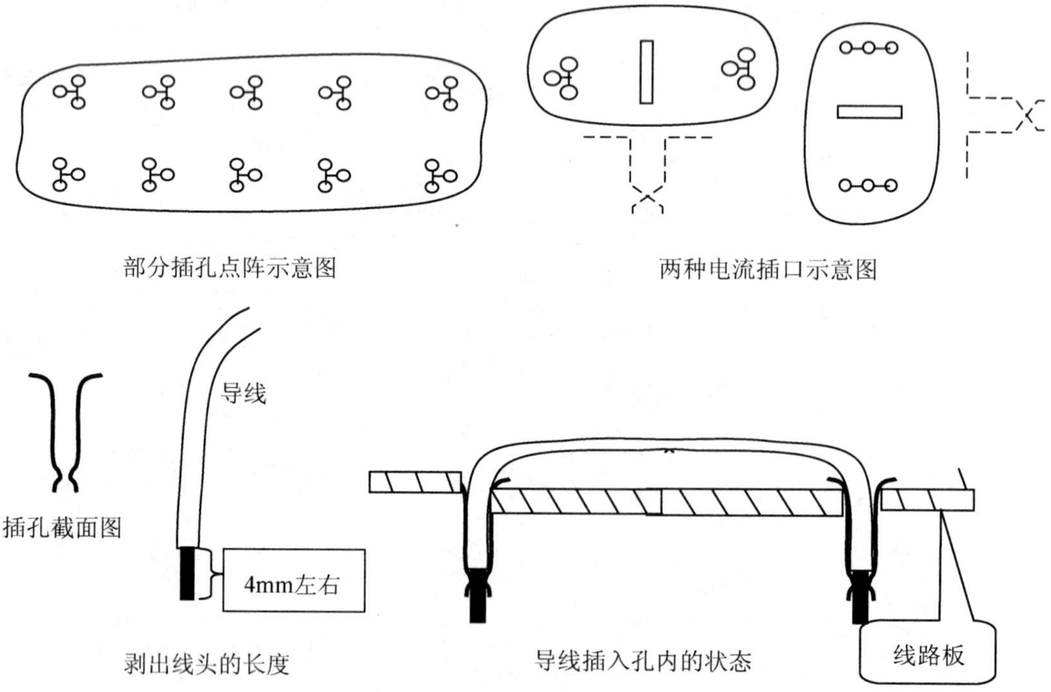

电子沙盘结构及使用说明图1

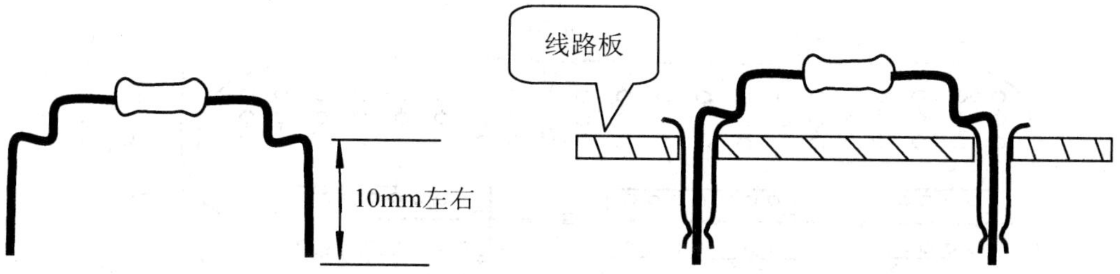

件的预处理示意图　　　　组件插入插孔的状态

电子沙盘结构及使用说明图 1(续)

沙盘上有 5 个电流插口，在需要测量电流的各条支路内串入一个，以便与电流插头配合将电流表串入支路内。每个电流插口是用 3 对较软的弹簧片组成的，电流插头要垂直沙盘轻插轻拔，否则会损坏插口的弹簧片。

二、DZ－3 型电子沙盘

这种电子沙盘是为模拟电子线路的实验设计的。沙盘上装了 6 个集成电路插座，可插入 8 线、14 线、16 线这 3 种运算放大器芯片；也可插入小型的塑封三极管，集成电路插座的每个插脚都有三个扩展插孔；插座与插座扩展插孔之间由挫位的三连插孔隔开以助辨认。

沙盘上还有如图 2 所示的插孔点阵，横向 3 个孔是相通的，这种插孔点阵是为扁形插脚的组件设计的，如三端稳压器、晶闸管、三极管、VMOS 管应使用这种插孔。

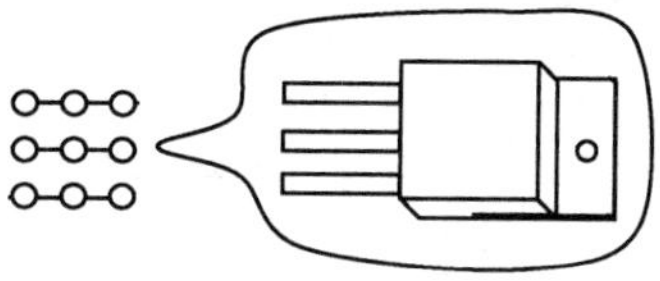

电子沙盘结构及使用说明图 2

沙盘上大部分以 4 个插孔为一组相互连通，组成菱形点阵；有一少部分以 3 个插孔为一组，组成品字形点阵；还有 5 条左右贯通的公共线，可用作电源线、地线。

其他的操作要领与“一”中所述相同。

三、DZ－4 型电子沙盘

这种沙盘是用于数字电路实验的，可在上面插接简单的逻辑电路和时序电路。沙盘上装了 15 只集成电路插座，插座的每个插脚都有 3 个扩展插孔，插座间的插孔用错位的三连插孔隔开(如图 3 所示)，以便识别。盘上有 8 条公共线，可作电源线、地线。

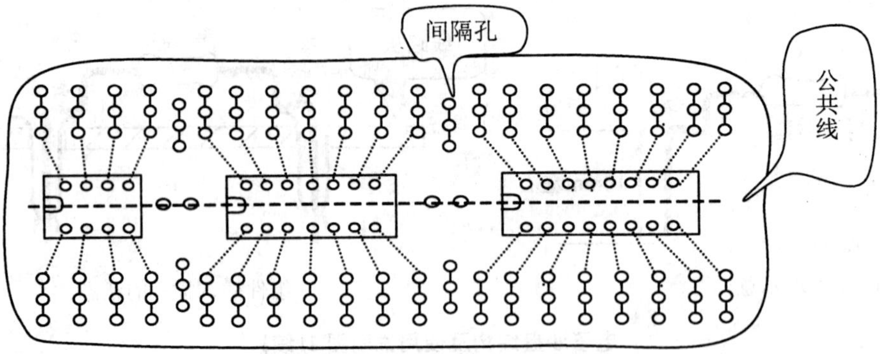

电子沙盘结构及使用说明图 3

数码显示器的连接不在本沙盘上，另有一块实验板与之配合来完成数码显示的实验。其他事项与“一”中所述相同。

附录3

D34－W型低功率因数瓦特表的使用说明

1. 概述

D34－W型携带式0.5级电动系低功率因数功率表，供直流电路中测量小功率或交流50～60Hz电路中(在低功率因数场合下)测量交流功率之用，也用在测磁装置上测量磁性材料的铁损及电机、变压器空载消耗功率。

仪表使用条件属于P组，在周围环境温度为(23±10)℃及相对湿度为25%～80%的条件下工作。

2. 主要性能参数

准确度等级：0.5级。

工作位置：水平位置。

额定功率因数：$\cos\varphi_H=0.2$。

3. 使用、操作注意事项

(1) 使用时仪表应放置水平，并尽可能远离强电流导线或强磁场地点，以免使仪表产生附加误差，如图4所示。

(2) 仪表指针若不在零位时，可利用表盖上零位调节器调整之。

(3) 根据测量范围，按下图将仪表接入线路内。

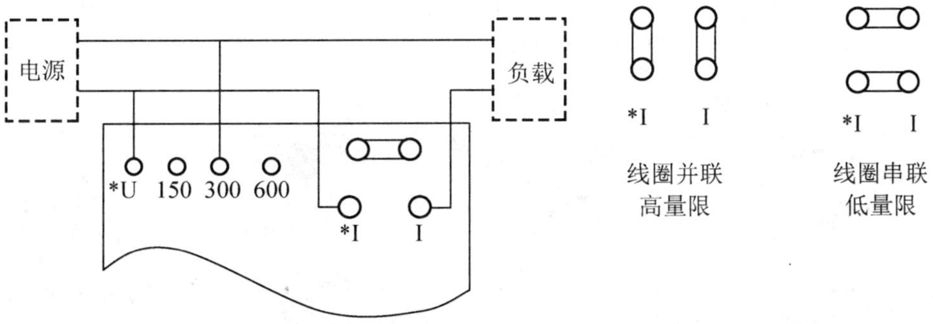

电子沙盘结构及使用说明图4

(4) 测量时如遇仪表指针反相偏转时，应改变换相开关的极性，即可使指针顺方向偏转，切忌互换电压接线，以免使仪表产生误差。

(5) 仪表的指示值可按下式计算：

$$P=C\cdot\alpha$$

式中：P——为功率，单位为瓦特

C——为仪表常数(刻度每格代表的瓦特值，列于下表)

α——为仪表偏转后指示格数

刻度每格代表的瓦特值(C)

电压/V 电流/A	150	300	600
1	0.25	0.5	1
2	0.5	1	2
2.5	0.5	1	2
5	1	2	4

若没有仪表常数表，则C可由下列公式计算得出

$$C=\frac{I_H U_H}{\alpha_m}\times\cos\varphi_H$$

式中：I_H——所选功率表的电流量程，

U_H——所选功率表的电流量程，

α_m——功率表的分度值(即满量程的刻度数)，

$\cos\varphi_H$——功率表的额定功率因数(标示在表头上)。

参 考 文 献

[1] 王书鹤，王士军. 电路基础实践教程[M]. 济南：山东大学出版社，2003.

[2] 张莉，张绪光. 电工电子技术[M]. 北京：北京大学出版社，2010.

[3] 张绪光，盛莉. 电路与模拟电子技术[M]. 北京：北京大学出版社，2009.

[4] 牛爱琴，曹刚，等. 大学物理实验教程[M]. 济南：山东大学出版社，2002.

[5] 秦曾煌. 电工学[M]. 北京：高等教育出版社，2000.

[6] 王勤，余定鑫. 电路实验与实践[M]. 北京：高等教育出版社，2003.

北京大学出版社本科计算机系列实用规划教材

序号	标准书号	书　　名	主　编	定价	序号	标准书号	书　　名	主　编	定价
1	7-301-10511-5	离散数学	段禅伦	28	43	7-301-14506-7	Photoshop CS3 案例教程	李建芳	34
2	7-301-10457-X	线性代数	陈付贵	20	44	7-301-14510-4	C++程序设计基础案例教程	于永彦	33
3	7-301-10510-X	概率论与数理统计	陈荣江	26	45	7-301-14942-3	ASP .NET 网络应用案例教程(C# .NET 版)	张登辉	33
4	7-301-10503-0	Visual Basic 程序设计	闵联营	22	46	7-301-12377-5	计算机硬件技术基础	石　磊	26
5	7-301-10456-9	多媒体技术及其应用	张正兰	30	47	7-301-15208-9	计算机组成原理	娄国焕	24
6	7-301-10466-8	C++程序设计	刘天印	33	48	7-301-15463-2	网页设计与制作案例教程	房爱莲	36
7	7-301-10467-5	C++程序设计实验指导与习题解答	李　兰	20	49	7-301-04852-8	线性代数	姚喜妍	22
8	7-301-10505-4	Visual C++程序设计教程与上机指导	高志伟	25	50	7-301-15461-8	计算机网络技术	陈代武	33
9	7-301-10462-0	XML 实用教程	丁跃潮	26	51	7-301-15697-1	计算机辅助设计二次开发案例教程	谢安俊	26
10	7-301-10463-7	计算机网络系统集成	斯桃枝	22	52	7-301-15740-4	Visual C# 程序开发案例教程	韩朝阳	30
11	7-301-10465-1	单片机原理及应用教程	范立南	30	53	7-301-16597-3	Visual C++程序设计实用案例教程	于永彦	32
12	7-5038-4421-3	ASP .NET 网络编程实用教程(C#版)	崔良海	31	54	7-301-16850-9	Java 程序设计案例教程	胡巧多	32
13	7-5038-4427-2	C 语言程序设计	赵建锋	25	55	7-301-16842-4	数据库原理与应用(SQL Server 版)	毛一梅	36
14	7-5038-4420-5	Delphi 程序设计基础教程	张世明	37	56	7-301-16910-0	计算机网络技术基础与应用	马秀峰	33
15	7-5038-4417-5	SQL Server 数据库设计与管理	姜　力	31	57	7-301-15063-4	计算机网络基础与应用	刘远生	32
16	7-5038-4424-9	大学计算机基础	贾丽娟	34	58	7-301-15250-8	汇编语言程序设计	张光长	28
17	7-5038-4430-0	计算机科学与技术导论	王昆仑	30	59	7-301-15064-1	网络安全技术	骆耀祖	30
18	7-5038-4418-3	计算机网络应用实例教程	魏　峥	25	60	7-301-15584-4	数据结构与算法	佟伟光	32
19	7-5038-4415-9	面向对象程序设计	冷英男	28	61	7-301-17087-8	操作系统实用教程	范立南	36
20	7-5038-4429-4	软件工程	赵春刚	22	62	7-301-16631-4	Visual Basic 2008 程序设计教程	隋晓红	34
21	7-5038-4431-0	数据结构(C++版)	秦　锋	28	63	7-301-17537-8	C 语言基础案例教程	汪新民	31
22	7-5038-4423-2	微机应用基础	吕晓燕	33	64	7-301-17397-8	C++程序设计基础教程	郗亚辉	30
23	7-5038-4426-4	微型计算机原理与接口技术	刘彦文	26	65	7-301-17578-1	图论算法理论、实现及应用	王桂平	54
24	7-5038-4425-6	办公自动化教程	钱　俊	30	66	7-301-17964-2	PHP 动态网页设计与制作案例教程	房爱莲	42
25	7-5038-4419-1	Java 语言程序设计实用教程	董迎红	33	67	7-301-18514-8	多媒体开发与编程	于永彦	35
26	7-5038-4428-0	计算机图形技术	龚声蓉	28	68	7-301-18538-4	实用计算方法	徐亚平	24
27	7-301-11501-5	计算机软件技术基础	高　巍	25	69	7-301-18539-1	Visual FoxPro 数据库设计案例教程	谭红杨	35
28	7-301-11500-8	计算机组装与维护实用教程	崔明远	33	70	7-301-19313-6	Java 程序设计案例教程与实训	董迎红	45
29	7-301-12174-0	Visual FoxPro 实用教程	马秀峰	29	71	7-301-19389-1	Visual FoxPro 实用教程与上机指导（第 2 版）	马秀峰	40
30	7-301-11500-8	管理信息系统实用教程	杨月江	27	72	7-301-19435-5	计算方法	尹景本	28
31	7-301-11445-2	Photoshop CS 实用教程	张　瑾	28	73	7-301-19388-4	Java 程序设计教程	张剑飞	35
32	7-301-12378-2	ASP .NET 课程设计指导	潘志红	35	74	7-301-19386-0	计算机图形技术(第 2 版)	许承东	44
33	7-301-12394-2	C# .NET 课程设计指导	龚自霞	32	75	7-301-15689-6	Photoshop CS5 案例教程(第 2 版)	李建芳	39
34	7-301-13259-3	VisualBasic .NET 课程设计指导	潘志红	30	76	7-301-18395-3	概率论与数理统计	姚喜妍	29
35	7-301-12371-3	网络工程实用教程	汪新民	34	77	7-301-19980-0	3ds Max 2011 案例教程	李建芳	44
36	7-301-14132-8	J2EE 课程设计指导	王立丰	32	78	7-301-20052-0	数据结构与算法应用实践教程	李文书	36
37	7-301-21088-8	计算机专业英语(第 2 版)	张　勇	42	79	7-301-12375-1	汇编语言程序设计	张宝剑	36

38	7-301-13684-3	单片机原理及应用	王新颖	25	80	7-301-20523-5	Visual C++程序设计教程与上机指导(第2版)	牛江川	40
39	7-301-14505-0	Visual C++程序设计案例教程	张荣梅	30	81	7-301-20630-0	C#程序开发案例教程	李挥剑	39
40	7-301-14259-2	多媒体技术应用案例教程	李　建	30	82	7-301-20898-4	SQL Server 2008 数据库应用案例教程	钱哨	38
41	7-301-14503-6	ASP .NET 动态网页设计案例教程(Visual Basic .NET 版)	江　红	35	83	7-301-21052-9	ASP.NET 程序设计与开发	张绍兵	39
42	7-301-14504-3	C++面向对象与 Visual C++程序设计案例教程	黄贤英	35					

北京大学出版社电气信息类教材书目(已出版)

欢迎选订

序号	标准书号	书　名	主　编	定价	序号	标准书号	书　名	主　编	定价
1	7-301-10759-1	DSP 技术及应用	吴冬梅	26	38	7-5038-4400-3	工厂供配电	王玉华	34
2	7-301-10760-7	单片机原理与应用技术	魏立峰	25	39	7-5038-4410-2	控制系统仿真	郑恩让	26
3	7-301-10765-2	电工学	蒋　中	29	40	7-5038-4398-3	数字电子技术	李　元	27
4	7-301-19183-5	电工与电子技术(上册)(第2版)	吴舒辞	30	41	7-5038-4412-6	现代控制理论	刘永信	22
5	7-301-19229-0	电工与电子技术(下册)(第2版)	徐卓农	32	42	7-5038-4401-0	自动化仪表	齐志才	27
6	7-301-10699-0	电子工艺实习	周春阳	19	43	7-5038-4408-9	自动化专业英语	李国厚	32
7	7-301-10744-7	电子工艺学教程	张立毅	32	44	7-5038-4406-5	集散控制系统	刘翠玲	25
8	7-301-10915-6	电子线路 CAD	吕建平	34	45	7-301-19174-3	传感器基础(第 2 版)	赵玉刚	30
9	7-301-10764-1	数据通信技术教程	吴延海	29	46	7-5038-4396-9	自动控制原理	潘　丰	32
10	7-301-18784-5	数字信号处理(第 2 版)	阎　毅	32	47	7-301-10512-2	现代控制理论基础(国家级十一五规划教材)	侯媛彬	20
11	7-301-18889-7	现代交换技术(第 2 版)	姚　军	36	48	7-301-11151-2	电路基础学习指导与典型题解	公茂法	32
12	7-301-10761-4	信号与系统	华　容	33	49	7-301-12326-3	过程控制与自动化仪表	张井岗	36
13	7-301-19318-1	信息与通信工程专业英语（第 2 版）	韩定定	32	50	7-301-12327-0	计算机控制系统	徐文尚	28
14	7-301-10757-7	自动控制原理	袁德成	29	51	7-5038-4414-0	微机原理及接口技术	赵志诚	38
15	7-301-16520-1	高频电子线路(第 2 版)	宋树祥	35	52	7-301-10465-1	单片机原理及应用教程	范立南	30
16	7-301-11507-7	微机原理与接口技术	陈光军	34	53	7-5038-4426-4	微型计算机原理与接口技术	刘彦文	26
17	7-301-11442-1	MATLAB 基础及其应用教程	周开利	24	54	7-301-12562-5	嵌入式基础实践教程	杨　刚	30
18	7-301-11508-4	计算机网络	郭银景	31	55	7-301-12530-4	嵌入式 ARM 系统原理与实例开发	杨宗德	25
19	7-301-12178-8	通信原理	隋晓红	32	56	7-301-13676-8	单片机原理与应用及 C51 程序设计	唐　颖	30
20	7-301-12175-7	电子系统综合设计	郭　勇	25	57	7-301-13577-8	电力电子技术及应用	张润和	38
21	7-301-11503-9	EDA 技术基础	赵明富	22	58	7-301-20508-2	电磁场与电磁波（第 2 版）	邬春明	30
22	7-301-12176-4	数字图像处理	曹茂永	23	59	7-301-12179-5	电路分析	王艳红	38
23	7-301-12177-1	现代通信系统	李白萍	27	60	7-301-12380-5	电子测量与传感技术	杨　雷	35
24	7-301-12340-9	模拟电子技术	陆秀令	28	61	7-301-14461-9	高电压技术	马永翔	28
25	7-301-13121-3	模拟电子技术实验教程	谭海曙	24	62	7-301-14472-5	生物医学数据分析及其 MATLAB 实现	尚志刚	25
26	7-301-11502-2	移动通信	郭俊强	22	63	7-301-14460-2	电力系统分析	曹　娜	35
27	7-301-11504-6	数字电子技术	梅开乡	30	64	7-301-14459-6	DSP 技术与应用基础	俞一彪	34
28	7-301-18860-6	运筹学(第 2 版)	吴亚丽	28	65	7-301-14994-2	综合布线系统基础教程	吴达金	24
29	7-5038-4407-2	传感器与检测技术	祝诗平	30	66	7-301-15168-6	信号处理 MATLAB 实验教程	李　杰	20
30	7-5038-4413-3	单片机原理及应用	刘　刚	24	67	7-301-15440-3	电工电子实验教程	魏　伟	26
31	7-5038-4409-6	电机与拖动	杨天明	27	68	7-301-15445-8	检测与控制实验教程	魏　伟	24
32	7-5038-4411-9	电力电子技术	樊立萍	25	69	7-301-04595-4	电路与模拟电子技术	张绪光	35
33	7-5038-4399-0	电力市场原理与实践	邹　斌	24	70	7-301-15458-8	信号、系统与控制理论(上、下册)	邱德润	70
34	7-5038-4405-8	电力系统继电保护	马永翔	27	71	7-301-15786-2	通信网的信令系统	张云麟	24
35	7-5038-4397-6	电力系统自动化	孟祥忠	25	72	7-301-16493-8	发电厂变电所电气部分	马永翔	35
36	7-5038-4404-1	电气控制技术	韩顺杰	22	73	7-301-16076-3	数字信号处理	王震宇	32
37	7-5038-4403-4	电器与 PLC 控制技术	陈志新	38	74	7-301-16931-5	微机原理及接口技术	肖洪兵	32

序号	标准书号	书　　名	主　编	定价	序号	标准书号	书　　名	主　编	定价
75	7-301-16932-2	数字电子技术	刘金华	30	95	7-301-18314-4	通信电子线路及仿真设计	王鲜芳	29
76	7-301-16933-9	自动控制原理	丁　红	32	96	7-301-19175-0	单片机原理与接口技术	李　升	46
77	7-301-17540-8	单片机原理及应用教程	周广兴	40	97	7-301-19320-4	移动通信	刘维超	39
78	7-301-17614-6	微机原理及接口技术实验指导书	李干林	22	98	7-301-19447-8	电气信息类专业英语	缪志农	40
79	7-301-12379-9	光纤通信	卢志茂	28	99	7-301-19451-5	嵌入式系统设计及应用	邢吉生	44
80	7-301-17382-4	离散信息论基础	范九伦	25	100	7-301-19452-2	电子信息类专业 MATLAB 实验教程	李明明	42
81	7-301-17677-1	新能源与分布式发电技术	朱永强	32	101	7-301-16914-8	物理光学理论与应用	宋贵才	32
82	7-301-17683-2	光纤通信	李丽君	26	102	7-301-16598-0	综合布线系统管理教程	吴达金	39
83	7-301-17700-6	模拟电子技术	张绪光	36	103	7-301-20394-1	物联网基础与应用	李蔚田	44
84	7-301-17318-3	ARM 嵌入式系统基础与开发教程	丁文龙	36	104	7-301-20339-2	数字图像处理	李云红	36
85	7-301-17797-6	PLC 原理及应用	缪志农	26	105	7-301-20340-8	信号与系统	李云红	29
86	7-301-17986-4	数字信号处理	王玉德	32	106	7-301-20505-1	电路分析基础	吴舒辞	38
87	7-301-18131-7	集散控制系统	周荣富	36	107	7-301-20506-8	编码调制技术	黄　平	26
88	7-301-18285-7	电子线路 CAD	周荣富	41	108	7-301-20763-5	网络工程与管理	谢　慧	39
89	7-301-16739-7	MATLAB 基础及应用	李国朝	39	109	7-301-20845-8	单片机原理与接口技术实验与课程设计	徐懂理	26
90	7-301-18352-6	信息论与编码	隋晓红	24	110	301-20725-3	模拟电子线路	宋树祥	38
91	7-301-18260-4	控制电机与特种电机及其控制系统	孙冠群	42	111	7-301-21058-1	单片机原理与应用及其实验指导书	邵发森	44
92	7-301-18493-6	电工技术	张　莉	26	112	7-301-20918-9	Mathcad 在信号与系统中的应用	郭仁春	30（估）
93	7-301-18496-7	现代电子系统设计教程	宋晓梅	36	113	7-301-20327-9	电工学实验教程	王士军	34
94	7-301-18672-5	太阳能电池原理与应用	靳瑞敏	25					

请登录 www.pup6.cn 免费下载本系列教材的电子书(PDF 版)、电子课件和相关教学资源。
欢迎免费索取样书，并欢迎到北京大学出版社来出版您的著作，可在 www.pup6.cn 在线申请样书和进行选题登记，也可下载相关表格填写后发到我们的邮箱，我们将及时与您取得联系并做好全方位的服务。
联系方式：010-62750667，pup6_czq@163.com，szheng_pup6@163.com，linzhangbo@126.com，欢迎来电来信咨询。